Grundkurs Theoretische Informatik

Von Prof. Dr.-Ing. habil. Christian Posthoff
und Dr.-Ing. habil. Konrad Schultz

Technische Universität Chemnitz

B. G. Teubner Verlagsgesellschaft
Stuttgart · Leipzig 1992

Die Deutsche Bibliothek - CIP-Einheitsaufnahme

Posthoff, Christian:
Grundkurs theoretische Informatik / Christian Posthoff ;
Konrad Schultz. - Stuttgart ; Leipzig : Teubner, 1992
ISBN 978-3-8154-2036-2   ISBN 978-3-322-95444-2 (eBook)
DOI 10.1007/978-3-322-95444-2
NE: Schultz, Konrad:

Umschlaggestaltung: E. Kretschmer, Leipzig

Vorwort

Die Theoretische Informatik - die mathematische Untersuchung von
Modellen der Berechenbarkeit - ist ein Gebiet, das seine Wurzeln
zum größeren Teil in mathematischen Grundlagenuntersuchungen der
30er Jahre hat (CHURCH, GÖDEL, KLEENE, POST und TURING) und das
von der nach wie vor anhaltenden technischen Entwicklung in
starkem Maße beeinflußt wird.
Wie kein anderes Gebiet hat es die Aufgabe, grundlegende Kenntnisse bereitzustellen, die es auf einem sicheren wissenschaftli-
chen Fundament ermöglichen, Heterogenität und Diffusität vieler
Probleme und Erscheinungen in Grenzen zu halten und eine schnel-
le Anpassung an neue Entwicklungen vorzunehmen. Genau diese fun-
damentale Kraft der Theoretischen Informatik wird an vielen
Stellen unterschätzt, und deshalb erscheint sie häufig als ein
Gebiet, das man halt absolvieren muß (weil es geprüft wird),
aber zur praktischen Arbeit und zur beruflichen Praxis scheinbar
kaum Beziehungen hat. Diesem Vorurteil entgegenzutreten und die
Lücke zwischen mathematischen Grundlagen und praktischer Informatik ein wenig zu schließen, ist ein Anliegen dieses Buches.
Dabei waren wir uns von Anfang darüber im klaren, daß es der
uns zur Verfügung stehende Platz nicht erlaubt, alle Konzepte
umfänglich zu erörtern und in ihrer ganzen Tragweite und Anwen-
dungsbreite darzulegen. Statt dessen haben wir den Stoff so gewählt, daß er dem an Informatikstudenten zu vermittelnden Mini-
mum nahekommt. Außer geringen Vorkenntnissen aus der Diskreten
Mathematik und der Mathematischen Logik wird vom Leser "nur" ein
konzentriertes Durcharbeiten gefordert; seine aktive Mitarbeit,
sein Eindringen in die Begriffe, Konzepte und Zusammenhänge sind
unerläßlich für die Bewältigung des Stoffes. Bei der Anwendung
auf praktische Probleme sind seinem Erfindungsreichtum keine
Grenzen gesetzt. Unser Ziel ist erreicht, wenn es dem Leser gelingt, mit diesen Strukturen zu arbeiten und in ihnen zu denken.
Im Literaturverzeichnis sind nur die wenigen Bücher angegeben,
welche unmittelbar im Text zitiert sind; auf Grund der Allgemeingültigkeit der Konzepte und des Lehrbuchcharakters haben wir

bewußt darauf verzichtet, schwer zu beschaffende Quellen anzugeben.

Die vorliegende Fassung geht auf Vorlesungen zurück, die von den Autoren seit 1983 an der Sektion Informatik der Technischen Universität in Chemnitz gehalten wurden. Es soll ausdrücklich angemerkt werden, daß wir dem grundlegenden Werk "Elements of the Theory of Computation" zu großem Dank verpflichtet sind. Sein gründliches Studium war ein wichtiger Ausgangspunkt für unsere Lehrveranstaltungen - natürlich kann es durch unser Lehrbuch keineswegs ersetzt werden.

Unser besonderer Dank gilt dem Teubner-Verlag in Leipzig, insbesondere Herrn J. Weiß, für die freundlichen Ratschläge und die ausgezeichnete Zusammenarbeit.

Die technische Fertigstellung unseres Manuskriptes wurde von unserer Kollegin R. Höfer mit Akribie bewältigt, ihr danken wir ebenfalls ganz herzlich.

Chemnitz, Dezember 1991   Ch. Posthoff
                                           K. Schultz

Inhalt

Inhalt

1. Grundbegriffe

Aufbauend auf dem Begriff der Menge, benötigt man zur klaren und zweifelsfreien Darstellung der zu entwickelnden Theorien eine ganze Reihe von Ausdrucksmitteln und Begriffsbildungen, die man oft unter der Überschrift "Diskrete Mathematik" zusammenfaßt. Sie sind im notwendigen Mindestumfang etwa in /1/ dargestellt, eine umfangreichere Begriffsvermittlung enthalten /2/ und /3/. Bei Vorhandensein der notwendigen Grundlagen ist es dem Leser durchaus möglich, das Kapitel "Grundbegriffe" nur überblicksweise zur Kenntnis zu nehmen, um sich mit den gewählten Bezeichnungen, Schreibweisen und Definitionen vertraut zu machen. Man sollte es jedoch nicht vollständig übergehen.

1.1. Mengen, Abbildungen, Funktionen, Sprachen

Anschaulich ist eine <u>Menge</u> eine "Zusammenfassung von bestimmten wohlunterschiedenen Objekten... zu einem Ganzen" (nach Georg Cantor, dem Begründer der Mengenlehre). Weil der widerspruchsfreie axiomatische Aufbau der Mengenlehre eine sehr komplizierte und langwierige Darstellung erfordert, wollen wir uns auf gesichertem theoretischem Hintergrund damit begnügen, daß die betrachteten Objekte (die <u>Individuen</u>) stets exakt definiert sind, daß sie eine Grundlage für die anzustellenden Überlegungen bilden und alle eingeführten weiteren Begriffe problemlos angewendet werden können. Die elementare Beziehung zwischen einer Menge und einem in dieser Menge vorkommenden Objekt ist die <u>Elementbeziehung</u>:

$a \in A$ bezeichnet den Sachverhalt, daß das Objekt a zur Menge A gehört; $a \notin A$ drückt aus, daß a nicht in der Menge A vorkommt. Sehr häufig werden wir im weiteren die Elemente einer Menge <u>explizit</u> aufschreiben oder durch eine <u>Eigenschaft</u> charakterisieren:

$$A = \{a,b,c,\ldots,x,y,z,ä,ö,ü\},$$
$$A = \{x \mid x \text{ ist ein kleiner Buchstabe des griechischen Alphabets}\},\ldots$$

Eine Menge besitzt stets eine bestimmte Extension, sie ist durch die in ihr vorkommenden Elemente vollständig beschrieben. Damit sind zwei Mengen A und B als gleich anzusehen, wenn sie genau die gleichen Elemente enthalten. Man beachte stets, daß die verwendeten Objekte und die zur Mengenbildung herangezogenen Eigenschaften genau und zweifelsfrei erklärt sein müssen. Für die Arbeit mit Mengen ist dabei die Reihenfolge, in der die einzelnen Elemente aufgeführt werden, gleichgültig. Ebenso ist es nicht notwendig und auch nicht sinnvoll, einzelne Elemente mehrfach aufzuführen. Die Angabe einer eine Menge definierenden Eigenschaft geschieht häufig in Form eines Prädikates, das genau dann den Wert "wahr" annimmt, wenn ein Objekt die formulierte Eigenschaft besitzt und demzufolge in die Menge aufgenommen wird.

$$M = \{n \mid n \text{ natürliche Zahl und } n < 5\}$$

ist für die Werte n=0, n=1, n=2, n=3 und n=4 erfüllt und ergibt $M = \{0,1,2,3,4\}$. Ein n-stelliges Prädikat enthält n Variable, deren Ersetzung durch konkrete (zulässige, sinnvolle) Objekte eine wahre oder falsche Aussage ergibt.

Wichtig ist, daß einmal definierte Mengen wiederum Objekte sind, die in anderen Mengen als Element auftreten können; man betrachtet also Mengen von Mengen, Mengen von Mengen von Mengen,... (<u>Mengensysteme</u>):

    A   = {a,b,c,...,ä,ö,ü};
    A' = {{d,e,r,},{v,o,g,e,l},{f,l,i,e,g,t}};
    A'' = {{{d,e,r},{v,o,g,e,l},{f,l,i,e,g,t}},{{d,a,s},
        {h,a,u,s},{i,s,t},{n,e,u}}},...

Man prüfe nach, daß die erste Menge 29, die zweite 3, die dritte 2 Elemente besitzt. Für eine Menge von Mengen <u>(Mengenfamilie)</u> schreibt man häufig $\{A_i \mid i \in I\}$. I ist eine Menge, deren Elemente als <u>Indizes</u> verwendet werden. Sehr häufig werden wir Mengenfamilien $\{A_n \mid n \in \underline{N}\}$ antreffen, so daß also jeder natürlichen Zahl $n \in \underline{N}$ eine Menge A_n zugeordnet ist. Sorgfältig zu handhaben ist auch der Unterschied zwischen Element und Einermenge; in $a \in \{a\}$ ist also a ein Element, und {a} ist eine Menge, die dieses Element enthält. Als Extremfall muß man zulassen, daß eine (wohldefinierte) Menge überhaupt kein Element enthält; dann handelt es sich um die <u>leere Menge</u> (bezeichnet durch $\emptyset$). Naheliegend und anschaulich ist der Begriff der <u>Teilmenge</u>: die Menge A ist Teilmenge der Menge B (bezeichnet durch $A \subseteq B$) genau dann, wenn jedes Element von A auch in B vorkommt. Ist $A \subseteq B$ und $A \neq B$, so ist A eine <u>echte Teilmenge</u> von B.

<u>Satz 1.1.</u> Für beliebige Mengen A, B, C gilt:

    1. $A \subseteq A$.   (Reflexivität)

    2. $A \subseteq B$, $B \subseteq A \longrightarrow A = B$.[1]   (Antisymmetrie)

    3. $A \subseteq B$, $B \subseteq C \longrightarrow A \subseteq C$.   (Transitivität)

    4. $\emptyset \subseteq A$.

Ein häufig benötigtes Mengensystem ist die <u>Potenzmenge</u> einer gegebenen Menge A (bezeichnet durch P(A)):

$$P(A) = \{X \mid X \subseteq A\}.$$

Sie enthält also alle Teilmengen einer Menge A (einschließlich $\emptyset$ und A selbst):

$$A = \{a,b,c\},$$
$$P(A)=\{\emptyset,\{a\},\{b\},\{c\},\{a,b\},\{a,c\},\{b,c\},A\}.$$

Sind zwei Mengen A,B gegeben, dann kann man aus ihnen neue Mengen bilden, indem man bestimmte Bedingungen für ihre Kombination formuliert; man verwendet üblicherweise die folgenden <u>Mengenoperationen</u>:

    1. <u>Durchschnitt</u>: $A \cap B = \{x \mid x \in A$ und $x \in B\}$;

    2. <u>Vereinigung</u>: $A \cup B = \{x \mid x \in A$ oder $x \in B\}$;

    3. <u>Differenz</u>: $A \setminus B = \{x \mid x \in A$ und $x \notin B\}$;

    4. <u>Symmetrische Differenz</u>:$A \bigtriangleup B = \{x \mid x \in A \setminus B$ oder $x \in B \setminus A\}$.

Ein wichtiger Spezialfall der Differenz ist die Bildung des <u>Komplementes</u>: ist $A \subseteq B$, dann ist $B \setminus A$ (ganz anschaulich) das Komplement von A bzgl. B (bezeichnet durch $\overline{A}^B$). Es enthält also alle die Elemente von B, die nicht zu A gehören (anders gesagt, alle die Elemente, die A noch fehlen, um sich zu B "auszuweiten").
Man kann stets voraussetzen, daß alle betrachteten Mengen A,B,C,... Teilmengen eines <u>Universums</u> U sind, das also quasi den äußeren Rahmen für die durchzuführenden Untersuchungen darstellt und häufig problemabhängig gewählt werden kann. Die Menge <u>N</u> der natürlichen Zahlen, die Menge <u>R</u> der reellen Zahlen, die Menge aller Worte einer Sprache... sind Beispiele für eine solche

---

[1] Die logischen Operatoren $\wedge, \vee, \overline{}, \longrightarrow, \longleftrightarrow$ werden im Anhang erläutert und bezeichnen im Text <u>Konjunktion</u>, <u>Disjunktion</u>, <u>Negation</u>, <u>Implikation</u> und <u>Äquivalenz</u>. $\forall$ und $\exists$ sind die prädikatenlogischen <u>Quantoren</u> "für alle ..." und "es existiert ein...".

Grundmenge. Wird die Menge B für die Komplementbildung nicht genauer angegeben, so bezieht diese sich stets auf ein aus dem Zusammenhang erkennbares Universum.

Gilt für zwei Mengen A,B die Beziehung $A \cap B = \emptyset$, dann sind beide zueinander disjunkt; sie besitzen keine gemeinsamen Elemente.

Nachfolgend sind wichtige "Rechenregeln" zusammengestellt, also Beziehungen zwischen Mengen und Mengenoperationen, die man vorteilhaft zur Behandlung entsprechender Ausdrücke verwenden kann.

<u>Satz 1.2.</u> Für beliebige Mengen A,B,C gilt:

$$
\begin{array}{lll}
1. & A \cup B = B \cup A, & \text{(Kommutativität)} \\
& A \cap B = B \cap A. & \\
2. & A \cup (B \cup C) = (A \cup B) \cup C, & \text{(Assoziativität)} \\
& A \cap (B \cap C) = (A \cap B) \cap C. & \\
3. & A \cap (B \cup C) = (A \cap B) \cup (A \cap C), & \text{(Distributivität)} \\
& A \cup (B \cap C) = (A \cup B) \cap (A \cup C). & \\
4. & A \cup A = A, & \text{(Idempotenz)} \\
& A \cap A = A. & \\
5. & A \cup (A \cap B) = A, & \text{(Absorption)} \\
& A \cap (A \cup B) = A. & \\
6. & \overline{(\overline{A})} = A. & \text{(Involution)} \\
7. & \overline{A \cup B} = \overline{A} \cap \overline{B}, & \text{(de Morgansche Regeln)} \\
& \overline{A \cap B} = \overline{A} \cup \overline{B}. & \\
8. & A \cup \overline{A} = U, & \\
& A \cap \overline{A} = \emptyset, & \\
& \overline{U} = \emptyset, & \\
& \overline{\emptyset} = U, & \\
& A \cup \emptyset = A, & \\
& A \cup U = U, & \\
& A \cap \emptyset = \emptyset, & \\
& A \cap U = A. &
\end{array}
$$

Dabei ist U ein entsprechendes Universum. Auf Grund der Assoziativität kann man Klammern weglassen, also $A \cap B \cap C$, $A \cup B \cup C \cup D, \dots$ schreiben, und die Regeln von de Morgan können auch auf mehr als zwei Mengen verallgemeinert werden.

Die Differenz und die symmetrische Differenz lassen sich auch auf $\cap, \cup$ und $^{-}$ zurückführen:

Satz 1.3. Für beliebige Mengen A,B gilt:

1. $A \setminus B = A \cap \overline{B}$,
2. $A \triangle B = (A \cap \overline{B}) \cup (\overline{A} \cap B)$.

Trotzdem sind Gesetze für die symmetrische Differenz vorteilhaft und bequem anzuwenden.

Satz 1.4. Für beliebige Mengen A,B,C gilt:

1. $A \triangle B = B \triangle A$,   (Kommutativität)
2. $A \triangle (B \triangle C) = (A \triangle B) \triangle C$,   (Assoziativität)
3. $A \triangle \emptyset = A$,
4. $A \triangle A = \emptyset$,
5. $A \cap (B \triangle C) = (A \cap B) \triangle (A \cap C)$,   (Distributivität)
6. $A \triangle U = \overline{A}$,
7. $A = B \iff A \triangle B = \emptyset$.

Während für eine beliebige Menge A die Reihenfolge der Angabe der Elemente keine Rolle spielt, läßt sich mit Hilfe des <u>geordneten Paares</u> (und dessen Verallgemeinerung) bei Bedarf auch eine Anordnung der Elemente definieren:

$$(a,b) = \{\{a,b\},a\}$$

ist eine Zusammenfassung der Elemente a und b, wobei a das ausgezeichnete (erste) und b demzufolge das zweite Element ist. Mit dem so definierten Begriff verbindet man folgende Anschauung:

1. $(a_1, b_1) = (a_2, b_2) \iff a_1 = a_2$ und $b_1 = b_2$.
2. Für $a = b$ ist $(a,b) = (b,a)$.
3. (a,a) ist sinnvoll (und wichtig).

Für mehr als zwei Elemente läßt sich diese Denkweise ganz analog einfangen, indem man n-Tupel $(a_1,\ldots,a_n)$ betrachtet, wobei man für $n = 3,4,5,6,\ldots$ von <u>Tripel</u>, <u>Quadrupel</u>, <u>Quintupel</u>, <u>Sextupel</u>, ... spricht. Die Gleichheit $(a_1,\ldots,a_n)=(b_1,\ldots,b_m)$ gilt nur für $n=m$ und $a_1=b_1, a_2=b_2,\ldots,a_n=b_n$. Die Elemente $a_1,\ldots, a_n$ werden auch häufig als <u>Komponenten</u> des Tupels bezeichnet, die Tupel selbst sehr oft auch als <u>Vektoren</u>.

Mit Hilfe des geordneten Paares läßt sich der sehr weit reichende Begriff des Kreuzproduktes <u>definieren:</u>

Für beliebige Mengen A,B ist

$$A \times B = \{(a,b) \mid a \in A, b \in B\}$$

das Kreuzprodukt von A und B.

Die direkte Verallgemeinerung auf Mengen $A_1, \ldots, A_n$ wird mit Hilfe der n-Tupel vorgenommen:

$$A_1 \times A_2 \times \ldots \times A_n = \{(a_1, a_2, \ldots, a_n) \mid a_1 \in A_1, \ldots, a_n \in A_n\}.$$

Damit definiert man nun sofort Abbildungen, Funktionen und Relationen auf die gleiche Weise; häufig kommt es nur auf den konkreten Sachverhalt an, welche Anschauung man wählt.

Eine Abbildung f ist eine Menge geordneter Paare. Gehört ein Paar (a,b) zu f, so ist

> a ein <u>Argument (Urbild)</u> von b   bzgl. f.
> b ein <u>Wert (Bild)</u> von a.

Die Menge aller ersten Elemente, die in irgendeinem Paar von f vorkommen, bildet den <u>Argument-</u> oder <u>Definitionsbereich</u> $D(f)$ von f, die Menge aller vorhandenen zweiten Elemente wird als <u>Bild-</u> oder <u>Wertebereich</u> $W(f)$ bezeichnet.

Also gilt: $f \subseteq D(f) \times W(f)$.

Mit einer Abbildung f verbindet man häufig die Vorstellung, daß man gewissen Elementen $a_1, a_2, \ldots$ einer Menge A Elemente $b_1, b_2, \ldots$ einer Menge B (fast im Sinne einer Tätigkeit) zuordnet. Besonders hervorzuheben sind die folgenden Eigenschaften von Abbildungen:

> <u>eindeutige Abbildung</u>: zu jedem $x \in D(f)$ gehört genau ein $y \in W(f)$ mit $(x,y) \in f$. (Unterschiedliche x können durchaus auf das gleiche y abgebildet werden.)
> <u>linkseindeutige Abbildungen</u>: zu jedem $y \in W(f)$ gehört genau ein $x \in D(f)$ mit $(x,y) \in f$. (Einem x können mehrere y zugeordnet sein.)
> <u>eineindeutige Abbildungen</u>: zu jedem $x \in D(f)$ gehört genau ein $y \in W(f)$ mit $(x,y) \in f$ und umgekehrt (Abb. 1.1).

Schließlich erhält man die zu einer Abbildung f <u>inverse</u> Abbildung f^{-1}, indem man in jedem Paar $(x,y) \in f$ das erste und das zweite Element vertauscht:

$$f^{-1} = \{(y,x) \mid (x,y) \in f\},$$
$$D(f^{-1}) = W(f), \quad W(f^{-1}) = D(f).$$

In den anschaulichen graphischen Darstellungen kehrt man einfach die Pfeilrichtung um.

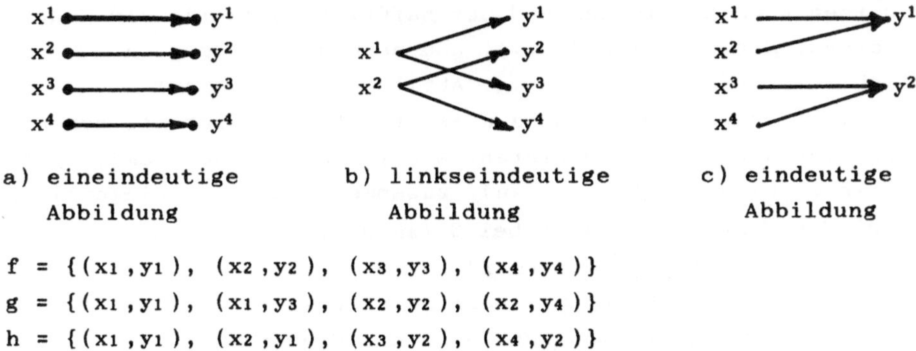

a) eineindeutige   b) linkseindeutige   c) eindeutige
    Abbildung   Abbildung   Abbildung

$f = \{(x_1,y_1), (x_2,y_2), (x_3,y_3), (x_4,y_4)\}$

$g = \{(x_1,y_1), (x_1,y_3), (x_2,y_2), (x_2,y_4)\}$

$h = \{(x_1,y_1), (x_2,y_1), (x_3,y_2), (x_4,y_2)\}$

Abb. 1.1. Die unterschiedlichen Arten von Abbildungen

<u>Funktionen</u> sind genau die eindeutigen Abbildungen. Eine Funktion f ist <u>umkehrbar</u>, wenn auch f^{-1} eine Funktion ist. Dies ist genau dann der Fall, wenn f eine eineindeutige Abbildung ist.

Für zwei Abbildungen f und g kann eine neue Abbildung h (das <u>Produkt</u> oder die <u>Komposition</u>) finden, falls es ein $(x,y) \in f$ und ein $(y,z) \in g$ gibt. Dann nimmt man (x,z) zu h hinzu. Die entsprechenden Elemente y werden quasi für einen Zwischenschritt benutzt:

$\qquad h = g.f = \{(x,z) \mid \exists\, y \text{ mit } (x,y) \in f \text{ und } (y,z) \in g\}.$

Sinnvollerweise muß $W(f) \cap D(g) \neq \emptyset$ sein, anderenfalls ist auch h $= \emptyset$.

Sehr häufig verbindet man mit Abbildungen die Anschauung, daß eine Menge A gegeben ist, deren Elemente abgebildet werden, wobei nicht immer alle Elemente von A verwendet werden, also $D(f) \subset A$ gilt. Dann spricht man von <u>partiellen</u> Abbildungen oder Funktionen. Ganz exakt unterscheidet man die folgenden Sprechweisen:

1. f ist eine Abbildung <u>aus</u> A <u>in</u> B <---> $f \subseteq A{\times}B$.
2. f ist eine Abbildung <u>von</u> A <u>in</u> B <---> $f \subseteq A{\times}B$ und $D(f) = A$.
3. f ist eine Abbildung <u>aus</u> A <u>auf</u> B <---> $f \subseteq A{\times}B$ und $W(f) = B$.
4. f ist eine Abbildung <u>von</u> A <u>auf</u> B <---> $f \subseteq A{\times}B$, $D(f) = A$
$\qquad\qquad\qquad\qquad\qquad\qquad\qquad\qquad\qquad$ und $W(f) = B$.

Ist schließlich A eine Menge, dann ist eine Funktion von $A \times A$ in A eine zweistellige Operation und eine Abbildung von $A^n = A{\times}...{\times}A$ in A eine <u>n-stellige Operation</u>.

Wir setzen nunmehr die Menge $\underline{N}$ der natürlichen Zahlen als gegeben voraus, $\underline{N} = \{0,1,2,3,4,\ldots\}$, und nennen eine Menge A
<u>endlich</u>, wenn eine eineindeutige Abbildung f von A auf
$\{1,2,\ldots,n\}$ für ein bestimmtes n existiert. Die Elemente von A
lassen sich dann durchnumerieren, $A = \{a_1,a_2,\ldots,a_{n-1},a_n\}$, oder
in einem n-Tupel $(a_1,\ldots,a_n)$ zusammenfassen. Gelegentlich
beginnt die Numerierung auch bei 0 $(a_0,a_1,\ldots,a_{n-1})$ oder bei einer Zahl $i>0$ $(a_i,a_{i+1},\ldots,a_{i+n-1})$.
Eine Menge A heißt <u>abzählbar</u>, wenn es eine eineindeutige Abbildung von A auf $\underline{N}$ gibt; man kann dann die Elemente von A in einer
Folge anordnen:
$A = \{a_0,a_1,a_2,a_3,\ldots\}$.
Da die Menge der natürlichen Zahlen für viele noch zu behandeln-
de Probleme eine wichtige Rolle spielt, soll sie etwas ausführlicher untersucht werden. Zunächst wird $\underline{N}$ eindeutig durch die
<u>Peanoschen Axiome</u> charakterisiert:

   1. $0 \in \underline{N}$.

   2. $n \in \underline{N} \;{-}{-}{-}{>}\; n' \in \underline{N}$.

   3. $n \in \underline{N} \;{-}{-}{-}{>}\; n' \neq 0$.

   4. $n \in \underline{N} \wedge m \in \underline{N} \wedge n'=m' \,{-}{-}{-}{>}\, n=m$.

   5. $0 \in M \wedge \forall n\, (n \in M \;{-}{-}{-}{>}\; n' \in M) \,{-}{-}{-}{>}\, \underline{N} \subseteq M$ (M beliebige Menge).

Damit verbindet sich die folgende Anschauung:
1. Es gibt eine natürliche Zahl 0.
2. Zu jeder natürlichen Zahl n gibt es genau einen Nachfolger
   n'; es gibt also keine letzte (größte) natürliche Zahl.
3. Die Null ist die erste natürliche Zahl, sie besitzt keinen
   Vorgänger.
4. Der Vorgänger einer natürlichen Zahl > 0 ist stets eindeutig
   bestimmt.
5. Dieses Axiom wird als Induktionsaxiom bezeichnet und im
   weiteren sehr oft als Beweisprinzip benötigt. Kann man
   nämlich zeigen, daß eine bestimmte Behauptung (Eigenschaft)
   für die Zahl 0 gilt und, falls sie für eine bestimmte Zahl n
   erfüllt ist, auch für n' gilt, dann gilt sie für jede natürliche Zahl.

Die Darstellung der natürlichen Zahlen durch $0,1,2,\ldots,1000,$
$1001,\ldots,1\,000\,037,\ 1\,000\,038,\ldots$ ist sicherlich jedermann in

Fleisch und Blut übergegangen; trotzdem sollen hierzu noch
einige Bemerkungen gemacht werden. Es führt wohl kaum zu
Mißverständnissen, wenn man den Nachfolger n' einer Zahl n mit
n+1 bezeichnet, auch wenn man eine Addition eventuell nicht
benötigt oder nicht zur Verfügung hat. Außerdem ist die
Darstellung durch Ziffern (in unserem Falle hier Ziffern des De-
zimalsystems) bereits nichtelementar. Die "einfachste",
natürlich nicht sehr anschauliche und nicht sehr bequeme Darstellung hat die Form

   0, 0', 0'', 0''', 0''',...;

die Zahl n wird also durch eine Folge von n Strichen dargestellt; bei der Zifferndarstellung geht man aus von einer Basis
B > 1 und stellt die jeweilige Zahl m > 0 durch die Summe

   $m = a_n B^n + a_{n-1} B^{n-1} + \ldots + a_1 B + a_0$

dar, wobei alle a_i, i=0,...,n, kleiner als B sind, d. h., es
gilt $a_i \in \{0,1,\ldots,B-1\}$. Die Null selbst wird durch 0 dargestellt. Diese Darstellung ist für jedes B > 1 eindeutig, wenn
man $a_n \neq 0$ fordert. Sie wird vereinfacht, indem man die Potenzen
von B nicht explizit aufschreibt, sondern nur implizit voraus-
setzt, also $a_n\ a_{n-1}\ldots a_1 a_0$ schreibt. Ist m eine beliebige, mit
n+1 Ziffern darstellbare Zahl, dann gilt:

   $B^n \leqslant m < B^{n+1}$,

   $n \leqslant \log_B m < n+1$.

Also benötigt man zur Darstellung einer natürlichen Zahl m>0 wenigstens $\log_B m$ Ziffern. Bekannte und wichtige <u>Zahlensysteme</u> verwenden die Basis 2 (<u>Dualsystem</u>), die Basis 10 (<u>Dezimalsystem</u>)
oder die Basis 16 (<u>Hexadezimalsystem</u>).
Kehrt man noch einmal zu Abb. 1.1 zurück, so sieht man, daß eineindeutige Abbildungen f die Anschauung nahelegen, daß dort D(f)
und W(f) "gleich viele" Elemente enthalten.
Zwei Mengen A und B sind <u>gleichmächtig</u> (bezeichnet durch A~B),
wenn es eine eineindeutige Abbildung von A auf B gibt. Mit Hilfe
der inversen Abbildung und der Komposition von Abbildungen gelangt man sofort zu den Eigenschaften von

<u>Satz 1.5</u>. Für beliebige Mengen A,B,C gilt:

     1. A~A.   (Reflexivität)

     2. A~B ---> B~A.   (Symmetrie)

     3. A~B, B~C ---> A~C.   (Transitivität)

Endliche Mengen sind genau dann gleichmächtig, wenn sie die
gleiche Anzahl von Elementen besitzen. Wir bezeichnen die Mächtigkeit einer Menge A mit card (A) (häufig verwendet man auch
$|A|$). Für card ($\underline{N}$) schreibt man oft ω oder $\aleph_0$.

Für endliche Mengen A und B mit card (A) = m, card (B) = n und m
> n überlegt man sich sofort das anschauliche <u>Schubkastenprin-
zip</u>: Verteilt man m Gegenstände auf n Schubkästen, wobei m > n
ist, so gibt es wenigstens einen Schubkasten, der mehr als einen
Gegenstand enthält.

Weitere wichtige Eigenschaften für abzählbare Mengen und auch
der Begriff der <u>Überabzählbarkeit</u> ergeben sich mit Hilfe von

<u>Satz 1.6.</u> 1. Die Vereinigung endlich vieler oder abzählbar
               vieler abzählbarer Mengen ist abzählbar.
            2. Die Menge der reellen Zahlen des Intervalls $(0,1)$
               (alle x mit $0 < x < 1$) ist überabzählbar.

Zum Beweis dieser beiden Zusammenhänge verwenden wir zwei auf G.
Cantor zurückgehende Verfahren, die uns im weiteren noch oft be-
gegnen werden (<u>Diagonalverfahren</u>).

1. Hat man endlich oder abzählbar viele Mengen, dann kann man
   diese in einer Folge $A_1, A_2, \ldots, A_n, \ldots$ anordnen; die
   Elemente   jeder Menge für sich sind wieder in Form einer
   Folge anzugeben, so daß man in dem folgenden Schema alle
   Mengen und alle Elemente dieser Mengen unterbringt (natür-
   lich nur im Prinzip):

$$A_1 = \{a_1^1, a_2^1, a_3^1, a_4^1, \ldots\},$$
$$A_2 = \{a_1^2, a_2^2, a_3^2, a_4^2, \ldots\},$$
$$\vdots$$
$$A_m = \{a_1^m, a_2^m, a_3^m, a_4^m, \ldots\}$$
$$\vdots$$

(Für endlich viele Mengen bricht dieses Schema nach unten
natürlich ab.)

Die Vereinigung A all dieser Mengen kann wieder zu einer
Folge führen, wenn man die Reihenfolge längs von steigenden
Geraden oder immer größer werdenden, zueinander senkrechten
Geraden wählt:

```
1.   3.   6.  10.  15. ...        1.    4.   9.  16.   25. ...
2.   5.   9.  14. ...             2.— 3.   8.  15.   24. ...
4.   8.  13. ...                  5.— 6.— 7.  14.   23. ...
7.  12. ...                      10.—11.—12.—13.   22. ...
11. ...                          17.—18.—19.—20.—21. ...
```

Welches Element in welcher Ausgangsfolge auch betrachtet
wird, stets ist gesichert, daß es an genau einer Stelle in
der Folge für A vorkommt.

Damit kann man sofort nachweisen, daß die Menge der ganzen
und die Menge der rationalen Zahlen abzählbar ist.

2. Zum Beweis des zweiten Teiles geht man davon aus, daß jede
   reelle Zahl aus dem Intervall (0,1) durch einen unendlichen
   Dezimalbruch darstellbar ist. Für endliche Dezimalbrüche der
   Form $0, a_1 a_2 \ldots a_n 0$ vereinbart man die Schreibweise $0, a_1, a_2 \ldots$
   $a_{n-1} 999 \ldots$ Damit ist jede reelle Zahl des Intervalls genau
   einmal erfaßt. Gäbe es nun eine Abzählung für die Menge der
   reellen Zahlen aus dem Intervall (0,1), so entstünde das
   folgende Schema:

$$x_1 = 0, \; n_{11} \; n_{12} \; n_{13} \; n_{14} \ldots$$
$$x_2 = 0, \; n_{21} \; n_{22} \; n_{23} \; n_{24} \ldots$$
$$x_3 = 0, \; n_{31} \; n_{32} \; n_{33} \; n_{34} \ldots$$
$$\vdots$$

Nun bildet man eine reelle Zahl $y = 0, y_1 y_2 y_3 \ldots$, für die
gilt:

   a) alle y_i sind ungleich 0;
   b) $y_1 \neq n_{11}$, $y_2 \neq n_{22}$, $y_3 \neq n_{33}, \ldots$

Man "bewegt sich" also längs der Diagonalen $n_{11}, n_{22}, n_{33} \ldots$ und
wählt eine Ziffer, die sich von der dort vorgefundenen Ziffer
unterscheidet (stets hat man dafür wenigstens acht Möglichkeiten). Damit entsteht wieder eine reelle Zahl des Intervalls
(0,1), die in dem Schema nicht auftritt: sie unterscheidet sich
von jeder der aufgeführten Zahlen in wenigstens einer Stelle, im
Widerspruch zu unserer Voraussetzung.

Mit zwei weiteren Sätzen über die Mächtigkeit von Potenzmengen
sollen diese Überlegungen abgeschlossen werden; vorher
benötigen wir jedoch den Begriff der <u>charakteristischen Funktion</u>.
Ist $A \subseteq U$, so läßt sich A durch eine Funktion f_A von U in die
Menge $\{0,1\}$ charakterisieren:

$$f_A(x) = \begin{cases} 1, & \text{falls } x \in A, \\ 0, & \text{falls } x \in U \smallsetminus A. \end{cases}$$

Ist A eine endliche Menge, so wählt man eine feste Numerierung der Elemente, $A = \{a_1,\ldots,a_n\}$. Jede Teilmenge von A wird dann durch einen n-stelligen <u>Binärvektor</u> beschrieben, umgekehrt entspricht jedem solchen Binärvektor eine Teilmenge von A; die Menge P(A) und die Menge der n-stelligen Binärvektoren B^n sind <u>also gleichmächtig.</u>

Es sei $A = \{a,b,c\}$; dann ist B^3 und P(A) durch die folgende Tabelle darstellbar:

a_1	a_2	a_3	
0	0	0	$\emptyset$
0	0	1	$\{a_3\}$
0	1	0	$\{a_2\}$
0	1	1	$\{a_2,a_3\}$
1	0	0	$\{a_1\}$
1	0	1	$\{a_1,a_3\}$
1	1	0	$\{a_1,a_2\}$
1	1	1	A

Da jede Komponente eines n-stelligen Binärvektors die beiden Werte 0 und 1 annehmen kann, ist card $(B^n)=2^n$. Damit gilt

<u>Satz 1.7.</u> Ist A eine endliche Menge mit n Elementen, so besitzt P(A) 2^n Elemente.

Es sei A jetzt eine abzählbare Menge; dann läßt sich jede Teilmenge von A durch eine binäre Folge beschreiben. Die Menge aller Teilmengen ist also gleichmächtig zur Menge aller Binärfolgen. Daß diese nicht abzählbar sein kann, läßt sich wiederum mit Hilfe des zweiten Diagonalverfahrens feststellen. Darüber hinaus kann man jede Binärfolge $\{b_1,b_2,b_3,b_4,\ldots\}$ als Darstellung einer reellen Zahl im Dualsystem auffassen ($x=0,b_1 b_2 b_3 b_4 \ldots$) und umgekehrt jeder reellen Zahl aus dem Intervall (0,1) eindeutig eine solche Binärfolge zuordnen.
Also gilt

<u>Satz 1.8.</u> Ist A eine abzählbare Menge, dann ist P(A) überabzählbar. Die Mächtigkeit des Intervalls (0,1) bezeichnet man

auch als Mächtigkeit des __Kontinuums__. Ist also A eine abzählbare Menge, so besitzt P(A) die Mächtigkeit des Kontinuums. Hat eine Menge A die Mächtigkeit des Kontinuums, dann enthält A eine abzählbare Teilmenge A', der "Rest" $A \setminus A'$ ist "noch immer" von der Mächtigkeit des Kontinuums.

Im Hinblick auf spätere Begriffsbildungen wollen wir eine endliche Menge Σ von __Symbolen__ (__Zeichen, Buchstaben__) als __Alphabet__ bezeichnen. Ein Element von $\Sigma^n = \Sigma \times \Sigma \times ... \times \Sigma$ (n-faches Kreuzprodukt von Σ mit sich selbst) ist ein __Wort__ w der __Länge__ n (Bezeichnung: $l(w)=n$). Die Elemente von Σ selbst identifizieren wir in Σ^1 mit den Worten der Länge 1, Σ^0 sei das __leere Wort__ (auch bezeichnet durch $\wp$ oder auch durch ε).

__Beispiel.__ $\Sigma = \{|\}$. $\Sigma^1 = |$, $\Sigma^2 = ||$, $^3 = |||$, $^4 = ||||$, ...
Zur Vereinfachung werden die Klammern und auch die Kommas weggelassen, die Buchstaben also einfach aneinandergereiht.

    1. Σ $= \{0,1\}$;
      $\Sigma^1 = \{0,1\}$;
      $\Sigma^2 = \{00, 01, 10, 11\}$;
      $\Sigma^3 = \{000, 001, 010, 011, 100, 110, 111\}$; ...
    2. Σ $= \{a,b,c\}$;
      $\Sigma^1 = \{a,b,c\}$;
      $\Sigma^2 = \{aa, ab, ac, ba, bb, bc, ca, cb, cc\}$;
      $\Sigma^3 = \{aaa, aab, aba, abb, baa, bab, bba, bbb, ..., ccc\}$;

Mit Σ^* bezeichnen wir die Menge $\{\wp\} \cup \Sigma^1 \cup \Sigma^2 \cup \Sigma^3 \cup ... = \bigcup_{i=0}^{\infty} \Sigma^i$, d. h. die __Menge aller endlichen Wörter__ über dem endlichen Alphabet Σ. Nach den bisherigen Überlegungen ist Σ^* abzählbar. Eine __Sprache__ L über dem (endlichen) Alphabet Σ ist eine Teilmenge von Σ^*; sie wird also durch irgendwelche Eigenschaften definiert. Eine spezielle Sprache L über dem Alphabet $\{0,1\}$ könnte beispielsweise alle Wörter enthalten, die genau dreimal den Wert 0 aufweisen: L = $\{000, 0001, 00011, 0100, 01001, ...\}$.

Wir werden noch viele Beispiele für Sprachen kennenlernen, aber hier sei erst einmal festgestellt:

Die Menge aller Sprachen über dem Alphabet Σ ist überabzählbar; sie besitzt die Mächtigkeit des Kontinuums.

Eine wichtige Operation für Wörter ist die <u>Verkettung</u>. Sind u und v zwei Wörter, so ist u∘v oder auch einfacher uv das Wort, welches entsteht, wenn an den letzten Buchstaben von u der erste Buchstabe von v angefügt wird und dann alle weiteren:

$$u = u_1 u_2 \ldots u_n,$$
$$v = v_1 v_2 \ldots v_m,$$
$$uv = u_1 u_2 \ldots u_n v_1 v_2 \ldots v_m.$$

Es gelten sofort die folgenden Eigenschaften:

1. $(uv)w = u(vw),$ (Assoziativität)
2. $u\,\varrho = \varrho\,u = u,$
3. für $l(u) = n$, $l(v) = m$, gilt $l(uv) = n+m$.

Im allgemeinen ist natürlich $uv \neq vu$.

Das Wort u ist ein <u>Teilwort</u> des Wortes w, falls es Wörter v_1 und v_2 gibt mit $v_1 u v_2 = w$; dabei können sowohl v_1 als auch v_2 das leere Wort sein - ist wenigstens eines von beiden nicht ϱ, so ist u ein <u>echtes Teilwort</u> von w.

u ist <u>Anfangsstück (Präfix)</u> von w, falls es ein v gibt mit $uv=w$, und u ist echtes Anfangsstück für $uv = w$ und $v \neq \varrho$; u ist <u>Endstück (Suffix)</u> von w, falls $vu = w$ gilt, und es ist echtes Endstück für $vu = w$ und $v \neq \varrho$. Das zu einem Wort w <u>inverse</u> Wort w^{-1} entsteht, wenn man die Buchstaben in umgekehrter Reihenfolge aufschreibt:

$$w = w_1 w_2 \ldots w_{n-1} w_n,$$
$$w^{-1} = w_n w_{n-1} \ldots w_2 w_1.$$

Für die Verkettung von Wörtern gilt unmittelbar:

$$(wv)^{-1} = v^{-1} w^{-1}.$$

Da Sprachen Mengen sind, können die bekannten mengentheoretischen Operationen sämtlich angewendet werden. Die Komplementbildung wird häufig auf die kleinste Menge Σ^* bezogen, für die $L \subseteq \Sigma^*$ gilt. Es gilt dann: $\overline{L} = \Sigma^* \setminus L$. Weitere wichtige Operationen speziell für Sprachen sind:

<u>1. Verkettung.</u> Diese Operation verallgemeinert die Verkettung von Wörtern. Sind L_1, L_2 Sprachen über dem Alphabet Σ, dann ist $L_1 \circ L_2 = \{w \mid w = xy,\ x \in L_1,\ y \in L_2\}$.

Man bildet also das Kreuzprodukt der Mengen L_1 und L_2, und für jedes Paar (x,y), $x \in L_1$, $y \in L_2$, verkettet man die beiden Wörter.

2. Hülle (Kleenescher Stern). Diese Operation verkettet beliebig endliche viele Wörter einer Sprache L:

$L^* = \{w \in \Sigma^* \mid w = w_1 w_2 \ldots w_k$ für $k \geq 0$, $w_1, \ldots, w_k \in L\}$.

Für k=0 soll das leere Wort entstehen; es ist daher in jeder so abgeschlossenen Sprache enthalten. Für k=1 wird gerade L definiert, also ist $L \subseteq L^*$.

Die Bezeichnung Σ^* für die Menge aller endlichen Wörter über dem Alphabet Σ entspricht genau dieser Definition. Ist nämlich $\Sigma = \{a_1, \ldots, a_n\}$, dann kann man $L = \{a_i \mid a_i \in \Sigma\}$ als Sprache ansehen, die also nur Wörter der Länge 1 enthält. Jedes Wort $w \in L$ ist dabei ein Buchstabe des Alphabetes. Dann gilt $L^* = \Sigma^*$.

Verwendet man neben der Verkettung und dem Stern noch die Vereinigung, so entsteht die Möglichkeit, <u>reguläre Sprachen</u> durch <u>reguläre Ausdrücke</u> zu beschreiben. Dazu verwenden wir die folgende induktive

<u>Definition.</u> Gegeben sei ein Alphabet Σ.

1. $\emptyset$ und jedes $a_i \in \Sigma$ ist ein regulärer Ausdruck.
2. Mit regulären Ausdrücken A, B ist auch (AB) ein regulärer Ausdruck.
3. Mit regulären Ausdrücken A, B ist auch $(A \cup B)$ ein regulärer Ausdruck.
4. Mit A ist auch A^* ein regulärer Ausdruck.
5. Jeder reguläre Ausdruck läßt sich durch wiederholte (endlichmalige) Anwendung von 2. - 4. auf der Grundlage von 1. herstellen.

(Regeln für das Weglassen von Klammern sollen nicht gesondert definiert werden - sie entsprechen der üblichen Vorgehensweise.) Diese regulären Ausdrücke beschreiben nun eine Sprache $L \subseteq \Sigma^*$ in folgender Weise:

1. $L(\emptyset) = \emptyset$.
2. $L(a) = \{a\}$ für alle $a \in \Sigma$.
3. $L(AB) = L(A)L(B)$,   (Verkettung der Sprachen)
4. $L(A \cup B) = L(A) \cup L(B)$,   (mengentheoretische Vereinigung)
5. $L(A^*) = L(A)^*$.   (Sternoperation)

So beschreibt der Ausdruck $(a^* b\, a^* b\, a^*)^*$ eine Sprache L, bei deren Worten endlich viele a vor einem b, dann wieder endlich viele a vor einem zweiten b und schließlich endlich viele a kommen, das Ganze endlich oft wiederholt. Für "endlich viele" ist im Extremfall immer auch 0-mal zu berücksichtigen. Daher enthält L das leere Wort sowie alle Wörter mit geradzahlig vielen b, vor denen, zwischen denen und nach denen beliebig viele (eventuell gar keine) a stehen.

$(ab \cup aba)^* = \{ab, aba\}^*$ enthält wiederum ε, dann die Wörter ab und aba und schließlich beliebige Verkettungen dieser beiden Wörter, also abab, ababa, abaab, abaaba,...

Daß man mit regulären Ausdrücken nur "sehr wenige Sprachen" beschreiben kann, folgt einfach daraus, daß diese ja wieder endliche Wörter über dem endlichen Alphabet $\Sigma \cup \{\emptyset, (,), \cup, *\}$ sind. Damit kann man aber nur abzählbar viele Sprachen beschreiben, während die Menge aller Sprachen über Σ überabzählbar ist.

1.2. Relationen

Nunmehr wollen wir den Blickwinkel der Betrachtungen etwas ändern und uns den Relationen zuwenden.

Eine Menge R ist eine <u>binäre (zweistellige) Relation</u> in der Menge A genau dann, wenn $R \subseteq A \times A$ ist.

Es handelt sich bei (binären) Relationen also ebenfalls um Mengen geordneter Paare. Verwendet man bei der Modellierung von Systemen Relationen, so nimmt man einen mehr "beobachtenden" Standpunkt ein. Man betrachtet Paare von Elementen aus der Menge und stellt fest, ob sie in einer bestimmten Beziehung stehen oder nicht. Damit hat man eine sehr elementare, aber weitreichende Möglichkeit, Einsichten in die System- oder Problemstruktur zu erhalten.

Einfache Beispiele für derartige Relationen sind etwa:

- die Stadt x ist von der Stadt y aus mit einem D-Zug ohne Umsteigen erreichbar;
- ein Zustand q_1 wird in einem Schritt in den Zustand q_2 überführt;
- eine Person x ist mit der Person y befreundet, verheiratet, bekannt...

u. v. a. m.

Stets überlegt man sich geeignete Mengen A und stellt fest, daß Relationen (als Mengen) mit zweistelligen Prädikaten beschrieben werden, die für gewisse Paare wahr (erfüllt) sind, für andere dagegen nicht.

Selbstverständlich werden wir Relationen nicht nur "beobachten", sondern häufig ganz zielgerichtet definieren.

Gelegentlich definiert man Relationen etwas allgemeiner, genauso wie Abbildungen, durch $R \subseteq AxB$. Die hier gewählte Definition bedeutet aber keine Einschränkung, weil man ja $V = A \cup B$ setzen kann, woraus sofort $R \subseteq VxV$ folgt. Ist umgekehrt $R \subseteq AxA$, so kann man alle ersten Elemente zu A_1 zusammenfassen, alle zweiten Elemente zu A_2 und dann zu $R \subseteq A_1 xA_2$ übergehen.

Eine n-stellige Relation R ist eine Teilmenge von A^n. Hier betrachtet man also n-stellige Prädikate und deren Erfüllung durch n-Tupel. Wichtig für viele Überlegungen ist die Tatsache, daß man zwischen relationaler und funktionaler Denkweise wechseln kann; genauer gesagt, jede n-stellige Funktion kann als (n+1)-stellige Relation aufgefaßt werden. Betrachten wir beispielsweise die Addition plus: $\underline{N}x\underline{N}\text{--->}\underline{N}$. Jedem Paar von natürlichen Zahlen läßt sich eindeutig ihre Summe zuordnen: 2 + 3 = 5, 1000 + 2000 = 3000,... Genausogut (wenn auch nicht genauso üblich) können wir aber auch Tripel $(n1,n2,n3) \in \underline{N}x\underline{N}x\underline{N}$ betrachten und sie zur Relation R+ hinzunehmen, falls n1+n2=n3 ist.

Die Darstellung einer beliebigen Relation als Funktion ist im allgemeinen nicht möglich, weil ja das Problem der Eindeutigkeit auftritt: für kein einziges $a_1 \in A$ dürfen Paare (a_1, a_2), $(a_1, a_3) \in R$ mit $a_2 \neq a_3$ auftreten, was natürlich nicht immer der Fall ist.

Da Relationen ganz allgemein auch Mengen sind, ergeben sich die Begriffe der inversen Relation, der Komposition von Relationen, des Komplementes einer Relation ganz analog wie bei Abbildungen. Vereinigung, Durchschnitt, Differenz, symmetrische Differenz lassen sich ohne Schwierigkeiten auch auf Relationen anwenden.

Häufig verwendet und anschaulich sind die Darstellungen von Relationen durch <u>Relationengraphen</u> und durch Tabellen für die charakteristische Funktion.

Dies soll an folgendem Beispiel illustriert werden. Es sei A= {2,3,4,6,8,12} und $(a,b) \in R$ genau dann, wenn a Teiler von b ist (bezeichnet durch a | b). Dann gilt: R = {(2,2), (3,3), (4,4), (6,6), (8,8), (12,12), (2,4), (2,6), (2,8), (2,12), (3,6). (3,12), (4,8), (4,12), (6,12)}.

Nun verwendet man die Elemente von A als Knoten des Graphen und zeichnet eine Kante von a_1 nach a_2 genau dann, wenn $(a_1, a_2) \in R$ gilt. In der Relationstabelle indiziert man Zeilen und Spalten mit den Elementen von A und trägt für jedes Paar (a_i, a_j) den Wert 1 ein, falls $(a_i, a_j) \in R$ gilt. Den zu $(a_i, a_j) \notin R$ gehörenden Wert 0 läßt man oft der Anschaulichkeit halber noch weg. Für das Beispiel erhält man Abb. 1.2.

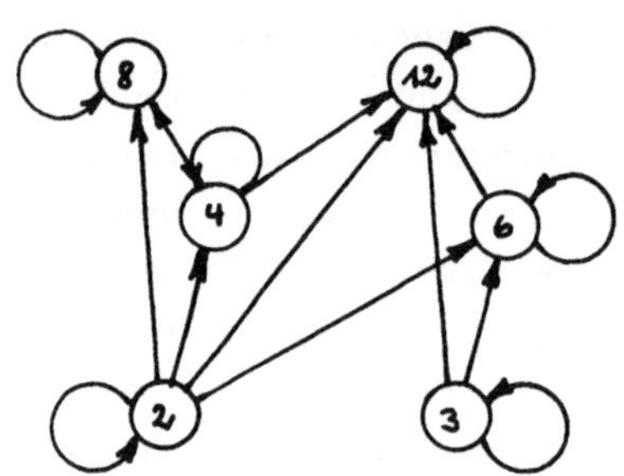

Relationsgraph

	2	3	4	6	8	12
2	1	.	1	1	1	1
3	.	1	.	1	.	1
4	.	.	1	.	1	1
6	.	.	.	1	.	1
8	.	.	.	.	1	.
12	.	.	.	.	.	1

Relationstabelle

Abb. 1.2. Darstellungsformen für Relationen

Als Extremfall sind natürlich auch $R = \emptyset$ (leere Relation) und $R = A \times A$ (universelle Relation) denkbar und sinnvoll. Ein weiterer Grenzfall sind unäre (einstellige) Relationen, die also sinnvollerweise gewissen Teilmengen einer Menge entsprechen und aus dieser Menge, wie bekannt, gewisse Elemente aussondern.
Obwohl Relationen per definitionem ganz beliebige Teilmengen von $A \times A$ bzw. A^n sind, weisen sie sehr häufig, und das macht natürlich auch ihren Wert aus, charakteristische Eigenschaften auf, die zu ganz bestimmten Strukturen führen.

Eine Relation $R \subseteq A \times A$ ist

1. <u>reflexiv in A</u> $\longleftrightarrow$ xRx für alle $x \in A$;
2. <u>symmetrisch</u> $\longleftrightarrow$ (xRy $\longrightarrow$ yRx) für alle $x, y \in A$;
3. <u>antisymmetrisch</u> $\longleftrightarrow$ (xRy $\wedge$ yRx $\longrightarrow$ x=y) für alle $x, y \in A$;
4. <u>transitiv</u> $\longleftrightarrow$ (xRy $\wedge$ yRz $\longrightarrow$ xRz) für alle $x, y, z \in A$.

Die Schreibweise xRy steht für $(x, y) \in R$ und wird sehr häufig verwendet, wenn für die Relation spezielle Bezeichnungen üblich sind, wie etwa $<, \leq, |, \ldots$

Diese Eigenschaften sollen wiederum anschaulich interpretiert
werden. Die Eigenschaft der <u>Reflexivität</u> bewirkt, daß sich an
jedem Knoten des Graphen eine Schlinge befindet und die Haupt-
diagonale der Relationentabelle nur den Wert 1 enthält (Abb.
1.2). Eine ganz typische reflexive Relation ist die Gleichheit
$x=y$ (z. B. in $\underline{N}$). Die <u>Symmetrie</u> bewirkt eine gewisse Gegen-
seitigkeit der Relation für zwei unterschiedliche Knoten; sie
sind im Graphen durch zwei Kanten (a_i, a_j) und (a_j, a_i) miteinander verbunden (häufig durch einen Doppelpfeil abgekürzt),
die Relationentabelle ist bzgl. der Hauptdiagonalen symmetrisch.
Die Gleichmächtigkeit von Mengen ist ganz typisch für die
Symmetrie. Die <u>Antisymmetrie</u> bewirkt genau das Gegenteil; hier
treten außer Schlingen überhaupt keine Doppelpfeile auf. $A \subseteq B \wedge B$
$\subseteq A ---> A = B$ soll hierfür als Beispiel dienen.
Interessant und weitreichend ist die Eigenschaft der <u>Transi-</u>
<u>tivität</u>. Zu ihrer Charakterisierung definieren wir in einem
Graphen den Begriff der <u>Kette</u>. Gibt es in einem (Relationen-)
Graphen Knoten $(a_0, a_1, ..., a_{n-1}$ und ist stets (a_0, a_1), $(a_1,$
$a_2), ..., (a_{n-1}, a_n) \in R$, so handelt es sich um eine Kette der Länge
n von a_0 nach a_n. Im Graphen drückt dieser Begriff sehr
anschaulich die Tatsache aus, daß man sich längs einer
Kantenfolge immer in Pfeilrichtung von a_0 nach a_n bewegen kann.
Häufig soll hierfür auch die Bezeichnung "Weg von a_0 nach a_n"
verwendet werden. Die Eigenschaft der Transitivität bewirkt nun,
daß in einer Kette des Graphen von jedem Knoten a_i Kanten zu
allen Knoten a_j, $j>i$, gehen.

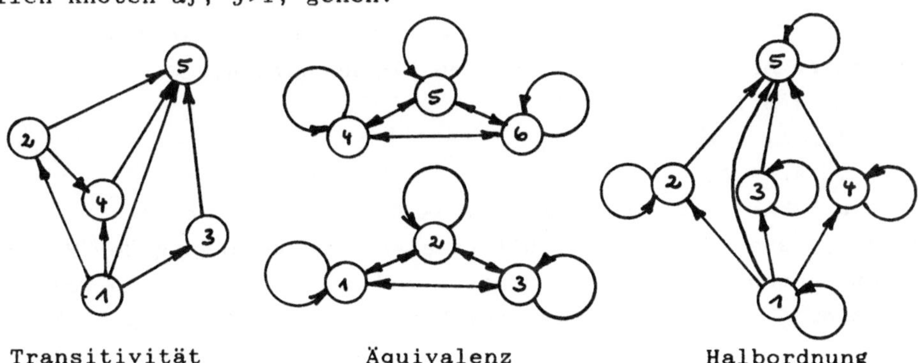

Abb. 1.3. Eigenschaften von Relationen

Nimmt man zu einer transitiven Relation die Eigenschaft der Symmetrie hinzu, dann kann man in einer Kette "beliebig hin- und herlaufen", es treten nur Doppelpfeile auf. Gibt es mehr als eine Kette im Graphen, so sind sie entweder in einer "größeren" Kette enthalten oder besitzen überhaupt keine Verbindung miteinander.

Die Antisymmetrie bewirkt, daß keinerlei Bewegung zurück möglich ist, sondern daß man sich nur irreversibel vorwärtsbewegen kann, bis man (im endlichen Falle) bei einem letzten Element angelangt ist.

Bezeichnet man mit D_A die <u>Diagonalrelation</u>

$$D_A = \{(a,a) \mid a \in A\},$$

so sind die folgenden Eigenschaften anschaulich klar:

1. R ist reflexiv in A $\longleftrightarrow$ $D_A \subseteq R$.

2. R ist transitiv $\longleftrightarrow$ $R \bullet R \subseteq R$.

3. R ist symmetrisch $\longleftrightarrow$ $R = R^{-1}$.

4. R ist antisymmetrisch $\longleftrightarrow$ $R \cap R^{-1} \subseteq D_A$.

Mit einer Relation R besitzt auch R^{-1} jede dieser vier Eigenschaften. Diese Zusammenhänge erleichtern insbesondere die Einordnung verschiedener Grenzfälle. So ist die Relation D_A selbst, bei der nur die Elemente der Hauptdiagonalen den Wert 1 enthalten, natürlich reflexiv, aber auch transitiv, symmetrisch <u>und</u> antisymmetrisch.

Eine <u>Äquivalenzrelation</u> liegt vor, wenn eine Relation R gleichzeitig reflexiv, transitiv und symmetrisch ist. Nach dem eben Gesagten ist mit R auch R^{-1} eine Äquivalenzrelation.

Bei einer Äquivalenzrelation $R \subseteq A \times A$ zerfällt die Menge A in Teilmengen A_i, $i \in I$, mit folgenden Eigenschaften:

1. $A_i \neq \emptyset$ für alle $i \in I$;

2. $A_i \cap A_j = \emptyset$ für $i \neq j$;

3. $\bigcup_{i \in I} A_i = A$;

4. $a, b \in A_i \longrightarrow (a,b) \in R$, $(a,b) \in R \wedge a \in A_i \longrightarrow b \in A_i$.

Das Mengensystem A_i, $i \in I$, bildet also eine <u>Zerlegung</u> der Menge A. Betrachten wir etwa die Menge <u>N</u> und definieren R_1 wie folgt:

$n_1 R_1 n_2$ $\longleftrightarrow$ n_1, n_2 lassen bei Division durch 2 den gleichen Rest.

Dann zerfällt <u>N</u> in zwei Äquivalenzklassen G und U,

$$G = \{0,2,4,6,8,10,12,\ldots\}, \qquad U = \{1,3,5,7,9,11,13,\ldots\},$$

welche genau die Teilmengen der geraden und ungeraden Zahlen darstellen. Die Relation R_1 besteht aus allen Paaren (n_1, n_2), wobei n_1 und n_2 entweder beide in G liegen oder beide in U. Umgekehrt kann man, wenn eine Zerlegung der Menge A gegeben ist, also ein Mengensystem A_i, $i \in I$, mit den obigen Eigenschaften, eine Äuivalenzrelation $R \subseteq A \times A$ definieren, indem man $(x,y) \in R$ <---> x, $y \in A_i$ für ein $i \in I$ verwendet.

Äquivalenzrelationen und Zerlegungen sind also in diesem Sinne wesensgleich.

Bei <u>Halbordnungen</u> sind die Eigenschaften der Reflexivität, Transitivität und Antisymmetrie miteinander gekoppelt. Hier liegt eine gewisse Orientierung oder Reihenfolge vor (deshalb wählt man für beliebige Halbordnungsrelationen häufig die Bezeichnung $\leqslant$), "halb" geordnet sind die entsprechenden Mengen, weil <u>unvergleichbare</u> Elemente auftreten können.

Man prüft beispielsweise sofort nach, daß $\subseteq$ in Mengensystemen eine Halbordnungsrelation ist, aber für Mengen {a,b}, {c,d} weder {a,b} $\subseteq$ {c,d} noch {c,d} $\subseteq$ {a,b} gilt.

Abb. 1.4 zeigt wichtige Halbordnungsrelationen, wobei aus Gründen der Übersichtlichkeit reflexive Schlingen und Transitivitätspfeile weggelassen sind.

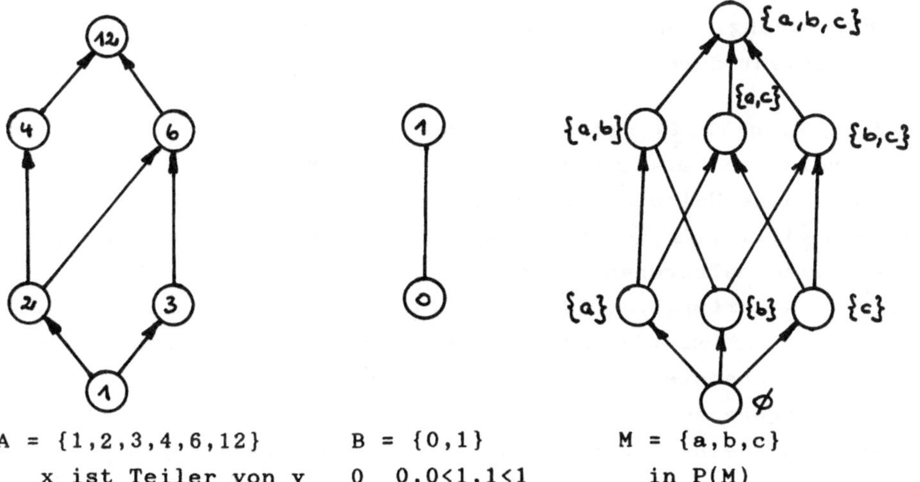

Abb. 1.4. Beispiele für Halbordnungsrelationen

Eine halbgeordnete Menge wird zu einer geordneten Menge (die Halbordnungs- wird zur <u>Ordnungsrelation</u>), wenn beliebige Elemente $a, b \in A$ vergleichbar sind, also aRb oder bRa gilt. Dann sind alle Elemente der Grundmenge tatsächlich, wie auf einer Kette, "aufgefädelt", möglicherweise ist sie aber (abzählbar oder überabzählbar) unendlich.

Wir führen schließlich für Halbordnungs- und Ordnungsrelationen die Bezeichnung $<$ ein, indem $a<b$ genau dann gilt, wenn $a \leqq b$ und $a \neq b$ ist. Somit gilt in der Menge $\underline{N}$ der natürlichen Zahlen

$$0 < 1 < 2 < 3 < \ldots < n < n+1 < n+2 < \ldots .$$

Jede beliebige endliche oder abzählbare Menge kann sofort geordnet werden, indem man eine beliebige, nach Voraussetzung existierende eineindeutige Abbildung g auf ein endliches Intervall $[0 \ldots n-1]$ oder auf $\underline{N}$ wählt und

$$f(0) < f(1) < \ldots < f(n-1)$$

bzw. $f(0) < f(1) < \ldots < f(n) < f(n+1) < \ldots$.

mit $f = g^{-1}$ als Relation in der entsprechenden Menge verwendet.

Es ist auch jedes endliche Alphabet geordnet (oder läßt sich ordnen); so gilt etwa für das Alphabet der deutschen Sprache

$$a < b < c < d < e < f < g < h < i < \ldots < x < < y < z < ä < ö < ü .$$

(Gelegentlich werden die Umlaute auch als ae, oe, ue aufgefaßt und anders eingeordnet.)

Die Übertragung von Halbordnungs- und Ordnungsrelationen auf Tupel geschieht durch

<u>Satz 1.9.</u> sind $(A, \leqq_1)$ und $(B, \leqq_2)$ zwei halbgeordnete Mengen, dann ist die Relation $R \subseteq (A \times B) \times (A \times B)$ mit $(a_1, b_1) \, R \, (a_2, b_2) \longleftrightarrow a_1 \leqq_1 a_2$ und $b_1 \leqq_2 b_2$ eine Halbordnungsrelation in der Menge $A \times B$.

Sind $(A_1, \leqq_1), \ldots, (A_n, \leqq_n)$ n halbgeordnete Mengen, so läßt sich $A_1 \times A_2 \times \ldots \times A_n$ halbordnen durch

$$(a_1, \ldots, a_n) \leqq (b_1, \ldots, b_n) \longleftrightarrow a_1 \leqq_1 b_1, \ldots, a_n \leqq_n b_n .$$

Sehr häufig werden wir Ordnungsrelationen für Wortmengen über endlichen Alphabeten benötigen. Hierfür verwenden wir zwei typische Vorgehensweisen.

1. Gegeben sei ein Alphabet Σ mit einer Ordnungsrelation $\leqq_{\Sigma}$, und v, w seien Worte der Länge n bzw. m mit $v \neq w$:

$$v = v_1 v_2 v_3 \ldots v_{n-1} v_n ,$$
$$w = w_1 w_2 w_3 \ldots w_{m-1} w_m .$$

Dann beginnt man von links her, jeweils v_i mit w_i zu vergleichen; dabei gibt es drei Möglichkeiten:

1. $v_1 \underset{\Sigma}{<} w_1$:   man setzt $v < w$.

2. $v_1 \underset{\Sigma}{>} w_1$:   man setzt $w < v$.

3. $v_1 = w_1$: man setzt beim Vergleich von v_2 und w_2 fort.

Unterscheiden sich die beiden Wörter an irgendeiner Stelle i, $i \leq m$, $i \leq n$, so ist die Relation für v und w definiert, indem man wie bei der ersten Komponente verfährt. Gelangt man an das Ende eines Wortes, ohne daß einmal $v_i \neq w_i$ war, dann ist das kürzere Wort ein <u>Anfangsstück</u> des längeren; wenn dies etwa v ist, so ist $n < m$, und man setzt $v < w$.

Gelangt man schließlich bei beiden Wörtern gleichzeitig an ihr Ende, ohne daß $v_i = w_i$ war, dann steht $v = w$ im Widerspruch zur Voraussetzung.

Nach diesem Schema sind alle Wörterverzeichnisse in Telefon- und Wörterbüchern, in Nachschlagewerken und Lexika aufgeführt, so daß man von einer <u>lexikographischen Ordnung</u> spricht.

In einem englischen Wörterbuch gilt etwa:

  a<aback<abacus<abaft<abandon<...<zymotic.

Das (bei natürlichen Sprachen nicht benötigte) leere Wort könnte man an die Spitze der Aufzählung stellen, es also als kleinstes Element definieren.

2. Eine zweite Möglichkeit besteht darin, daß man unter den gleichen Voraussetzungen zwei Kriterien "übereinanderlegt". Man faßt zunächst alle Wörte der Länge i zu einer Menge A_i zusammen; wegen der Endlichkeit von Σ sind auch alle A_i endlich.

Betrachtet man nun zwei Wörter v und w, so gilt:

1. $l(v) < l(w)$ ---> $v < w$.

2. $l(v) > l(w)$ ---> $v > w$.

3. $l(v) = l(w)$ ---> Durchführung des unter 1. vorgestellten lexikographischen Vergleiches.

Ein Ausschnitt aus der Relation würde folgendes Aussehen haben:

  φ < a < b < c < ... <aa <ab <ac <...< zzzzzzzza<...

Diese Anordnung ist sehr nützlich immer dann, wenn man induktive Beweise über die Wortlänge realisieren kann.

Nachdem gezeigt wurde, daß es eine ganze Reihe interessanter Eigenschaften von Relationen gibt, soll als letzter Grundbegriff in diesem Abschnitt die <u>Abschließung</u> bzw. die <u>abgeschlossene Hülle</u> von Relationen betrachtet werden.

Hinter diesem Begriff verbirgt sich der Wunsch, eine gegebene Relation $R \subseteq A \times A$ mit einer bestimmten gewünschten Eigenschaft zu versehen, ohne sie übermäßig stark zu verändern. So ist es schon von der Anschauung her einzusehen, daß eine nichtreflexive Relation R dadurch reflexiv "gemacht" werden kann. daß man für alle x, für die $(x,x) \notin R$ ist, (x,x) zu R hinzufügt. In der Relationentabelle trägt man also in der Hauptdiagonalen an allen Stellen eine 1 ein, wo bisher der Wert 0 stand. Im Relationengraphen wird an jeden Knoten eine Schlinge angehängt.

Exakt läßt sich diese Vorgehensweise wie folgt ausdrücken:

Es sei $R \subseteq A \times A$ eine Relation , die <u>nicht</u> die Eigenschaft der Reflexivität, Symmetrie oder Transitivität besitzt. Als <u>reflexiven</u> (<u>symmetrischen</u>, <u>transitiven</u>) Abschluß von R bezeichnet man eine Relation R_1 , die folgenden Bedingungen genügt.

    1. $R \subseteq R_1$.

    2. R_1 ist reflexiv (symmetrisch, transitiv).

    3. Ist R_2 eine reflexive (symmetrische, transitive) Relation mit $R \subseteq R_2$, dann ist $R_1 \subseteq R_2$.

Die ersten beiden Bedingungen sichern die Herstellung der gewünschten Eigenschaft durch Hinzunahme weiterer Elemente, die dritte Bedingung bewirkt eine bzgl. $\subseteq$ minimale Erweiterung.

Häufig spricht man von einer reflexiven (symmetrischen, transitiven) Hülle, wobei auch alle drei Eigenschaften und zwei von ihnen gleichzeitig betrachtet werden können. Man erweitert eine Relation R dann zu einer Äquivalenzrelation. Unschwer läßt sich erkennen, daß für $R \subseteq A \times A$ gilt:

    1. $R \cup D_A$ ist die reflexive Hülle von R,

    2. $R \cup R \cdot R \cup R \cdot R \cdot R \cup \ldots$ ist die transitive Hülle von R,

    3. $R \cup R^{-1}$ ist die symmetrische Hülle von R.

Von einer antisymmetrischen Hülle kann man sinnvollerweise nicht sprechen, weil für zwei Elemente x und y mit $(x,y) \in R$ und $(y,x) \in R$ eine Verschmelzung der Knoten x und y notwendig wäre. Dies aber würde die Menge A verändern oder die Elimination von wenigstens einer der beiden Kanten bedeuten, was ebenfalls nicht zulässig ist.

2. Automaten und Sprachen

Für die theoretische Computerwissenschaft ist ein "Computer", eine informationsverarbeitende Maschine oder eine Datenverarbeitungsanlage nichts weiter als ein schwarzer Kasten, in den Informationen hineingehen, die dann irgendwie verarbeitet wieder herauskommen. An technischen Einzelheiten wird dabei so gut wie nichts vorausgesetzt, denn diese schwarzen Kästen sollen Modelle aller - auch in Zukunft - nur irgendwie denkbaren Computer sein. Was wir dennoch voraussetzen, trägt prinzipiellen Charakter: Ein Computer ist grundsätzlich ein endliches Gebilde - etwas anderes ist sicherlich nicht denkbar. Betriebsmittel, wie Speichermedien, auch Platz und Zeit stehen unbegrenzt zur Verfügung, etwaige Einschränkungen wären zu diskutieren. Die zu verarbeitenden Informationen werden als Folgen diskreter Signale aufgefaßt.

Wir verstehen also unter unseren theoretischen Computern grundsätzlich digitale Anlagen. Das kann auch nicht anders ein, denn eine idealisierte Analogmaschine wäre insoweit kein endliches Gebilde, als sie jedenfalls unendlich viele Zustände annehmen müßte, um kontinuierliche Signale zu verarbeiten. Weiter pflegt man nur endliche Signalfolgen als Informationen zu betrachten. Das ist aber überhaupt keine Einschränkung, denn man kann den Informationsstrom in endliche Abschnitte teilen.

Wir werden folglich zu untersuchen haben:
- theoretische Modelle von Computern, die alle praktischen Realisierungen (auch zukünftige) einschließen;
- Eingaben, die von solchen Computern verarbeitet werden können;
- Ausgaben, zu denen diese verarbeitet werden;
- prinzipielle Probleme des Aufwandes an Zeit und Raum, die von irgendeiner Skalierung oder auch sonst von jedem denkbaren technischen Fortschritt unabhängig sind.

2.1. Endliche deterministische Automaten

Wir betrachten in diesem Abschnitt idealisierte Computer als konsequent endliche Geräte, die nur endlich viele Zustände annehmen können und entsprechend nur endlich viel Information speichern können, und zwar durch Zustandsänderung. Diese Geräte können also im Verlaufe der Zeit nicht wachsen (etwa durch Nutzung des umgebenden potentiell unendlichen Raumes zur Ablage von Notizen, also zur Erweiterung der Speichermöglichkeiten bei Bedarf - wie schon beim menschlichen Rechner, dem man nötigenfalls beliebig viel Papier für Zwischenergebnisse zur Verfügung stellen wird).

Außerdem setzen wir hier der Einfachheit halber voraus, daß diese Geräte über keine Ausgabe verfügen. Das ist keine wesentliche Einschränkung, wie wir bald sehen werden.

Solche Geräte nennen wir <u>endliche deterministische Automaten</u>. Wir werden dazu noch eine exakte Definition angeben und beschreiben sie vorerst anschaulich.

Zunächst einmal ist ein endlicher deterministischer Automat ein schwarzer Kasten, der zu jedem Zeitpunkt genau einen von endlich vielen Zuständen $q_0, \ldots q_n$ annimmt:

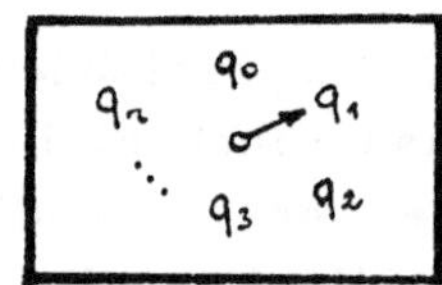

Weiter soll der Automat Informationen verarbeiten, mangels Ausgabe also aufnehmen können. Wir stellen uns dazu vor, daß der Automat über einen Lesekopf verfügt, an dem die Eingangsinformation vorbeigeführt wird, bzw. der die Eingangsinformation überstreicht. Diese Eingangsinformation besteht aus einer endlichen, aber beliebig langen Folge von Buchstaben. Wir stellen uns vor, daß diese auf einem Eingabeband verzeichnet sind, und daß das Eingabeband in Felder eingeteilt ist; in jedem Feld steht ein Buchstabe:

Z	e	i	t	u	n	g

Der Lesekopf steht zu Beginn des Lesens am linken Bandende und "liest" den ersten Buchstaben:

Z	e	i	t	u	n	g

Der Automat arbeitet taktweise, und mit jedem Takt rückt der

Lesekopf um ein Feld nach rechts. Nach 7 Takten hat unser Automat das Beispielwort "Zeitung" gelesen:

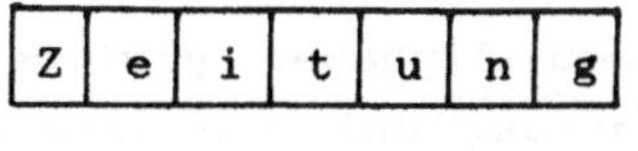

Der Lesekopf steht dann rechts vom Eingabewort. Der Automat bemerkt das Wortende und bleibt stehen.

Am Anfang ist noch nichts gelesen, also hat der Automat einen neutralen Anfangszustand. Beim Übergang zum 2. Takt ändert sich der Zustand, und der neue Zustand hängt ab vom gelesenen 1. Buchstaben. Der Kopf rückt weiter zum 2. Buchstaben.

Auch später rückt mit jedem Takt der Lesekopf um ein Feld nach rechts, und der Automat nimmt in Abhängigkeit vom soeben gelesenen Buchstaben einen neuen Zustand an. Außerdem hängt der neue Zustand auch vom jeweiligen alten Zustand ab, also vom gesamten vorher gelesenen Text. Weil der Lesekopf nur einen Buchstaben auf einmal liest, hängt der neue Zustand direkt nur vom gerade gelesenen Buchstaben und vom alten Zustand ab, die Abhängigkeit vom vorher gelesenen Text ist also nur über den alten Zustand gegeben.

Schließlich bleibt der Automat nach Erreichen des Eingangswortendes stehen. Wir können an seinem Zustand ablesen, welchen Eindruck das Gelesene auf ihn gemacht hat. Hier sind nun zwei wesentlich verschiedene Fälle möglich: Entweder die Eingabe war für den Automaten ausreichend, stellte für ihn also eine vollständige Information dar, oder aber der Automat ist unzufrieden und erwartet weitere Eingabesignale. Im ersten Falle hat er das Eingabewort __akzeptiert__, im zweiten nicht. Ob er das Wort akzeptiert oder nicht, ist nur am erreichten Zustand abzulesen. Im ersten Falle befindet sich der Automat in einem __Endzustand__, im anderen Falle nicht, weil die Eingabe für ihn nicht vollständig ist.

Die Menge der akzeptierten Wörter ist die vom Automaten __akzeptierte Sprache__.

Man kann sich vorstellen, daß mit einigen oder allen Zuständen physisch die Aussendung eines Signals oder einer Signalfolge verbunden ist. Das Studium der endlichen deterministischen

Automaten ohne Ausgabe schließt somit auch das von Varianten ebensolcher Geräte mit Ausgabe ein. [1]

Alle Wörter müssen über einem Alphabet gebildet sein. Diese Forderung folgt inhaltlich daraus, daß der Automat nur endlich viele Zustände annehmen kann und somit auch nur in der Lage ist, endlich viele verschiedene Eingabebuchstaben zu unterscheiden. Auf den Begriff "deterministisch" gehen wir erst ein, wenn wir nichtdeterministische Automaten kennenlernen.

<u>Definition 2.1.</u> Ein (endlicher deterministischer) Automat

$$A = (Q, \Sigma, \delta, q, F) \text{ ist gegeben durch}$$

1. eine endliche Menge Q von <u>Zuständen</u>,
2. ein endliches (Eingabe-)<u>Alphabet</u> Σ,
3. einen <u>Anfangszustand</u> $q \in Q$,
4. eine Menge $F \subseteq Q$ von <u>Endzuständen</u>,
5. eine <u>Überführungsfunktion (Programm)</u> δ von $Q \times \Sigma$ in Q,

   ordnet jedem (alten) Zustand und jedem (gelesenen) Buchstaben einen (neuen) Zustand zu. Wenn wir aus dem "Automaten" eine "Maschine" machen wollen, dann müssen wir die Definition in der folgenden Art erweitern:

Eine <u>Maschine</u> $M = (Q, \Sigma, \Sigma', \delta, \delta', q, F)$ ist gegeben durch
1. einen Automaten $(Q, \Sigma, \delta, q, F)$,
2. ein endliches Ausgabealphabet Σ',
3. eine Ausgabefunktion δ' von $Q \times \Sigma$ in Σ'.

---

[1]

Der Sprachgebrauch ist hier nicht einheitlich. Während in der Theoretischen Informatik Untersuchungen eine Rolle spielen, bei denen die Ausgabe häufig nicht wesentlich ist, verwendet man in der Technischen Informatik bei der Untersuchung digitaler Systeme häufig Automatenmodelle, bei denen die Ausgabe eine sehr wichtige Funktion besitzt und direkt in die Verhaltensbeschreibung aufgenommen wird.
Ein Wechsel zwischen diesen beiden Modellklassen ist jedoch ohne Schwierigkeit möglich, da die jeweils untersuchten Problembereiche und Aufgabenklassen "hinreichend weit" auseinanderliegen dürften.

Wir werden uns mit diesen Maschinen, einer hier unwesentlichen Erweiterung der schon erklärten Automaten, nur ausnahmensweise beschäftigen.

<u>Beispiel</u>. $A = (Q, \Sigma, \delta, q, F)$ sei gegeben durch $Q = \{q_0, q_1\}$. $\Sigma = \{a, b\}$, $q = q_0$, $F = \{q_0\}$ und die Überführungsfunktion δ seien beschrieben durch

q	σ	$\delta(q, \sigma)$
q_0	a	q_0
q_0	b	q_1
q_1	a	q_1
q_1	b	q_0

oder gleichwertig - aber einfacher - durch

δ	a	b
q_0	q_0	q_1
q_1	q_1	q_0 .

Auf dem Eingabeband stehe das Wort aabba. Wir wollen nun illustrieren, wie der Automat arbeitet. Für jeden Takt geben wir durch die Stellung des Lesekopfes relativ zum Band an, und darunter vermerken wir den Zustand, welchen der Automat jeweils hat. Am Anfang liegt die Situation

```
a  a  b  b  a
↑
q0
```

vor. Es wird "a" gelesen, der Zustand ist zunächst q_0. Wir entnehmen der Tafel für die Überführungsfunktion, daß der Zustand q_0 für den nächsten Takt erhalten bleibt:

```
a  a  b  b  a
   ↑
   q0
```

Im selben Zustand wird derselbe Buchstabe gelesen, dann ist auch der Effekt der gleiche:

```
a  a  b  b  a.
      ↑
      q0
```

Jetzt wird, immer noch im Anfangszustand q_0, "b" gelesen. Der

Automat nimmt vom b durch Zustandsänderung nach q_1 Kenntnis,
nachdem er sich für die bisherigen a nicht interessiert hat:

$$a \quad a \quad b \quad b \quad a.$$
$$\uparrow$$
$$q_1$$

Das erneute "b" wird wiederum mit Zustandsänderung quittiert:

$$a \quad a \quad b \quad b \quad a,$$
$$\uparrow$$
$$q_0$$

Hingegen löst a keine Zustandsänderung aus:

$$a \quad a \quad b \quad b \quad a \quad .$$
$$\uparrow$$
$$q_0$$

Der Automat stoppt.

Wegen $q_0 \in F$ ist das Wort "aabba" durch A akzeptiert.

Wenn wir als <u>Konfiguration</u> von A jeweils das Paar aus dem aktuellen Zustand und dem noch ungelesenen Rest des Eingabewortes verstehen (nur dieses bestimmt die weitere Tätigkeit des Automaten), so können wir den Ablauf beim Lesen von "aabba" auch wie folgt darstellen:

Takt	Konfiguration
0	(q_0,aabba)
1	(q_0,abba)
2	(q_0,bba)
3	(q_1,ba)
4	(q_0,a)
5	(q_0,l)
Stop	

Wir fassen die Übergänge zwischen den Konfigurationen in <u>Definition 2.2.</u> Es seien $A = (Q,\Sigma,\delta,q,F)$ ein deterministischer endlicher Automat, u, $v \in \Sigma^*$, $p,r \in Q$. $(p,u) \vdash_A (r,v)$ gilt genau dann, wenn $u = \sigma v$ für ein $\sigma \in \Sigma$ und $\delta(p,\sigma) = r$. Die Konfiguration (p,u) <u>geht unmittelbar über in</u> die Konfiguration (r,v). für $q_1,\ldots,$ $q_n \in Q$ und $w_1,\ldots, w_n \in \Sigma^*$ gilt $(q_1,w_1) \vdash_A^* (q_n,w_n)$ genau dann, wenn $(q_1,w_1) \vdash_A (q_2,w_2) \vdash_A \ldots \vdash_A (q_n,w_n)$. Die Konfiguration (q_1,w_1) <u>geht über in</u> die Konfiguration (q_n,w_n). Man überlegt sich sofort, daß $\vdash_A$ eine Relation über der Menge aller Konfigurationen ist.

Diese Menge ist abzählbar, weil endlich viele Zustände und beliebige Wörter $\in \Sigma^*$ zur Verfügung stehen. $\vdash_{\overline{A}}^*$ ist dann die reflexive und transitive Hülle von $\vdash_{\overline{A}}$. Den Index "A" lassen wir weg, wenn er im konkreten Zusammenhang entbehrlich ist. Die endliche Folge $((q_1,w_1), (q_2,w_2),...,(q_n,w_n))$ ist eine _Ableitung_ von w_n in A.

Wir haben im Beispiel also $(q_0,aabba) \vdash_{\overline{A}} (q_0,abba) \vdash_{\overline{A}} (q_0,bba) \vdash_{\overline{A}} (q_1,ba) \vdash_{\overline{A}} (q_0,a) \vdash_{\overline{A}} (q_0,\varphi)$ Stop und $(q_0,aabba) \vdash_{\overline{A}}^* (q_0,\varphi)$ Stop.

Was macht denn unser Beispielautomat A mit beliebigen Eingabewörtern $\in \Sigma^*$? Wir entnehmen der Tabelle, daß A alle Buchstaben a überliest (der Zustand ändert sich nicht), beim ersten b geht der Zustand von q_0 in q_1 über, beim zweiten b wieder zurück von q_1 nach q_0, worauf sich das Spiel wiederholt. Wir können also sagen, daß A sich jeweils merkt, ob bisher eine gerade oder ungerade Zahl von b gelesen wurde. Da nur q_0 Endzustand ist, wird ein Wort $\in \Sigma^*$ genau dann akzeptiert, wenn es eine gerade Zahl von b enthält.

__Definition 2.3.__ Es sei $A = (Q,\Sigma,\delta,q,F)$ ein endlicher deterministischer Automat. Die von A akzeptierte Sprache L(A) ist die Menge der von A akzeptierten Wörter, d. h. die Menge der Wörter w mit $(q,w) \vdash_{\overline{A}}^* (p,\varphi)$ für $p \in F$.

Im Beispiel gilt $L(A) = (a^*ba^*ba^*)^* = \{w \mid w \in \{a,b\}^*$, in w kommt b geradzahlig oft vor$\}$.

In vielen Fällen ist es günstig, sich endliche Automaten graphisch darzustellen. Dazu stellt man etwa jeden Zustand durch O oder durch ● dar, je nachdem, ob er ein Endzustand ist oder nicht. Wenn offengelassen werden soll, ob es sich um einen Endzustand handelt, zeichnen wir ⊙. Der Anfangszustand wird durch →O (bzw. →● oder →⊙) markiert. Ein Pfeil, markiert mit σ, führt von p nach q, falls p durch σ in q überführt wird. Unser Beispielautomat sieht dann so aus:

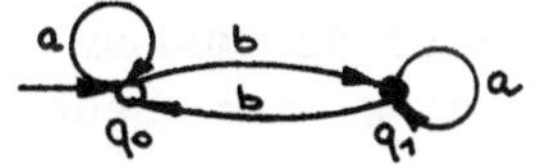

Beginnend beim Startzustand, kann man für jedes gegebene Wort w entsprechend den Buchstaben den Kanten folgen, bis alle Buchstaben verwendet wurden. Befindet man sich am Ende in q_0, wurde das Wort akzeptiert, bleibt man in q_1, wurde es nicht akzeptiert.

Man beachte: Bei deterministischen endlichen Automaten muß von jedem Knoten für jeden Buchstaben je ein Pfeil ausgehen.

Sehen wir uns ein Beispiel für die Konstruktion eines Automaten an.

<u>Beispiel</u>. Wir wollen einen Automaten konstruieren, der genau die Wörter über dem Alphabet {a,b} akzeptiert, in denen keine drei b direkt hintereinander stehen. Dieser Automat wird also mit jedem gelesenen b einen Zähler weiterstellen, solange der Wert drei nicht erreicht ist. Mit jedem gelesenen a wird der Zähler zurückgestellt. Wenn aber der Wert 3 erreicht ist, dann muß der Automat unentrinnbar in einem Nicht-Endzustand (in einer "Falle") verbleiben.

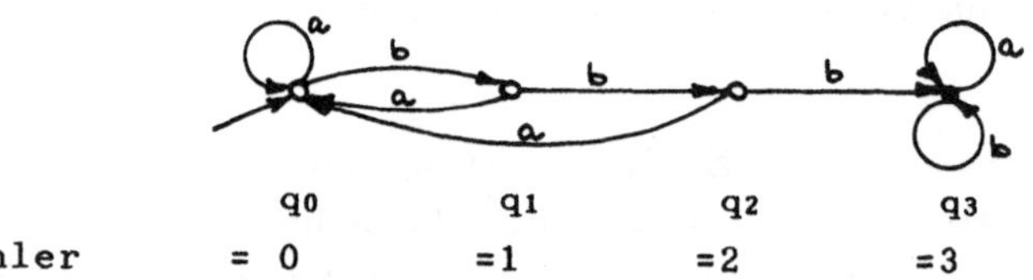

Zähler   = 0   =1   =2   =3

Aus dem Diagramm gewinnen wir eine algebraische Darstellung:
$Q = \{q_0, q_1, q_2, q_3\}$, $\Sigma = \{a,b\}$, $F = \{q_0, q_1, q_2\}$,

δ	a	b
q_0	q_0	q_1
q_1	q_0	q_2
q_2	q_0	q_3
q_3	q_3	q_3

$A = (Q, \Sigma, \delta, q_0, F)$.

2.2. Endliche nichtdeterministische Automaten

Bei den bisherigen Automaten hing der neue Zustand jeweils eindeutig

   a) vom alten Zustand und

   b) vom gelesenen Buchstaben

ab. Bei nichtdeterministischen Automaten wird diese Eindeutig-

keit aufgegeben. Es sind jeweils <u>mehrere</u> neue Zustände möglich,
von denen einer zufällig ausgewählt wird. Ebensogut kann man
sich denken, daß mit dem Lesen eines gewissen Buchstabens der
Übergang zu mehreren neuen Zuständen verträglich ist. Eventuell
ist auch gar kein neuer Zustand möglich. Welche neuen Zustände
insgesamt jeweils möglich sind, hängt wiederum nur von a) und b)
ab. Bevor wir dies an Beispielen illustrieren, wollen wir doch
schon die Frage nach dem "Warum" nichtdeterministischer Automaten streifen. Idealisierte Computer sollten rein deterministisch
arbeiten (wie reale Computer auch), ihr Verhalten sollte nicht
irgendwie zufällig sein. Das praktische Einbauen eines im gewünschten Maße zufälligen Elementes stößt auf Schwierigkeiten.
Die Verwendung von Bauelementen, die zufällig und zeitweise aus-
fallen, liefert kaum eine praktikable Lösung.
Nichtdeterministische Automaten werden wir nur als Denkmodell
ansehen. Wir haben die deterministischen Automaten als abstrakte
Strukturen eingeführt und können diese Strukturen nichtdeterministisch verallgemeinern; damit wird zunächst nur unsere in-
tellektuelle Neugier befriedigt. Es wird sich aber heraus-
stellen, daß dieser Ausflug zu nur gedachten, unrealen Automaten
einen beachtlichen Nutzen mit sich bringt: nämlich eine wesentlich vereinfachte Beschreibungsmöglichkeit der realen, der
deterministischen Automaten. Tatsächlich wird sich weiter zeigen, daß jeder endliche nichtdeterministische Automat als Beschreibung eines endlichen deterministischen Automaten gedeutet
werden kann. So gesehen, sind die nichtdeterministischen Automaten sowohl irreal als auch überflüssig, dafür aber nützlich.
Wir beginnen mit einem Beispiel. Gesucht ist ein Automat, der
die Sprache (ab ∪ aba)* akzeptiert, also alle Wörter, die aus
beliebige 0-1-Wörtern (∈{0,1}*) dadurch hervorgehen, daß überall
0 durch ab und 1 durch aba ersetzt wird. Im deterministischen
Falle kommen wir zu:

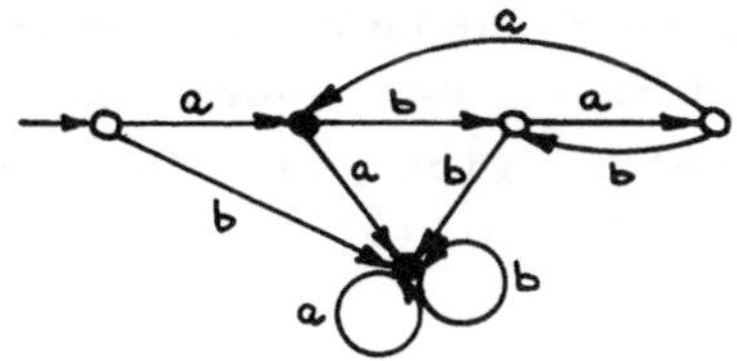

Es ist verhältnismäßig mühsam, zu diesem Diagramm zu kommen oder dessen Korrektheit nachzuweisen. Ein akzeptiertes Wort von wenigstens drei Buchstaben muß mit aba anfangen. Wenn dann ein b folgt, kann der Wortanfang nur als ab•ab gelesen werden, es muß also derselbe Zustand wie nach dem Lesen von ab angenommen werden. Wenn dagegen a folgt, kann abaa nur als aba•a gelesen werden, es muß also derselbe Zustand wie nach dem Lesen von nur a angenommen werden. Wenn aber ein Wort nicht mit aba beginnt, dann muß der Automat in eine Falle geraten. Es stellt sich heraus, daß das Diagramm nicht vereinfacht werden kann. Illustrieren wir dasselbe Beispiel nun nichtdeterministisch:

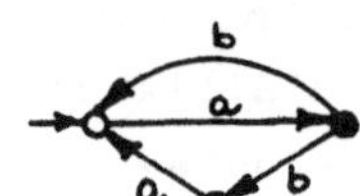

Wir haben hier vom Ausgangspunkt zwei Rundwege zurück zum Ausgangspunkt, dem einzigen Endzustand: einen mit der Markierung ab (oben) und einen mit der Markierung aba (unten), nacheinander an den Pfeilen gelesen. Die akzeptierte Sprache ist hier offensichtlich, das Diagramm wesentlich einfacher. "Fallen" sind unnötig, denn ein Pfeil zu einer Falle kann weggelassen werden. Ob ein gelesener Buchstabe nämlich zu einer "Falle" führt und damit das Wort unakzeptierbar macht oder ob wir die Falle zu einem "Nichtzustand" erklären derart, daß das Lesen des betreffenden Buchstabens die weitere Tätigkeit des Automaten und damit die Akzeptierung des Wortes unmöglich macht, ist gleichgültig.
Es fällt auf, daß vom rechten Zustand aus zwar zwei Pfeile "b" ausgehen, aber kein Pfeil "a".
Bei deterministischen wie bei nichtdeterministischen Automaten wird ein Wort genau dann akzeptiert, wenn im Diagramm (wenigstens) ein Weg vom Anfangszustand zu einem Endzustand führt, an dessen Kanten nacheinander die Buchstaben des Wortes stehen, also längs dessen das Wort gelesen wird. Bei deterministischen Automaten gibt es für jedes akzeptierte Eingabewort genau einen solchen Weg, bei nichtdeterministischen eventuell mehrere Wege.
Wenn wir von dieser Charakteristik ausgehen, dann können wir die

Pfeile genausogut auch mit Wörtern statt mit einzelnen Buchstaben markieren, sei es also mit $\uparrow$ zum Zeichen dessen, daß an dem betreffenden Wegstück kein Buchstabe gelesen wird, oder mit einem Wort aus mehreren Buchstaben, die auf einmal zu lesen sind.

So ergeben sich weitere Vereinfachungen unseres Beispiels (mit einem Pfeil "$\uparrow$"):

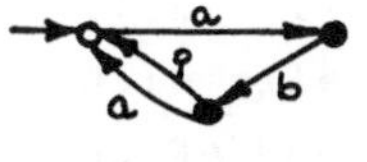

Oder sogar:

Einfacher geht es nicht.

Mit diesen Vereinfachungen sind wir freilich nicht beim gleichen Automaten geblieben, haben wir doch zum Schluß etwa die Zustände von drei auf einen reduziert. Aber in jedem Falle wird die gleiche Sprache akzeptiert, nur mit unterschiedlichem technischem Aufwand. Wir sehen allgemeiner zwei Automaten als gleichwertig an, wenn sie die gleiche Sprache akzeptieren. Das entspricht dem in der Einleitung dargestellten Prinzip, die Automaten bzw. Computer soweit als möglich als schwarze Kästen darzustellen - zwar zu wissen, daß sie verschiedene Zustände haben müssen, aber als wesentlich nur ihr nach außen sichtbares Verhalten anzusehen. Und dieses besteht bei den Automaten darin, gewisse Wörter zu akzeptieren, andere nicht; es wird also gerade durch die akzeptierte Sprache charakterisiert.

Definition 2.4. Ein (<u>endlicher</u>) <u>nichtdeterministischer Automat</u> $A = (Q,\Sigma,\Delta,q,F)$ ist gegeben durch
1. $Q,\Sigma,q,F)$ wie bei deterministischen Automaten (Def. 2.1.),
2. eine endliche <u>Überführungsrelation</u> (oder <u>Übergangsrelation</u>)
   $\Delta \subseteq Q \times \Sigma^* \times Q$.

Dabei bedeutet $(p,w,r) \in \Delta$: Im "alten" Zustand p kann der Automat das Wort w lesen und dabei in den Zustand r übergehen. Konfigurationen seien genauso definiert wie bei den deterministischen Automaten.

Definition 2.5. Es seien $A = (Q,\Sigma,\Delta,q,F)$ ein nichtdeterministischer endlicher Automat, u, $v \in \Sigma^*$, p, $r \in Q$. Es gelte (p,u)

$\vdash_{A}$(r,v) genau dann, wenn u = wv für ein Wort w und (p,w,r)$\in\Delta$.
(Die Konfiguration (p,u) <u>geht</u> <u>unmittelbar</u> <u>über</u> <u>in</u> die Konfiguration (r,v).) Wie bei deterministischen Automaten (Def. 2.2.)
sei $\vdash_{A}^{*}$ (... <u>geht über in</u>...) die reflexive und transitive Hülle
von $\vdash_{A}$, und der Index "A" kann in geeigneten Fällen wegbleiben.
Zuweilen wird $\vdash_{A}$ oder $\vdash_{A}^{*}$ durch einen Pfeil ersetzt. Auch die von
A <u>akzeptierte</u> <u>Sprache</u> sei genauso definiert wie bei
deterministischen Automaten (Def. 2.3.).

A akzeptiert also ein Wort w, falls sich A nach dem Lesen von w
möglicherweise in einem Endzustand $\in$F befindet. Eine Konfiguration k geht nämlich in eine Konfiguration k' über, falls k = k'
gilt oder es Konfigurationen $k_1,\ldots,k_n$ gibt mit
$k \vdash_{A} k_1 \vdash_{A} k_2 \vdash_{A} \ldots \vdash_{A} k_n \vdash k'$.
Anders als bei den deterministischen endlichen Automaten sind
die $k_1,\ldots,k_n,k'$ nicht eindeutig durch k bestimmt.

Sehen wir uns ein Beispiel an: Es sei A = (Q,Σ,Δ,q_0,F),
Q = $\{q_0,q_1,q_2,q_3,q_4\}$, Σ ={a,b}, F ={q_4},
Δ = {q_0,a,q_0),(q_0,b,q_0),(q_0,ba,q_1),(q_1,a,q_3),(q_1,b,q_2),
(q_3,b,q_4),(q_2,?,q_4),(q_4,a,q_4),(q_4,b,q_4)}.

Dieser Automat ist übersichtlicher gegeben durch das Diagramm:

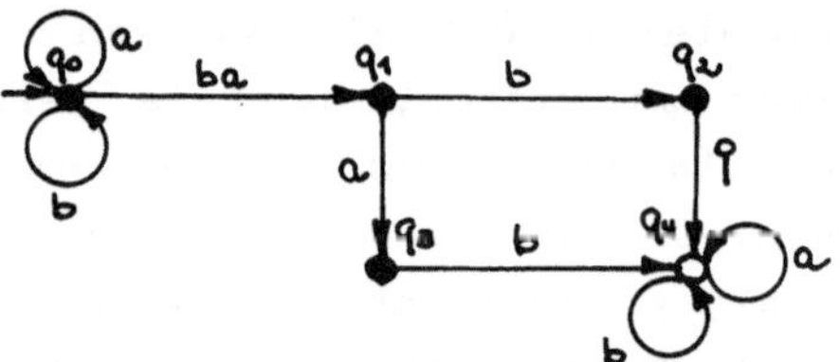

Untersuchen wir am Beispiel des Eingabewortes   babaab die möglichen Reaktionen des Automaten:

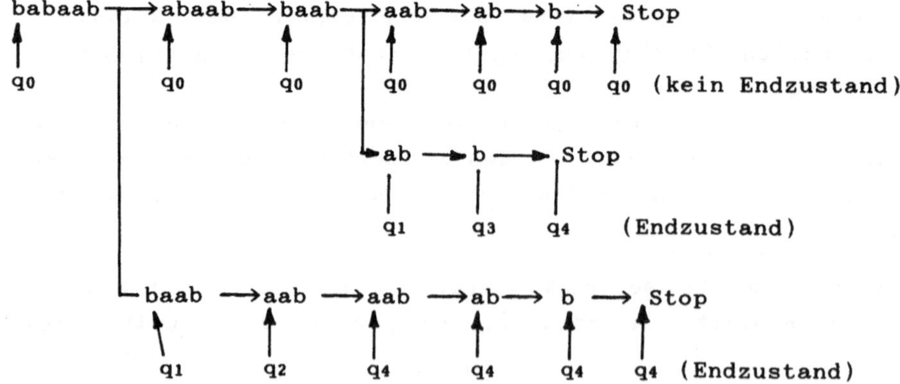

Auf einem möglichen Wege ergibt sich kein Endzustand, auf drei möglichen Wegen dagegen ein Endzustand; diese entscheiden: Das Wort babaab wird vom Automaten akzeptiert, babaab $\in$ L(A).

Wir können am Diagramm auch ablesen, wie L(A) aussieht:

L(A) = {w | w $\in$ {a,b}*, bab oder baab kommt in w vor} =
        (a $\cup$ b)* ba (b $\cup$ ab)(a $\cup$ b)*.

Offenbar kann jeder deterministische endliche Automat auch als nichtdeterministischer endlicher Automat (Q,Σ,Δ,q,F) aufgefaßt werden, nämlich mit den Bedingungen:

   1. wenn $(q_1,w,q_2) \in \Delta$, so $w \in \Sigma$ (nur einzelne Buchstaben werden gelesen);

   2. für jedes $q_1 \in Q$ und jedes $\sigma \in \Sigma$ gibt es genau ein $q_2 \in Q$ mit $(q_1,\sigma,q_2) \in \Delta$ (Δ ist Funktion von $Q \times \Sigma$ in Q).

Der entscheidende Satz über das Verhältnis der nichtdeterministischen Automaten zu den deterministischen ist der folgende

__Satz 2.1.__ Zu jedem nichtdeterministischen endlichen Automaten gibt es einen deterministischen endlichen Automaten, der die gleiche Sprache akzeptiert, also in diesem Sinne äquivalent ist.

__Beweis.__ Der Beweis erfolgt konstruktiv.

1. Zunächst beseitigen wir im Diagramm Pfeile, an denen Wörter mit mehr als einem Buchstaben stehen, nach dem Muster:

Die eingefügten Zustände sind dabei neue, bisher noch nicht vorkommende Nicht-Endzustände. Wir ersetzen also $(q_1,\sigma_1...\sigma_n,q_2)$ in der Überführungsrelation durch (q_1,σ_1,p_1), (p_1,σ_2,p_2), ..., $(p_{n-2},\sigma_{n-1},p_{n-1})$, (p_{n-1},σ_n,q_2) für neue Nicht-Endzustände p_1, ..., p_{n-1}. Das Ergebnis dieses ersten Schrittes sei der nichtdeterministische endliche Automat $A = (Q,\Sigma,\Delta,q,F)$.

Beispielsweise wird also aus

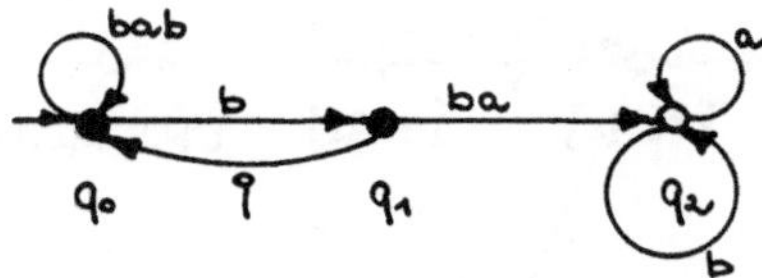

das neue Diagramm:

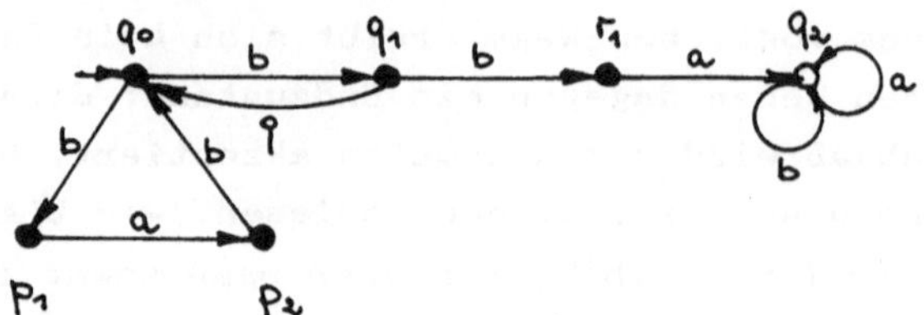

2. Anschließend führen wir neue Zustände als <u>Mengen</u> von alten Zuständen ein. Wir erinnern daran, daß nach dem Lesen eines beliebigen Eingabewortes der Zustand eines nichtdeterministischen Automaten zwar nicht eindeutig bestimmt ist, wohl aber die Menge der möglichen Zustände. Genau diese Mengen der jeweils möglichen (alten) Zustände werden die neuen Zustände sein. Der neue Anfangszustand $n(q)$ bestimmt sich somit durch

$$n(q) = \{p \mid (q,\varrho) \vdash_{A}^{*} (p,\varrho)\}$$

als die Menge der alten Zustände, die nach dem Lesen des leeren Wortes möglicherweise angenommen werden.

Wir nehmen an, daß wir zu einem alten Zustand p den neuen Zustand $n(p)$ bereits definiert haben. $n(p)$ besteht dann aus genau den Zuständen, die nach dem Lesen eines gewissen Wortes w angenommen werden können. Wir haben nun die neuen Nachfolgezustände $\delta(n(p),\sigma)$ zu definieren: Der neue Zustand $\delta(n(p),\sigma)$ besteht aus genau den alten Zuständen, die nach dem Lesen von $w\sigma$ angenommen werden können. Wir setzen somit

$$\delta(n(p),\sigma) = \{r \mid (p',\sigma) \vdash_{A}^{*} (r,\varrho) \text{ mit } p' \in n(p)\}$$

$$= \{r \mid (p',\sigma,r) \in \Delta \text{ mit } p' \in n(p)\}$$

$$\cup \{r \mid (p',\sigma,r') \in \Delta, (r',\varrho) \vdash_{A}^{*} (r,\varrho) \text{ mit } p' \in n(p), r' \in Q\}.$$

Ein neuer Zustand soll ein Endzustand sein, wenn er einen alten Endzustand als Element enthält, denn zu einem gelesenen Wort, das zu dem neuen Endzustand führt, gehört dann gerade im alten Automaten ein möglicher Weg zu einem alten Endzustand.

Unser Beispiel transformiert sich damit weiter wie folgt:

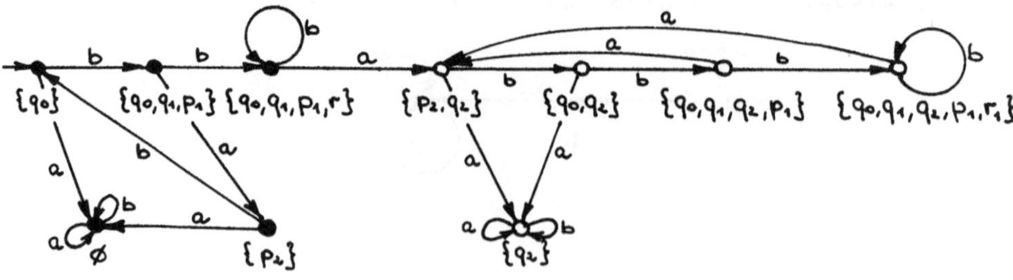

Weil im Anfangszustand q_0 das leere Wort nicht wirkt, ist
$n(q_0) = \{q_0\}$; wird b eingegeben, dann ist p_1 erreichbar, ebenso
q_1, aber auch q_0 (über q_1, und zurück mit φ). Damit ist $\delta(\{q_0\},b)$
$=\{q_0,q_1,p_1\}$; wird a eingegeben, existiert überhaupt kein
Folgezustand, also ist $\delta(\{q_0\},a)=\emptyset$...

Wir fassen den zweiten Schritt zusammen: Wenn $Q' = \{\{p \mid (q,w)\vdash_A^*$
$\vdash_A^*(p,\varphi)\}$ für $q \in Q$, $w \in \Sigma^*\}$, $\delta(p',\sigma) = \{r \mid (p,\sigma)\vdash_A^*(r,\varphi)$, $p \in p'$
für $p' \in Q'$, $\sigma \in \Sigma$ $q' = \{p \mid (q,\varphi)\vdash_A^*(p,\varphi)\}$, $F' = \{r' \mid r' \in Q'$,
$r' \cap F \neq \emptyset\}$, $A' = (Q',\Sigma,\delta,q',F')$, dann gilt $L(A') = L(A)$, und
A' ist deterministisch.

2.3. Von endlichen Automaten akzeptierte Sprachen

Wir hatten schon aufgeführt, daß es uns nicht auf den inneren
Aufbau der Automaten ankommt, sondern vielmehr auf ihr äußeres
Verhalten, das sich durch die Akzeptanz einer bestimmten Sprache
ausdrückt. Entsprechend haben wir zwei Automaten als äquivalent
bezeichnet, wenn sie dieselbe Sprache akzeptieren. Folglich
kennen wir die Automaten für unsere Zwecke vollständig, wenn wir
die akzeptierten Sprachen kennen. Weiter haben wir gesehen, daß
es nicht darauf ankommt, ob die Automaten deterministisch oder
nichtdeterministisch sind. Wir werden uns daher je nach Zweck-
mäßigkeit auf die eine oder andere Variante stützen.

Satz 2.2. für beliebige Automaten A_1 und A_2 gibt es einen
Automaten A mit $L(A) = L(A_1) \cup L(A_2)$.
Beweis. Es seien $A_1 = (Q_1,\Sigma_1,\Delta_1,q_1,F_1)$, $A_2 = (Q_2,\Sigma_2,\Delta_2,q_2,F_2)$.
Wir nehmen an, daß Q_1 und Q_2 disjunkt sind, denn wir können in
einem Automaten die Zustandsmenge ohne weiteres austauschen
(oder umbenennen), ohne an der akzeptierten Sprache etwas zu
ändern. Es sei q_0 ein neuer Zustand außerhalb von Q_1 und Q_2, und
wir behaupten:
$A = (Q_1 \cup Q_2 \cup \{q_0\},\Sigma_1 \cup \Sigma_2,\Delta,q_0,F_1 \cup F_2)$ mit $\Delta = \Delta_1 \cup \Delta_2 \cup \{(q_0,\varphi,q_1),$
   $(q_0,\varphi,q_2)\}$ leistet dann das Verlangte.
Wir illustrieren A zweckmäßigerweise graphisch. Aus dem Diagramm

für A1 und A2 stellen wir ein Diagramm

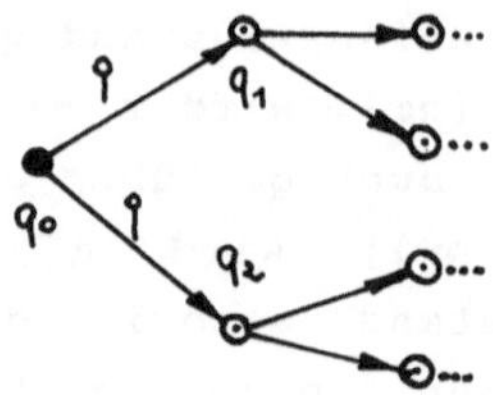

für A durch "Parallelschaltung" her; A geht, ohne etwas zu lesen, zunächst nichtdeterministisch in einen der Anfangszustände q_1 oder q_2 von A1 bzw. A2 über und verhält sich anschließend genau wie A1 bzw. A2. Es gilt nun tatsächlich $w \in L(A)$ genau dann, wenn $(q_0,w) \vdash_{\overline{A}}^{*} (r,\mathcal{P})$ für ein $r \in F = F_1 \cup F_2$. Für $r \in F_1$ ist das gleichwertig zu $(q_0,w) \vdash_{\overline{A}} (q_i,w) \vdash_{\overline{A_i}}^{*} (r,\mathcal{P})$. Wegen Disjunktheit von Q_1 und Q_2 und damit auch von F_1 und F_2 ist i durch r eindeutig bestimmt. Wenn $w \in L(A)$, so $w \in L(A_i)$ für ein $i \in \{1,2\}$, und umgekehrt, was zu beweisen war.

<u>Satz 2.3.</u> Für beliebige Automaten A1 und A2 gibt es Automaten A mit $L(A) = L(A_1)L(A_2)$.

<u>Beweis</u>. Wir schalten die Automaten A1 und A2 diesmal nicht parallel, sondern hintereinander. Für gegebene Diagramme

für A1 und A2 ergibt sich ein Diagramm für A mit:

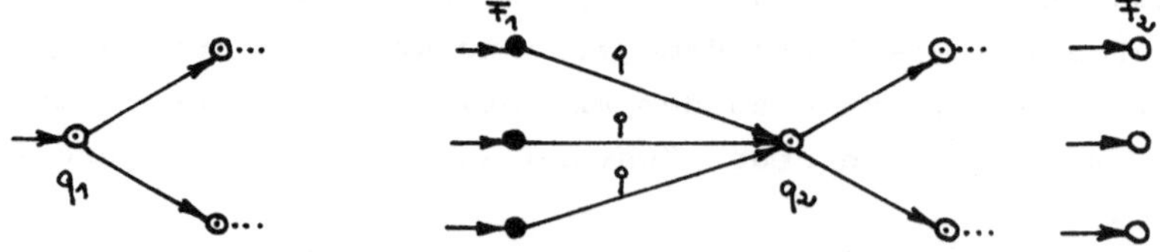

Formal gilt: Es seien $A_1 = (Q_1,\Sigma_1,\Delta_1,q_1,F_1)$,

$\qquad\qquad A_2 = (Q_2,\Sigma_2,\Delta_2,q_2,F_2)$; Q_1 und Q_2 seien wie beim Beweis von Satz 2.2. als disjunkt vorausgesetzt. Wir setzen $A = (Q,\Sigma,\Delta,q_1,F_2)$ mit $Q = Q_1 \cup Q_2$, $\Sigma = \Sigma_1 \cup \Sigma_2$, $\Delta = \Delta_1 \cup \Delta_2 \cup (F_1 \times \{\mathcal{P}\} \times \{q_2\}) = \Delta_1 \cup \Delta_2 \cup \{(p,\mathcal{P},q_2) \mid p \in F_2\}$. Ein Weg von q_1 zu einem Endzustand $\in F_2$ führt tatsächlich über einen

Zustand $\in F_1$ (bis dahin wird ein beliebiges Wort $\in L(A_1)$ gelesen), dann ohne Lesen zu q_2, und anschließend wird noch ein beliebiges Wort $\in L(A_2)$ gelesen.

Satz 2.4. Für beliebige endliche Automaten A gibt es endliche Automaten A' mit $L(A') = (L(A))^*$.

Beweis. Hierzu ist, analog zum Beweis von Satz 2.3., A mit sich selbst zu verketten. Ein Diagramm

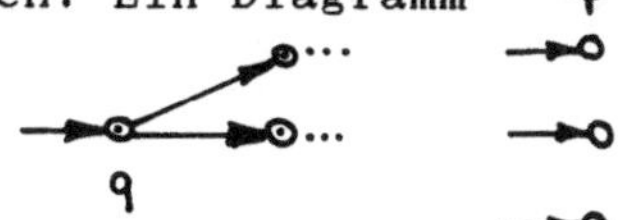

für A ist also umzuformen zu:

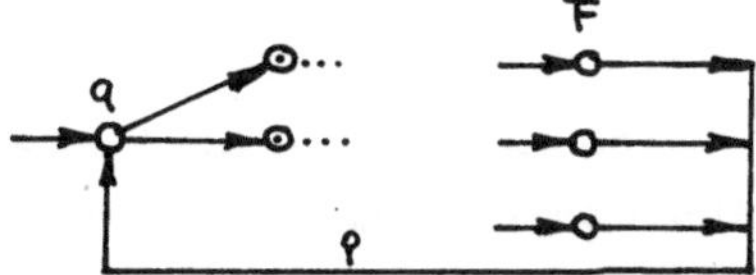

Für $A = (Q,\Sigma,\Delta,q,F)$ setzen wir entsprechend $A' = (Q,\Sigma,\Delta',q,F')$ mit $\Delta' = \Delta \cup Fx\{\varphi\} \times \{q\} = \Delta \cup \{(p,\varphi,q)$ für $p \in F\}, F' = F \cup \{q\}$. Ein kürzester Weg von q zu einem Endzustand von A' hört entweder sofort auf, oder er führt zu einem Zustand F; ein längerer Weg macht zunächst Kreise von q über einen Zustand $\in F$ zu q zurück. Durch die Kanten solcher Wege ergaben sich die Wörter aus $(L(A))^*$.

Satz 2.5. A sei ein endlicher Automat (Q,Σ,Δ,q,F). Es gibt einen endlichen Automaten A' mit $L(A) = \Sigma^* \setminus L(A) = \overline{L(A)}$.

Beweis. Wegen Satz 2.1. dürfen wir A als deterministisch voraussetzen. Es sei $A' = (Q,\Sigma,\Delta,q,Q \setminus F)$. A' akzeptiert genau dann ein Wort w, wenn A' beim Lesen von w in einem Endzustand stehenbleibt. Genau dann aber bleibt A in einem Nicht-Endzustand stehen und akzeptiert w nicht.

Für den Beweis war A als deterministisch vorauszusetzen, weil anderenfalls das Stehenbleiben von A nach dem Lesen von w in einem Nicht-Endzustand nicht gleichbedeutend ist mit $w \notin L(A)$.

Satz 2.6. für beliebige Automaten A_1 und A_2 gibt es Automaten A mit $L(A) = L(A_1) \cap L(A_2)$.

<u>Beweis.</u> Dies folgt rein mengenalgebraisch aus den Gesetzen von de Morgan. $A \cap B = \overline{\overline{A \cap B}} = \overline{\overline{A} \cup \overline{B}}$; also gilt: $L(A_1) \cap L(A_2)$ $= \Sigma^* \setminus ((\Sigma^* \setminus L(A_1)) \cup (\Sigma^* \setminus L(A_2)))$ für $\Sigma^* \supseteq L(A_1) \cup L(A_2)$ auf Grund von Satz 2.2. und Satz 2.5.

<u>Satz 2.7.</u> Die folgenden Fragen für Automaten A, A_1, A_2 mit dem Alphabet Σ sind (effektiv) entscheidbar. (Wir nehmen den Begriff zunächst rein intuitiv, später werden wir "entscheidbar" exakt definieren.)

1. Ist $w \in L(A)$?
2. Ist $L(A)$ leer?
3. Ist $L(A) = \Sigma^*$?
4. Gilt $L(A_1) \subseteq L(A_2)$?
5. Gilt $L(A_1) = L(A_2)$? (Sind A_1 und A_2 äquivalent?)

<u>Beweis.</u> Wir dürfen voraussetzen, daß die betrachteten Automaten deterministisch sind, weil der Beweis von Satz 2.1. konstruktiv ist, ein gleichwertiger deterministischer Automat also jedenfalls effektiv angegeben werden kann.

1. Wird beim Lesen von w durch A nach $l(w)$ Schritten ent-schieden.
2. Wir sehen das (endliche!) Diagramm daraufhin durch, ob es einen Weg vom Anfangszustand zu einem Endzustand gibt.
3. Wegen

$$L(A) = \Sigma^* \text{ genau dann, wenn } \Sigma^* \setminus L(A) = \emptyset$$

genügt es, die Fragestellung b) für einen nach Satz 2.5. existierenden Automaten A' mit $L(A') = \Sigma^* \setminus L(A)$ zu betrachten. Der Beweis von Satz 2.5. gibt ein solches A' sogar effektiv an.

4. Wegen

$$L(A_1) \subseteq L(A_2) \text{ genau dann, wenn } L(A_2) \cup (\Sigma^* \setminus L(A_1)) = \Sigma^*$$

reduziert sich d) mit Satz 2.2. und Satz 2.5. auf c). Auch ein nach Satz 2.2. existierender Automat ist im Beweis effektiv angegeben.

5. Wegen

$$L(A_1) = L(A_2) \text{ genau dann, wenn } L(A_1) \subseteq L(A_2) \text{ und}$$
$$L(A_2) \subseteq L(A_1)$$

genügt es, die beiden Inklusionen nach d) zu testen.

Satz 2.8. (Hauptsatz über endliche Automaten). Genau die regulären Sprachen werden von endlichen Automaten akzeptiert.

Beweis. Wir zeigen zunächst: Jede reguläre Sprache wird von einem endlichen Automaten akzeptiert.

Die leere Sprache $\emptyset$ wird von dem Automaten

bzw. $(\{q\}, \emptyset, \emptyset, q, \emptyset)$ akzeptiert. Eine Sprache aus einem einzelnen Buchstaben σ wird von

akzeptiert. Wenn die Sprachen L_1, L_2, L von endlichen Automaten akzeptiert werden, dann werden die Sprachen $L_1 \cup L_2$, $L_1 L_2$ und L^* nach den Sätzen 2.2., 2.3., 2.4. auch von endlichen Automaten akzeptiert. Weil jede reguläre Sprache aus $\emptyset$ und einzelnen Buchstaben durch die genannten Operationen hervorgeht, wird auch jede endliche Sprache von einem endlichen Automaten akzeptiert. Nun haben wir noch zu zeigen: Jede von einem endlichen Automaten akzeptierte Sprache ist regulär.

Es sei $A = (Q, \Sigma, \delta, q_0, F)$ ein deterministischer endlicher Automat, $Q = \{q_0, \ldots, q_n\}$. Die Sprache $R(i,j,k)$ bestehe genau aus den Wörtern w mit $(q_i, w) \vdash^*_A (q_j, \dashv)$, aber nicht $(q_i, w) \vdash^*_A (q_1, v) \vdash^*_A (q_j, \dashv)$ für irgendein $1 \geq k$ und irgendein Wort v. (Beim Lesen von w vom Zustand q_i aus soll also zwischendurch kein Zustand q_1 mit $1 \geq k$ angenommen werden.) Es gilt dann $L(A) = \bigcup_{q_j \in F} R(0, j, n+1)$;

es genügt somit zu zeigen, daß alle Sprachen $R(i,j,k)$ regulär sind, und dies geschieht durch Induktion über k. Es gilt $R(i,i,0) = \{\dashv\} \cup \{\sigma \in \Sigma \mid \delta(q_i, \sigma) = q_i\}$. Diese endliche Menge von Buchstaben, aufgefaßt als endliche Menge von einbuchstabigen Wörtern, ist regulär. Für $i \neq j$ gilt analog $R(i,j,0) = \{\sigma \in \Sigma \mid \delta(q_i, \sigma) = q_j\}$, und $R(i,j,0)$ ist wiederum regulär. Damit ist der Fall $k = 0$ erledigt. Wir nehmen nun an, $R(i,j,k)$ sei für ein festes k und beliebige i,j regulär, und wollen beweisen, daß dann auch $R(i,j,k+1)$ regulär ist. Jeder Weg von q_i nach q_j im Diagramm von A berührt entweder den Zustand q_{k+1} überhaupt nicht (längs des Weges wird dann ein Wort $\in R(i,j,k)$ gelesen), oder er besteht aus drei Stücken, wovon das erste Stück von q_i bis zum ersten Auftreten von q_k führt; das letzte Stück führt vom letzten Auftreten von q_k nach q_j und das mittlere Stück von q_k nach q_k, wobei zwischendurch beliebig oft q_k berührt wird. Beim ersten und letzten Stück dagegen wird q_k zwischendurch nicht berührt. Auf dem ersten Stück wird somit ein beliebiges Wort aus $R(i,k,k)$ gelesen, auf dem letzten Stück ein beliebiges Wort aus $R(k,j,k)$. Das mittlere Stück läßt sich in beliebig viele Teilstücke von q_k nach q_k ohne Unterwegszustand q_k zergliedern, so daß während des mittleren Stücks beliebig viele Wörter aus $R(k,k,k)$ gelesen werden. Auf dem ganzen Weg wird somit ein beliebiges Wort aus $R(i,k,k)(R(k,k,k))^*R(k,j,k)$ gelesen, und es ergibt sich $R(i,j,k+1) = R(i,j,k) \cup R(i,k,k)(R(k,k,k))^*R(k,j,k)$. Da wir $R(i,j,k)$, $R(i,k,k)$, $R(k,k,k)$ und $R(k,j,k)$ sämtlich als regulär vorausgesetzt haben, ist folglich auch $R(i,j,k+1)$ regulär. Damit ist der Induktionsschritt bewiesen und der ganze Beweis vollendet.

Die praktische Realisierung einer regulären Beschreibung der von einem gegebenen Automaten akzeptierten Sprache nach dem Verfahren des Beweises von Satz 2.8. ist recht mühsam. Wir nehmen als Beispiel den folgenden Automaten A:

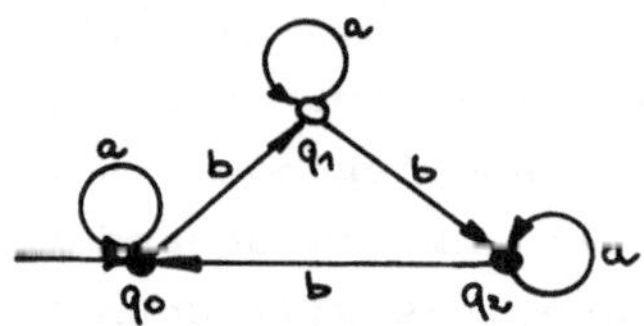

Am Diagramm erkennen wir sofort, daß es auf die a nicht ankommt und die Zahl der b gleich 1 modulo 3 sein muß. Das formale Verfahren ist entschieden aufwendiger:

$L(A) = R(0,1,3) = R(0,1,2) \cup R(0,2,2)(R(2,2,2))^*R(2,1,2)$;

$R(0,1,2) = R(0,1,1) \cup R(0,1,1)(R(1,1,1))^*R(1,1,1)$;

$R(0,1,1) = R(0,1,0) \cup R(0,0,0)(R(0,0,0))^*R(0,1,0)$

$\qquad = b \cup aa^*b = a^*b$;

$R(1,1,1) = R(1,1,0) \cup R(1,0,0)(R(0,0,0))^*R(0,1,0)$

$\qquad = a \cup \emptyset a^*b = a$;

$R(0,1,2) = a^*b \cup a^*ba^*a = a^*ba^*$;

$R(0,2,2) = R(0,2,1) \cup R(0,1,1)(R(1,1,1))^*R(1,2,1)$

$R(0,2,1) = R(0,2,0) \cup R(0,0,0)(R(0,0,0))^*R(0,2,0)$

$\qquad = \emptyset \cup aa^*\emptyset = \emptyset$;

$$R(1,2,1) = R(1,2,0) \cup R(1,0,0)(R(0,0,0))^*R(0,2,0)$$
$$= b \cup \emptyset a^* \emptyset = b;$$
$$R(0,2,2) = a^*ba^*b;$$
$$R(2,2,2) = R(2,2,1) \cup R(2,2,1)(R(1,1,1))^*R(1,2,1);$$
$$R(2,2,1) = R(2,2,0) \cup R(2,0,0)(R(0,0,0))^*R(0,2,0)$$
$$= a \cup ba^* \emptyset = a;$$
$$R(2,1,1) = R(2,1,0) \cup R(2,0,0)(R(0,0,0))^*R(0,1,0)$$
$$= \emptyset \cup ba^*b = ba^*b;$$
$$R(2,2,2) = a \cup ba^*ba^*b;$$
$$R(2,1,2) = R(2,1,1) \cup R(2,1,1)(R(1,1,1))^*R(1,1,1)$$
$$= ba^*b \cup ba^*ba^*a = ba^*ba^*;$$
$$R(0,1,3) = a{*}ba{*} \cup a{*}ba{*}b(a \cup ba{*}ba{*}b)^*ba{*}ba{*}$$
$$= a{*}ba{*} \cup a{*}ba{*}b(a{*}ba{*}ba{*})^*ba{*}ba{*}$$
$$= a{*}ba{*}(\uparrow \cup (ba{*}ba{*}ba{*})^*ba{*}ba{*}ba{*})$$
$$= a{*}ba{*}(ba{*}ba{*}ba{*})^*.$$

Wir haben die regulären Sprachbeschreibungen dabei einige Male vereinfacht. Diese durchaus nicht immer offensichtlichen Vereinfachungen werden nicht vom Algorithmus geliefert, sind aber notwendig, will man nicht nur eine reguläre Sprachbeschreibung schlechthin haben, sondern eine einfache Beschreibung, aus welcher der Inhalt ohne Mühe deutlich wird.

Sehen wir uns noch ein Beispiel dafür an, wie verschiedene Mittel einschließlich Automaten kombiniert verwendet werden, um eine Sprache als regulär nachzuweisen.

$L_1 = \emptyset \cup \{1,\ldots,9\}\Sigma^*$ mit $\Sigma = \{0,\ldots,9\}$, die Menge aller natürlichen Zahlen in normalisierter Dezimaldarstellung, ist regulär.

$L_2 = L_1 \cap \Sigma^*\{0,2,4,6,8\}$, die Menge der geraden Zahlen in derselben Darstellung, ist dann auch regulär.

L_3' sei die Menge der durch 3 teilbaren Zahlen ohne Streichung führender Nullen. Sie ist gegeben durch folgenden Automaten:

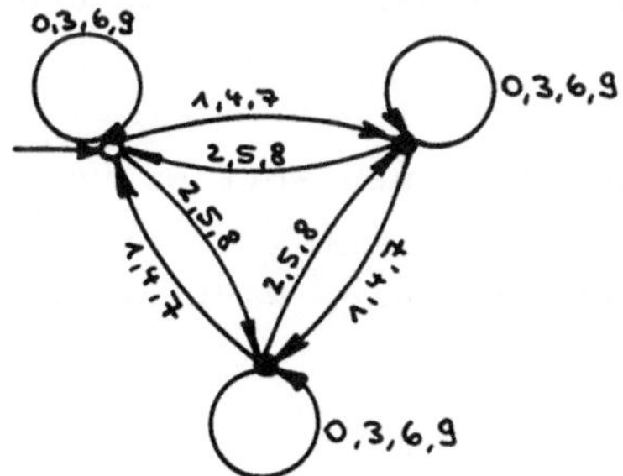

Die dreifach markierten Pfeile stehen jeweils für drei Pfeile. L_3' ist somit auch regulär. Dann ist nach Satz 2.6. auch $L_3 = L_3' \cap L_1 = $ "die Menge der durch 3 teilbaren Zahlen in normalisierter Darstellung" regulär, und folglich auch $L_2 \cup L_3$, die Menge der durch 2 oder 3 teilbaren Zahlen.

Wie aber zeigt man nun, daß eine Sprache nicht regulär ist?

Eine durch den Hauptsatz 2.8. angebotene Möglichkeit besteht in dem Nachweis, daß ein Automat einen potentiell unendlichen Speicher haben muß, um die Sprache zu akzeptieren. Nehmen wir als Beispiel die Sprache $\{a^n b^n \mid n \geqslant 0\}$. Wenn ein Automat diese Sprache akzeptieren soll und bereits $a^n b$ gelesen hat, dann muß er noch wissen, <u>wie viele</u> a er bereits gelesen hat. Er muß also das jeweilige n irgendwie gespeichert haben. Um beliebig große Zahlen n speichern zu können, braucht ein Automat aber einen potentiell unendlichen Speicher.

Eine zweite Möglichkeit des Nicht-Regularitäts-Nachweises existiert über den folgenden Satz, bei dessen Beweis wir den Automatenbegriff verwenden.

<u>Satz 2.9</u> (Pumping Theorem). Wenn die Sprache L regulär und unendlich ist, dann gibt es Wörter x, y, z derart, daß $y \neq \vartheta$ und $xy^n z \in L$ für jedes $n \geqslant 0$.

<u>Beweis.</u> Es sei $L = L(A)$ für einen endlichen deterministischen Automaten A mit m Zuständen. Außerdem sei $w \in L$ mit $l(w) > m$. Ein solches Wort muß existieren, da L unendlich ist, während die Menge aller Wörter mit $l(w) \leqslant m$ nur endlich ist. Während des Lesens von w können höchstens m verschiedene Zustände angenommen werden, ein Zustand q muß also zweimal auftreten.

Ähnlich wie beim Beweis von Satz 2.8. können wir deshalb die Bewegung vom Anfangszustand q_0 zu einem Endzustand q_F in drei Teile zerlegen:

1. $q_0 \longrightarrow \ldots \longrightarrow q$ mit dem gelesenen Wort w_1 und dem Restwort w_2;

   $(q_0, w) \longrightarrow (q, w_2)$

2. $q \longrightarrow \ldots \longrightarrow q$ mit dem gelesenen Wort w_3 und dem Restwort w_4;

   $(q, w_2) \longrightarrow (q, w_4)$

3. $q \longrightarrow \ldots \longrightarrow q_F$ mit dem gelesenen Wort w_4 und ϑ als Restwort.

   $(q, w_4) \longrightarrow (q_F, \vartheta)$

Also muß $w_2 = w_3 w_4$ gelten, und das Lesen von w_3 im Zustand q führt den Automaten wieder nach q zurück, ohne daß damit die Akzeptanz eines Wortes beeinflußt wird. Folglich gilt für $w_1, w_2, w_3 w_4$, daß $w_1 \bullet (w_3)^n \bullet w_4 \in L(A)$ ist. w_3 ist auch nicht das leere Wort, denn wenn der Zustand q zweimal angenommen wird, dann wird vom deterministischen Automaten A zwischen den ersten Auftreten von q wenigstens ein Buchstabe gelesen. $w_1 = \lambda$ oder $w_4 = \lambda$ ist aber möglich; dann beginnt der Zyklus gleich im Startzustand, oder er "hängt" an einem Endzustand.

Hieraus sehen wir erneut, daß $\{a^n b^n \mid n \geqslant 0\}$ nicht regulär sein kann: Die Zerlegung von $a^n b^n$ in xyz ist nicht möglich, weil y nicht nur aus Buchstaben a bestehen darf (sonst hat xy^2 mehr a als b), ebensowenig nur aus Buchstaben b; genauso darf weder ab noch ba in y vorkommen (sonst kommt in $xy^2 z$ ein b vor einem a oder umgekehrt).

Nicht regulär ist ebenfalls die Menge der Primzahlen, dargestellt etwa in der Form $\{|^p \mid p \text{ ist Primzahl}\}$. Sonst wären nämlich nach dem Pumping Theorem für wenigstens eine Primzahl p auch alle Zahlen $p+an$ für ein $a>0$ prim, speziell für $n = 2a+p+2$. Es gilt indes $p+an = p+2a^2+pa+2a = (1+a)(p+2a)$. In Ziffernschreibweise bilden die Primzahlen auch keine reguläre Menge, wie man auf ähnliche Weise ausrechnet.

Noch ein paar Worte zum Verhalten von Maschinen. Wir verallgemeinern sie zunächst nichtdeterministisch wie die Automaten: Eine <u>nichtdeterministische Maschine</u> $M = (q, \Sigma, \Sigma', \Delta, \Delta', q, F)$ ist gegeben durch
1. einen nichtdeterministischen Automaten $(q, \Sigma, \Delta, q, F)$,
2. ein endliches Ausgabealphabet Σ',
3. eine Ausgaberelation Δ' von Δ in Σ'^*.
Wir wissen schon, daß die <u>Eingangssprache</u> von M regulär ist, nämlich die von $(q, \Sigma, \Delta, q, F)$ akzeptierte Sprache. Ebenso ist die <u>Ausgangssprache</u> regulär, nämlich gerade die von $(Q, \Sigma', \Delta'', q, F)$ mit $\Delta'' = \{(p,v,r) \mid ((p,u,r),v) \in \Delta' \text{ und } u \in \Sigma^*\}$ akzeptierte Sprache.
Weil sich umgekehrt auch Δ ähnlich aus Δ'' und Δ' ergibt, sind also Ein- und Ausgang einander logisch gleichwertig. Trotz der enormen praktischen Bedeutung ergeben folglich die Ausgangs-

möglichkeiten theoretisch nichts Neues. Die Eingangssprache wird von der Maschine in die Ausgangssprache übersetzt. So wie uns bei den Automaten die akzeptierten Sprachen interessieren, so interessieren uns nun die realisierbaren <u>Übersetzungsrelationen</u>. auf Grund des Zusammenhangs von Δ' mit Δ können wir Maschinen ähnlich wie Automaten durch Diagramme darstellen, an deren Kanten außer den Eingaben auch die Ausgaben stehen, etwa durch / getrennt. Ein Beispiel:

σ steht hier für beliebige Buchstaben außer {, τ für beliebige Buchstaben außer }, die Maschine wandelt { in (* und } in *) um, aber nicht innerhalb von {...}. Sie stoppt (akzeptiert) nur, wenn die { durch die folgende } ausgeglichen wird. Wir erkennen, daß hier im Diagramm zwei Automaten überlagert sind: ein nicht-deterministischer Eingabeautomat (er liest die Wörter vor /) und ein nichtdeterministischer Ausgabeautomat (er gibt die nach / notierten Wörter aus).

Somit ergibt sich für die Charakterisierung der Übersetzungsrelationen zunächst folgende Möglichkeit:

Man nehme ein beliebiges Diagramm für die Eingabesprache L und ergänze das Diagramm (nach eventueller Vervielfachung von Pfeilen) durch die Ausgabewörter. Jedem Wort w von L entspricht dann ein Weg im Diagramm, und an diesem Weg kann dann ein Ausgabewort w' abgelesen werden. Dabei ist w' vom gewählten Weg eindeutig bestimmt, nicht aber von w. Die Ausgabesprache L' ist ebenso am Diagramm abzulesen.

Bei diesem an den Automaten orientierten Verfahren ergeben sich aber zwei Nachteile: Zum einen haben wir keine <u>Übersetzungs-funktion</u>, weil bei nichtdeterministischen Automaten der zu einem Wort gehörige Weg nicht eindeutig bestimmt ist. Der Automat

"übersetzt" etwa {1} in {0,1}*, hat aber kein eindeutiges Bild. Zum anderen ist die Menge der zu einer gegebenen regulären Sprache gehörigen Automaten bzw. Diagramme nicht so leicht übersehbar, wir wollen besser näher an der Eingangssprache bleiben. Deshalb empfiehlt sich für Übersetzungsfunktionen eher die folgende Methode:

Es sei das Alphabet einer gegebenen Eingangssprache L und A ein beliebiger deterministischer Automat, der Σ^* akzeptiert (und genau dann auch nur Endzustände besitzt; diese Automaten sind leicht übersehbar). Diesen Automaten ergänze man beliebig zu einer nichtdeterministischen Maschine M mit Ausgabefunktion, indem im Diagramm beliebige Ausgaben nachgetragen werden. An einer Kante darf demzufolge höchstens eine Ausgabe stehen. Wir schränken dann die durch M definierte Übersetzungsfunktion auf L ein. Die Voraussetzung des deterministischen Automaten ist nur für die Eindeutigkeit der Übersetzungsfunktion notwendig, nicht für die Methode überhaupt.

Zur Rechtfertigung dieser Methode müssen wir eine Maschine angeben, welche genau diese Übersetzungsfunktion realisiert: Es seien $M = (Q, \Sigma, \Sigma', \delta, \Delta', q, F)$ die gegebene Maschine und $A_L = (Q_L, \Sigma, \delta_L, q, F)$ ein L akzeptierender deterministischer Automat. Dann sei $Q_0 = Q \times Q_L$, $\delta_0((q_1, q_2), \sigma) = (q_3, q_4)$ genau dann, wenn $\delta(q_1, \sigma) = q_3$, und $\delta_L(q_2, \sigma) = q_4$, $\Delta'_0((q_1, q_2), \sigma, \delta_0(q_1, q_2)) = w$ genau dann, wenn $\Delta'(q_1, \sigma, \delta(q_1)) = w$, $F_0 = Q \times F$. Die Maschine $(Q_0, \Sigma, \Sigma', \delta_0, \Delta'_0, (q, q), F_0)$ leistet dann gerade das Verlangte, denn $(Q_0, \Sigma, \Delta'_0, \delta_0, F_0)$ ahmt exakt A_L nach, d. h. L wird akzeptiert, und die Funktion Δ'_0 ahmt Δ' exakt nach, so daß sich die Übersetzungsfunktion nicht ändert. Die Übersetzungsfunktionen über $L \subseteq \Sigma^*$ sind somit charakterisiert als Einschränkungen von beliebigen Übersetzungsfunktionen über Σ^*, durch beliebige Maschinen $(Q, \Sigma, \Sigma', \delta, \Delta', q, Q)$, für die $(Q, \Sigma, \delta, q, Q)$ ein deterministischer Automat und Δ' eine beliebige Funktion von $Q \times \Sigma$ in Σ'^* ist.

Betrachten wir dazu das folgende

<u>Beispiel.</u>

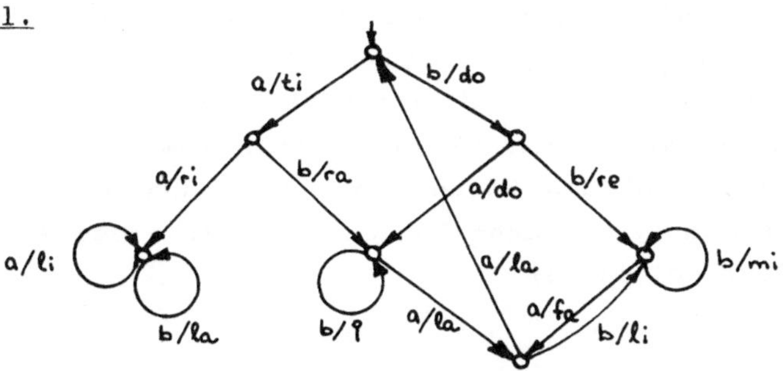

Es sei L = (abaa)* $\subseteq$ {a,b}* die gegebene Sprache; betrachtet man an jeder Kante nur den Buchstaben $\sigma \in \Sigma$, so akzeptiert dieser Automat A die Sprache {a,b}*. Betrachtet man an jeder Kante auch die Ausgabe, dann entsteht eine Maschine M. Die dargestellte Übersetzungsfunktion über {a,b}* wird auf L eingeschränkt:

$$(abaa)^* \longrightarrow (tiralala)^*.$$

Ist $L_1 = (a^3 b^* ab)$, so ergibt die Einschränkung und Übersetzung (ti ri li la* li la); für $L_2 = (a^3 b^* ab)^{n+1}$, $n \geqslant 0$, erhält man (tirili la* li la)(li³ la* li la)ⁿ.

Die Übersetzungsrelationen lassen sich auf Grund der Struktur der Diagramme für die nichtdeterministischen Automaten noch wesentlich einfacher als reguläre Sprachen charakterisieren:

Es seien L und L' Sprachen, $t \subseteq L \times L'$. t ist eine durch nichtdeterministische Maschinen realisierbare Übersetzungsrelation genau dann, wenn die Sprache {(u,v) | (u,v) $\in$ t} für drei (Begrenzungs-) Buchstaben (,) , , $\notin L \cup L'$ regulär ist.

2.4. Kontextfreie Sprachen I

Die in der Informatik wichtigsten Sprachen sind die kontextfreien Sprachen. Wenn wir die Sprachen untersuchen, die von theoretischen Computern verarbeitet werden sollen, können wir somit an den kontextfreien Sprachen nicht vorbeigehen.

Die regulären Sprachen werden durch die endlichen Automaten akzeptiert bzw. verarbeitet; sie sind aber von der Definition her etwas unübersichtlich. Wir werden die kontextfreien Sprachen als Sprachen definieren, die durch besonders einfache Regelsysteme (Grammatiken) beschrieben werden, und im nächsten Abschnitt dann die sogenannten Kellerautomaten als Akzeptoren für diese Sprachen betrachten.

Zur Einführung in die kontextfreien Grammatiken und Sprachen sehen wir uns als Beispiel die reguläre Sprache L = a(a* $\cup$ b*)b an. Wenn wir die Elemente von a* als Wörter vom Typ A ansehen, entsprechend die Elemente von b* als Wörter vom Typ B, weiter die Elemente von a* $\cup$ b* als Wörter vom Typ M und die Elemente von L als Wörter vom Typ S, dann können wir alle diese Worttypen induktiv wie folgt definieren:

Regel 1. ε ist ein Wort vom Typ A. - Notation: $A \longrightarrow$ ε .

Regel 2. Wenn w ein Wort vom Typ A ist, so auch aw. - Notation: $A \longrightarrow aA$.

Regel 3. ε ist ein Wort vom Typ B. - Notation: $B \longrightarrow$ ε .

Regel 4. Wenn w ein Wort vom Typ B ist, so auch bw. - Notation: $B \longrightarrow bB$.

Regel 5. Wenn w ein Wort vom Typ A ist, so auch vom Typ M. - Notation: $A \longrightarrow M$.

Regel 6. Wenn w ein Wort vom Typ B ist, so auch vom Typ M. - Notation: $B \longrightarrow M$.

Regel 7. Wenn w ein Wort vom Typ M ist, so ist awb ein Wort vom Typ S. - Notation: $S \longrightarrow aMb$.

Sonstige Wörter sollen nicht von den Typen A, B, M, S sein.

Es gilt: $w \in L$ genau dann, wenn w allein auf Grund der Regeln 1 bis 7 vom Typ S ist.

Ausgehend vom leeren Wort (Regel 1) kann man (mit Regel 2) beliebige Wörter erzeugen, die nur a enthalten (d. h. sukzessive ε, a, aa, aaa, ...). Wörter vom Typ A werden also durch a^* definiert (analog gilt dies für Typ B und b^*). M bedeutet sinngemäß, daß diese Wörter in der Mitte stehen dürfen; mit Regel 7 kann man nach links noch ein a, nach rechts noch ein b anfügen.

Wir können mit Hilfe der Regeln einen nichtdeterministischen Algorithmus zur Erzeugung der Sprache definieren:

1. Beginne mit dem Wort S.
2. Ersetze im aktuellen Wort an beliebiger Stelle die linke Seite irgendeiner der Regeln durch deren rechte Seite.
3. Wiederhole 2. solange als möglich.

Definition 2.6. Eine <u>kontextfreie Grammatik G</u> $= (V, \Sigma, R, S)$ ist gegeben durch

1. ein endliches <u>Hilfsalphabet</u> V von <u>Hilfsbuchstaben</u> oder <u>Symbolen</u>,
2. ein endliches Alphabet Σ von <u>(Terminal-)Buchstaben</u>,
3. eine Menge R von <u>Regeln</u> $\alpha \longrightarrow w$ mit $\alpha \in V$, $w \in (V \cup \Sigma)^*$,
4. ein <u>Startsymbol</u> $S \in V$.

$V \cup \Sigma$ wird auch als _Gesamtalphabet_ bezeichnet.

Im Beispiel ist $V = \{S,M,A,B\}$, $\Sigma = \{a,b\}$, $R = \{A \longrightarrow \ell$, $A \longrightarrow aA$, $B \longrightarrow \ell$, $B \longrightarrow bB$, $A \longrightarrow M$, $B \longrightarrow M$, $S \longrightarrow aMb\}$.

Definition 2.7. (Ableitungen bezüglich kontextfreier Grammatiken).

Es sei $G = (V,\Sigma,R,S)$ eine kontextfreie Grammatik. Für u, $v \in (V \cup \Sigma)^*$ gelte $u \xrightarrow{G} v$ (_u geht unmittelbar über in v_) genau dann, wenn es Wörter w_1, $w_2 \in (V \cup \Sigma)^*$ und eine Regel $\alpha \longrightarrow w \in R$ gibt mit $u = w_1 \alpha w_2$, $v = w_1 w w_2$. Es sei $\xrightarrow[G]{*}$ die reflexive und transitive Hülle von $\longrightarrow$, und es gelte $u \xrightarrow[G]{*} v$ (_u geht über in v_) genau dann, wenn $u = v$ oder $u \xrightarrow{G} x_1 \xrightarrow{G} x_2 \xrightarrow{G} \dots \xrightarrow{G} x_n \xrightarrow{G} v$ für geeignete Wörter x_1, $\dots$, x_n gilt. Den Index "G" lassen wir weg, wenn er im konkreten Zusammenhang entbehrlich ist. Schließlich gelte $L(G) = \{w \mid w \in \Sigma^*$, $S \xrightarrow[G]{*} w\}$. $L(G)$ ist die _von G erzeugte Sprache_. Wir bemerken, daß bei $w_1 \alpha w_2 \dashrightarrow w_1 w w_2$ die Ersetzung von α durch w nicht vom "Kontext" w_1 und w_2 abhängt, daher die Bezeichnung "kontextfrei"; andere Arten von Grammatiken sollen später untersucht werden. Die von G erzeugte Sprache besteht also genau aus den Wörtern ohne Hilfsbuchstaben (nur aus Terminalbuchstaben), in die S durch Anwendung der Regeln übergehen kann bzw. die aus S durch Anwendung der Regeln hervorgehen. Welche Wörter über $V \cup \Sigma$ insgesamt aus S hervorgehen, ist ohne Bedeutung.

Definition 2.8. Eine Sprache ist genau dann _kontextfrei_, wenn sie von einer kontextfreien Grammatik erzeugt wird.

Beispiel. Es sei $V = \{S\}$, $\Sigma = \{a,b\}$, $R = \{S \longrightarrow \ell$, $S \longrightarrow aSb\}$, $G = (V,\Sigma,R,S)$, und es gilt $S \longrightarrow aSb \longrightarrow aaSbb \longrightarrow$
$\underbrace{a \dots aSb \dots b}_{\text{n-mal} \quad \text{n-mal}} \longrightarrow \underbrace{a \dots ab \dots b}_{\text{n-mal} \quad \text{n-mal}}$. $L(G)$ ist also gleich $\{a^n b^n \mid n \geqslant 0\}$.

Wir sehen schon, daß es kontextfreie Sprachen gibt, die nicht regulär sind. Später werden wir aber feststellen, daß alle regulären Sprachen kontextfrei sind. Es sei vermerkt, daß die meisten üblichen Programmiersprachen nicht kontextfrei sind, obwohl sie meist im wesentlichen mit Hilfe von kontextfreien Grammatiken beschrieben werden, wenn auch mit einigen Zusatzbedingungen. Zwar kann man die Backus-Naur-Darstellungen leicht in kontextfreie Grammatiken umformen, aber die Zusatzbedingungen lassen sich nicht kontextfrei beschreiben. Dazu gehört zum Beispiel der Deklarationszwang für Variable.

Zur Illustration der verwendeten Termini "Grammatik" und "Sprache" betrachten wir ein Teilsystem $G = (V, \Sigma, R, \underline{Satz})$ der englischen Grammatik mit

V = {$\underline{Satz}$, $\underline{Adj}$, $\underline{Subst}$, $\underline{Verb}$, $\underline{Nomen}$},

Σ = {Jim, big, green, cheese, ate},

R = {$\underline{Nomen} \longrightarrow \underline{Subst}$,   (Jedes Substantiv ist ein Nomen.)

$\underline{Nomen} \longrightarrow \underline{Adj}\ \underline{Nomen}$,   (Durch Vorsetzen eines Adjektives vor ein Nomen entsteht wiederum ein Nomen.)

$\underline{Satz} \longrightarrow \underline{Nomen}\ \underline{Verb}\ \underline{Nomen}$,   (Ein transitives Verb zwischen zwei Nomina definiert einen Satz.)

$\underline{Adj} \longrightarrow$ big,

$\underline{Adj} \longrightarrow$ green,

$\underline{Subst} \longrightarrow$ cheese,

$\underline{Subst} \longrightarrow$ Jim,

$\underline{Verb} \longrightarrow$ ate,

...}.

Zu L(G) gehören damit "Wörter" (Sätze) wie
"Jim ate cheese", "big Jim ate green chesse", "big cheese ate Jim", aber auch
"big cheese ate green big green big cheese", "green Jim ate green big Jim".

Dies zur Illustration dessen, daß mit einer grammatisch korrekten Form kein sinnvoller Inhalt einhergehen muß. Der Inhalt läßt sich überhaupt im allgemeinen nicht nach formalen Gesetzmäßigkeiten erfassen, und Computer (auch theoretische, idealisierte) können nur mit der Form operieren, aber nicht inhaltlich "denken"! Solche Betrachtungen werden sich uns noch öfter aufdrängen.

Als weiteres Beispiel betrachten wir ein kleines Stück einer Programmiersprache, auf das wir gelegentlich zurückgreifen. Bei Programmiersprachen ist nämlich die Prüfung von Programmen als Zeichenreihen bzw. Wörtern auf syntaktische Korrektheit notwendig, damit sie dann ohne Pannen laufen können. Strategien für solche Prüfungen sind bei kontextfreien Sprachen relativ einfach.

Es sei G = (V,Σ,R,<u>Ausdruck</u>) mit V = {<u>Ausdruck</u>,<u>Term</u>,<u>Faktor</u>},
Σ = {(,),+,*,x,1,2)},
R = {<u>Ausdruck</u>⟶<u>Ausdruck</u> + <u>Term</u>,
    <u>Ausdruck</u>⟶<u>Term</u>,
<u>Term</u>⟶<u>Term</u> * <u>Faktor</u>
<u>Term</u>⟶<u>Faktor</u>,
<u>Faktor</u>⟶(<u>Ausdruck</u>),
<u>Faktor</u>⟶x1,
<u>Faktor</u>⟶x2}.

L(G) ist dann inhaltlich die Menge der korrekten arithmetischen Ausdrücke in den beiden Variablen x1 und x2. Als Beispiel einer Ableitung in dieser Sprache nennen wir

<u>Ausdruck</u>⟶<u>Term</u>⟶<u>Term</u> * <u>Faktor</u>$\xrightarrow{*}$<u>Faktor</u> * (<u>Ausdruck</u>)$\xrightarrow{*}$
    (<u>Ausdruck</u>) * (<u>Ausdruck</u> + <u>Term</u>)$\xrightarrow{*}$
    (<u>Ausdruck</u> + <u>Term</u>)*(<u>Term</u> + <u>Faktor</u>)$\xrightarrow{*}$
    (<u>Term</u> + <u>Faktor</u>)*(<u>Faktor</u> + x2)⟶(<u>Term</u> * <u>Faktor</u> + x1)*(x1+x2)
    $\xrightarrow{*}$(<u>Faktor</u> * x2 + x1)* (x1 + x2)⟶(x1 * x2 + x1) * (x1 + x2)
    $\in$ L(G).

Wir sehen, daß auch diese relativ einfache Ableitung viele Schritte beansprucht, von denen wir meist zwei simultan gemacht haben (deshalb $\xrightarrow{*}$ statt ⟶). Generell wird man bei theoretischen Algorithmen und Computern eine Aufgabe in mehr kleinere Teilaufgaben zerlegen als bei praktischen Aufgaben an praktischen Geräten.

Ein weiteres Beispiel aus diesem Bereich ist die Prüfung auf Klammerngleichgewicht. Die Menge aller ausgeglichenen Klammerausdrücke ist kontextfrei. Hierzu sei G = ({S},{[,]},R,S) mit R = {S⟶ϱ, S⟶SS, S⟶[S]}. Wir illustrieren zwei Ableitungen von [][[]] durch ein Diagramm:

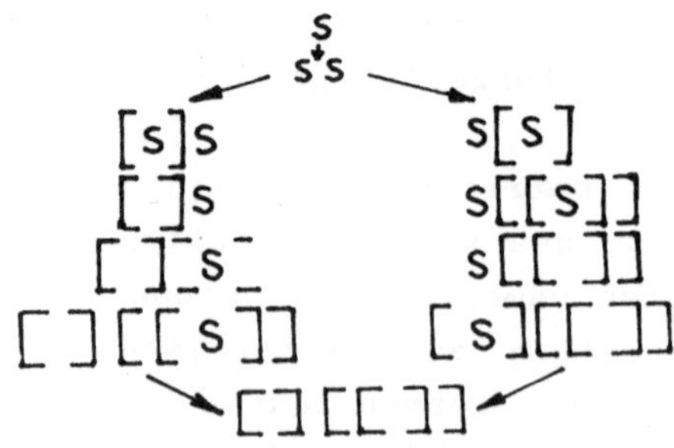

Es gibt noch mehr Ableitungen des gleichen Resultates; zwei extreme Varianten haben wir dargestellt: bei der einen erfolgen die durch die Regeln definierten Ersetzungen jeweils soweit links als möglich (hier handelt es sich um eine <u>Links-Ableitung</u>), bei der anderen (der <u>Rechts-Ableitung</u>) soweit rechts als möglich. Praktisch bedeutsam ist, daß man sich auf eine dieser Varianten beschränken kann: Wenn ein Wort zu einer kontextfreien Sprache L(G) gehört, dann gibt es sowohl eine

Rechts- als auch eine Links-Ableitung des Wortes aus dem Start-symbol der Grammatik G, daneben sind gemischte Ableitungen mög-lich.

Wir bemerken zu diesem Beispiel noch, daß L(G), die Menge der ausgeglichenen Klammerausdrücke, nicht regulär ist. Anderenfalls wäre nämlich auch $L(G) \cap [{}^*]^* = \{[^n]^n \mid n \geqslant 0\}$ regulär.

Die Unabhängigkeit des Resultates von der Ableitungsstrategie, von "Rechts" oder "Links" oder "Dazwischen", drückt sich in einer weiteren Diagrammdarstellung aus, bei der die verschie-denen Ableitungen verschiedenen Reihenfolgen bei der Konstruk-tion des "Zerlegungsbaumes" von oben nach unten entsprechen.

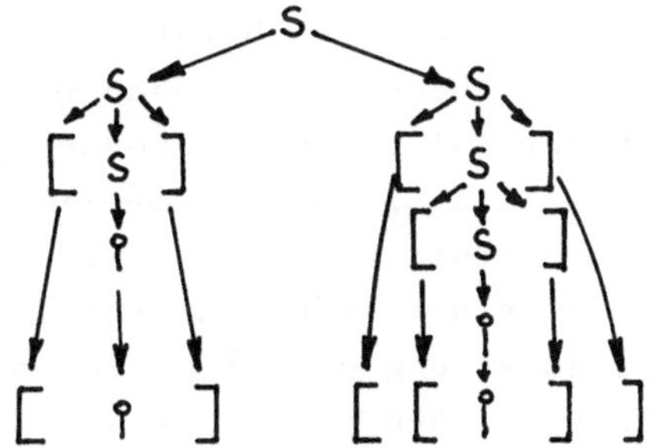

Wie erkennt man, welche kontextfreien Grammatiken reguläre Sprachen definieren?

<u>Definition 2.9.</u> Eine kontextfreie Grammatik $G = (V, \Sigma, R, S)$ ist genau dann <u>regulär</u>, wenn jede Regel $\in R$ die Form $\alpha \longrightarrow v$ oder die Form $\alpha \longrightarrow v\beta$ mit $a, \beta \in V$, $v \in \Sigma^*$ hat, also auf der rechten Seite höchstens ein Hilfssymbol auftritt und zwar rechts von allen Terminalbuchstaben.

<u>Satz 2.10.</u> Genau die regulären Sprachen werden von regulären Grammatiken erzeugt.

<u>Beweis</u> a) Es sei L regulär. Wir zeigen, daß L von einer regulären Grammatik erzeugt wird. Weil L regulär ist, dürfen wir voraussetzen, daß $L = L(A)$ für einen endlichen Automaten $A = (Q,\Sigma,\delta,q,F)$ gilt. Wir können annehmen $Q \cap \Sigma = \emptyset$ (indem wir notfalls die Zustände umbenennen). Dann setzen wir $G = (Q,\Sigma,R,q)$ mit $R = \{p \longrightarrow \sigma \delta(p,\sigma) \mid p \in Q, \sigma \in \Sigma\} \cup \{p \longrightarrow \varepsilon \mid p \in F\}$ und zeigen: $L = L(G)$. Gelte nämlich $w \in L(A)$, $w = \sigma_1 \ldots \sigma_n$, dann gilt $(q,\sigma_1 \ldots \sigma_n) \vdash_A (q_1,\sigma_2 \ldots \sigma_n) \vdash_A \ldots \vdash_A (q_{n-1},\sigma_n) \vdash_A (q_n,\varepsilon)$ für eine Folge $(q_1,\ldots,q_n)$ von Zuständen mit $q_n \in F$. Daraus folgt $\delta(q,\sigma_1) = q_1$, $\delta(q_1,\sigma_2) = q_2,\ldots,\delta(q_{n-1},\sigma_n) = q_n \in F$. Nach Definition 2.9. gehören dann die Regeln $q \longrightarrow \sigma_1 q_1$, $q_1 \longrightarrow \sigma_2 q_2,\ldots,q_{n-1} \longrightarrow \sigma_n q_n$ und $q_n \longrightarrow \varepsilon$ zu R, woraus sich ergibt $q \xrightarrow{G} \sigma_1 q_1 \xrightarrow{G} \sigma_1 \sigma_2 q_2 \xrightarrow{G} \ldots \xrightarrow{G} \sigma_1 \ldots \sigma_{n-1} q_{n-1} \xrightarrow{G} \sigma_1 \ldots \sigma_n q_n \xrightarrow{G} \sigma_1 \ldots \sigma_n$, also $q \xrightarrow{*}_G \sigma_1 \ldots \sigma_n$, mithin $w \in L(G)$. – Umgekehrt gelte $w = \sigma_1 \ldots \sigma_n \in L(G)$. Dann ist die Folge der Regeln, die vom Startsymbol q der Grammatik zu w führt, eindeutig bestimmt: Wenn $n = 0$, also $w = \varepsilon$, dann kommt nur die Regel $q \longrightarrow \varepsilon$ in Frage, sofern $q \in F$. Falls $q \notin F$, so kann w nicht zu $L(G)$ gehören, weil alle anderen mit q beginnenden Regeln Terminalbuchstaben einführen, die nicht wieder zu beseitigen sind. Wenn $n > 0$, dann gibt es nach Definition 2.1. des deterministischen Automaten genau ein q_1 mit $\delta(q,\sigma_1) = q_1$, also genau ein q_1, so daß $q \longrightarrow \sigma_1 q_1$ eine Regel ist. Diese Regel muß als erste angewendet worden sein, alle anderen Regeln führen zu einer Ableitung $q \xrightarrow{G} \sigma_i q_j \xrightarrow{*}_G \sigma_i w'$ mit $\sigma_i \neq \sigma_1$ oder zu einer Ableitung $q \longrightarrow_G \varepsilon$, die nicht fortgesetzt werden kann. Von q_1 statt q und $\sigma_2 \ldots \sigma_n$ statt $\sigma_1 \ldots \sigma_n$ ausgehend kommt man weiter dazu, daß auch die zweite Regel eindeutig bestimmt ist usw. Es ergibt sich eine eindeutig bestimmte Ableitung
$$q \xrightarrow{G} \sigma_1 q_1 \xrightarrow{G} \sigma_1 \sigma_2 q_2 \xrightarrow{G} \ldots \xrightarrow{G} \sigma_1 \ldots \sigma_{n-1} q_{n-1} \xrightarrow{G} \sigma_1 \ldots \sigma_n q_n \xrightarrow{G}$$
$\sigma_1 \ldots \sigma_n$. Dann muß gelten $\delta(q,\sigma_1) = q_1$, $\delta(\sigma_2,q_1) = q_2,\ldots,$ $\delta(q_{n-1},\sigma_n) = q_n \in F$. Hieraus folgt $(q,\sigma_1 \ldots \sigma_n) \vdash_A (q_1,\sigma_2 \ldots \sigma_n) \vdash_A \ldots \vdash_A (q_{n-1},\sigma_n) \vdash_A (q_n,\varepsilon)$ mit $q_n \in F$, also $\sigma_1 \ldots \sigma_n \in L(A)$.

b) Nun haben wir zu zeigen, daß jede von einer regulären Grammatik erzeugte Sprache regulär ist. Wir nehmen also an, daß

$G = (V, \Sigma, R, S)$ eine reguläre Grammatik ist und werden zeigen:
$L(G) = L(A)$ für einen endlichen Automaten A. Es sei f irgendein
Objekt außerhalb von V, und A sei der nichtdeterministische
Automat $(V \cup \{f\}, \Sigma, \Delta, S, \{f\})$ mit $\Delta = \{(\alpha, u, \beta) \mid \alpha \longrightarrow u\beta \in R, u \in \Sigma^*,$
$\beta \in V\} \cup \{(\alpha, u, f) \mid \alpha \longrightarrow u \in R, u \in \Sigma^*\}$.

Wenn nun $w \in L(A)$, so gilt

$(S, w_1 \ldots w_n) \vdash_A (q_1, w_2 \ldots w_n) \vdash_A \ldots \vdash_A (q_{n-1}, w_n) \vdash_A (f, \wp)$

für eine Folge $(q_1, \ldots, q_{n-1})$ von Zuständen $\in V \cup \{f\}$ und eine
Zerlegung $w = w_1 \ldots w_n$ von w. Dann gilt

$(S, w_1, q_1) \in \Delta$, $(q_1, w_2, q_2) \in \Delta, \ldots, (q_{n-2}, w_{n-1}, q_{n-1}) \in \Delta$,
$(q_{n-1}, w_n, f) \in \Delta$ und nach Definition von Δ weiter

$S \longrightarrow w_1 q_1 \in R$, $q_1 \longrightarrow w_2 q_2 \in R$, $\ldots$, $q_{n-2} \longrightarrow w_{n-1} q_{n-1} \in R$, $q_{n-1} \longrightarrow$
$w_n \in R$ und somit

$S \xrightarrow{G} w_1 q_1 \xrightarrow{G} w_1 w_2 q_2 \xrightarrow{G} \ldots \xrightarrow{G} w_1 \ldots w_{n-1} q_{n-1} \xrightarrow{G} w_1 \ldots w_n$
und $S \xrightarrow{*}{}_{G} w_1 \ldots w_n$, also $w = w_1 \ldots w_n \in L(G)$.

Es gelte umgekehrt $w \in L(G)$. Wegen der Regularität der Grammatik
gilt dann $S \xrightarrow{G} w_1 \alpha_1 \xrightarrow{G} w_1 w_2 \alpha_2 \xrightarrow{G} \ldots \xrightarrow{G} w_1 w_2 \ldots w_{n-1} \alpha_{n-1} \xrightarrow{G}$
$w_1 \ldots w_n$ für eine Zerlegung $w = w_1 \ldots w_n$ von w, somit

$S \longrightarrow w_1 \alpha_1 \in R, \alpha_1 \longrightarrow w_2 \alpha_2 \in R, \ldots, \alpha_{n-1} \longrightarrow w_n \in R$.

Dann folgt

$(S, w_1, \alpha_1) \in \Delta$, $(\alpha_1, w_2, \alpha_2) \in \Delta$, $\ldots$, $(\alpha_{n-2}, w_{n-1}, \alpha_{n-1}) \in \Delta$, $(\alpha_{n-1}, w_n, f) \in \Delta$
nach Definition von Δ, also

$(S, w_1 \ldots w_2) \vdash_A (\alpha_1, w_2 \ldots w_n) \vdash_A \ldots \vdash_A (\alpha_{n-2}, w_{n-1} w_n) \vdash_A (\alpha_{n-1}, w_n) \vdash_A$
$(f, \wp)$ und somit $(S, w) \vdash_A (f, \wp)$ und $w \in L(A)$.

Nach der Methode des zweiten Teiles des Beweises können wir etwa
zu der regulären Grammatik mit der Regelmenge
$\{S \longrightarrow bA, S \longrightarrow aB, A \longrightarrow abaS, B \longrightarrow babS, S \longrightarrow \wp\}$ den
nichtdeterministischen Automaten

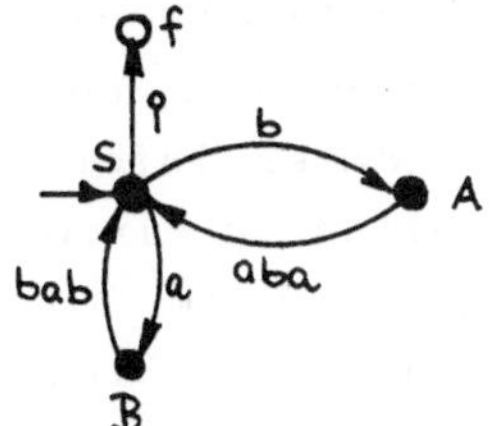

$\Delta = \{(S,b,A), (S,a,B), (A,aba,S),$
$(B,bab,S), (S,\wp,f)\}$

konstruieren, der sich zu

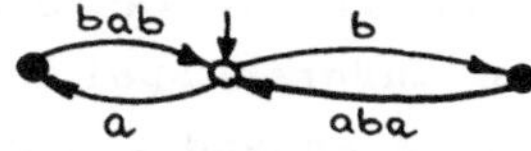

und weiter zu $\quad abab\;\bigcirc\!\!\bigcirc\;baba$

vereinfachen läßt. Man erkennt (abab ∪ baba)* als akzeptierte Sprache und die mögliche Vereinfachung des Regelsystems zu {S⟶ ababS, S⟶ babaS, S⟶ʔ}.

2.5. Kellerautomaten

Nicht alle kontextfreien Sprachen sind regulär, d. h. nicht alle kontextfreien Sprachen werden von endlichen Automaten akzeptiert. Es ergibt sich die praktisch wie theoretisch bedeutsame Frage, welche "Automaten" akzeptieren (gerade) die kontextfreien Sprachen. Wir hatten die endlichen Automaten kennengelernt als idealisierte Computer, bei denen die materiellen Ressourcen konsequent endlich sind. Nur Zeit haben wir für die Arbeit in potentiell unendlichem Umfang zur Verfügung gestellt (wenngleich nur proportional zur Wortlänge in Anspruch genommen). Das Prinzip der Endlichkeit der materiellen Ressourcen muß nun notgedrungen aufgegeben werden. Wir behalten das Konzept des endlichen "inneren" Speichers bei, bestehend aus endlich vielen "Zuständen", weil es hierzu keine vernünftige Alternative gibt. Wir denken uns aber einen potentiell unendlichen "äußeren" Speicher hinzu, in dem Informationen vorübergehend abgelegt und aus dem sie natürlich auch wieder herausgeholt werden können. Dieses Einschreiben in den äußeren Speicher und das Auslesen aus dem äußeren Speicher erfordert einen Schreib- und Lesekopf, zusätzlich zu dem Lesekopf auf dem Eingabeband. Dieser neue Kopf soll im einfachsten Falle aber nur "an der Oberfläche" lesen und schreiben können, also keine selbständigen Bewegungen ausführen, um etwa in der Tiefe des Speichers nach bestimmten Informationen zu suchen. Wir haben damit ein endliches Gebilde in einem unendlichen, zunächst homogenen Raum vor uns, das sich im Raum unbeschränkt bewegt, Informationen ablegt, aber nur zerstörend lesen kann.

Damit haben wir schon alles, was die "Kellerautomaten" ausmacht: man nennt den neuen äußeren Speicher <u>"Keller"</u> oder <u>"Stack"</u>, und wir erklären das Ganze anhand eines Beispiels.

<u>Beispiel</u>. Wir betrachten die kontextfreie Grammatik
$G = (V, \Sigma, R, S)$ mit $V = \{S\}$, $\Sigma = \{a, b\}$, $R = \{S \longrightarrow \varepsilon$, $S \longrightarrow aSa$,
$S \longrightarrow bSb\}$. Man überlegt sich leicht, daß die erzeugte kontext-
freie Sprache $L(G)$ gleich $\{ww^{-1} \mid w \in a^* b^*\}$ ist. Ein Automat, der
$L(G)$ akzeptiert, muß sich die erste Worthälfte w merken können,
um sie anschließend mit der zweiten Worthälfte w^{-1} zu vergleichen. Beim Vergleich ist jeweils der i-te Buchstabe von w
und der $(l(w)+1-i)$-te Buchstabe von w^{-1} zu vergleichen. Wenn w
von vorn nach hinten gelesen wird, ist dabei w in der gleichen
Reihenfolge der Buchstaben einzuspeichern, aber in der umge-
kehrten Folge wieder auszulesen. Somit genügt es, immer den
jeweils zuletzt eingespeicherten Buchstaben auslesen zu können,
und es braucht tatsächlich immer nur das Speicherende sichtbar
zu sein. Wenn etwa auf dem Eingabeband das Wort abbabbabba $\in L(G)$
steht, dann sei wie bisher vereinbart, daß der Automat - jetzt
der Kellerautomat - sich in einem definierten Anfangszustand q_0
befindet. Der Lesekopf befindet sich am linken Ende des Eingabebandes, und der Kellerkopf sieht sich den leeren Keller an.

    a b b a b b a b b a

Im ersten Arbeitsschritt liest der Kellerautomat einen Buchstaben vom Eingabeband und steckt ihn in den Keller. Dabei
bleibt der Kellerautomat im alten Zustand q_0 zum Zeichen dessen,
daß er noch beim Einlesen ist.

    a b b a b b a b b a

Im zweiten Schritt wird entsprechend der zweite Buchstabe b
gelesen und eingekellert. Damit der Kellerspeicher tatsächlich
potentiell unendlich sein kann, wird mit dem Einspeichern grundsätzlich nichts überschrieben, der bisherige Kellerinhalt
rutscht lediglich nach unten (daher die Bezeichnung für die
Stackoperation "push" - (nach unten "schieben").

    a b b a b b a b b a

Das wiederholt sich noch einige Male, bis die erste Worthälfte
abbab gelesen ist. Dann muß der Kellerautomat die Strategie
ändern und darf nicht mehr nur Eingaben lesen und einkellern.
Folglich muß er seinen Zustand ändern, etwa in q_1.

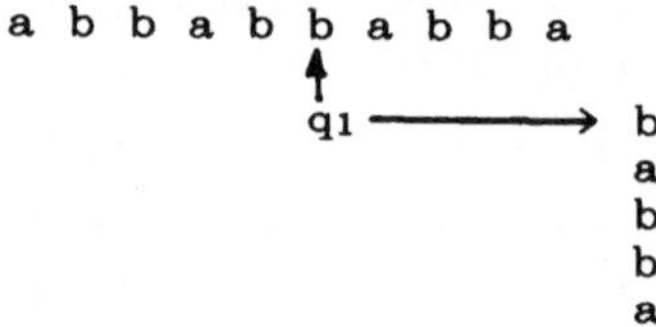

Nun kann der Kellerautomat allerdings nicht wissen, wann er
genau die Hälfte der Eingabe gelesen hat. Der Zustandswechsel
von q_0 nach q_1 muß daher <u>nichtdeterministisch</u> erfolgen. Vom
Zustand q_0 aus kann entweder der Zustand q_0 beibehalten oder der
Zustand q_1 angenommen werden, der dann allerdings nicht mehr
verlassen werden kann. Der Nichtdeterminismus ist schlechter-
dings wesentlich und unvermeidbar; wir kommen später noch darauf
zurück. Im Beispiel hat sich unser Kellerautomat also zum Zustand q_1 entschlossen. In diesem Zustand liest er jeweils je
einen Buchstaben vom Eingabeband und vom Kellerband. Wenn beide
gleich sind, bleibt er im Zustand q_1, anderenfalls gebe es keinen Nachfolgezustand (ein deterministischer Automat würde hier
in eine Falle gehen; wenn der Automat ohnehin nichtdeterministisch ist, können wir uns mit der Abwesenheit eines Nach-
folgezustandes begnügen). Beim Auslesen eines Buchstabens aus
dem Keller rutscht der Kellerrest wieder nach oben, so daß der
zuvorletzt eingekellerte Buchstabe wieder sichtbar wird.

Man kann sich den Keller als einen Stapel Teller wie in einem
Selbstbedienungsrestaurant vorstellen; sobald oben ein Teller
weggenommen wird, rutschen die übrigen durch Federkraft nach.
Die Bezeichnung "pop" für die Stackoperation steht lautmalend
für diesen Vorgang.

Zum Schluß ist das Eingabeband d ausgelesen, und der Keller ist leer.

$$a \quad b \quad b \quad a \quad b \quad b \quad a \quad b \quad b \quad a$$

$$q_1 \longrightarrow$$

Wir erklären q_1 zum Endzustand, und das Wort abbabbabba ist "akzeptiert".

Wir verallgemeinern den Beispielvorgang in dem Sinne, daß mit jedem Schritt des Kellerautomaten
1. ein Teilwort vom Eingabeband gelesen wird (nicht unbedingt genau ein Buchstabe),
2. ein Teilwort aus dem Keller geholt wird,
3. (anschließend) ein Teilwort in den Keller gesteckt wird,
4. ein neuer Zustand angenommen wird.

Das eingekellerte Wort wie auch der neue Zustand hängen nicht-deterministisch vom alten Zustand, dem gelesenen Teilwort und dem ausgekellerten Wort ab, es bestehen jeweils endlich viele Möglichkeiten.

Der Kellerautomat stoppt, falls das Eingabeband leer ist oder sonst kein Nachfolgezustand definiert ist. Falls dann
1. das Eingabeband leer ist,
2. auch der Keller leer ist,
3. der Zustand ein Endzustand ist,

gilt das Eingabewort als akzeptiert.

Wir können nun zur formalen Definition übergehen.

Definition 2.10. Ein (nichtdeterministischer) <u>Kellerautomat</u>
$A = (Q, \Sigma, \Gamma, \Delta, q, F)$ ist gegeben durch
1. eine endliche Menge Q von <u>Zuständen</u>.
2. ein endliches <u>Eingabealphabet</u> Σ,
3. ein endliches <u>Kelleralphabet</u> Γ,
4. einen <u>Anfangszustand</u> $q \in Q$,
5. eine Menge $F \subseteq Q$ von <u>Endzuständen</u>,
6. eine <u>Überführungsrelation (Programm)</u> $\Delta \subseteq (Q \times \Sigma^* \times \Gamma^*) \times (\Gamma^* \times Q)$.

Hierbei bedeutet $((p, w, u), (v, r)) \in \Delta$ inhaltlich:

Wenn 1. der Kellerautomat im Zustand p ist und
2. der ungelesene Rest auf dem Eingabeband mit w beginnt und

    3. der Inhalt des Kellerbandes mit u beginnt (ab Schreib-
und Lesekopf),

so kann (muß nicht)

    1. w unter Weiterrücken des Lesekopfes vom Eingabeband
gelesen werden,

    2. u vom Kellerband gelesen werden,

    3. v in das Kellerband geschrieben werden (also u durch v
ersetzt werden; so wie vorher der erste Buchstabe von u
(falls u $\neq$ λ) oberstes Kellerelement war, ist es
anschließend der erste Buchstabe von v),

    4. der neue Zustand r angenommen werden.

Spezialfälle sind dabei insbesondere:

1. u = λ , v = $\gamma \in \Gamma$. Der Buchstabe γ wird in den Keller ge"push"t.

Aus q $\longrightarrow$ m   wird über $\longrightarrow$ etwa r $\longrightarrow$ a für γ = a.
                e   m   m
                i   e   e
                s   i   i
                e   s   s
                                    e   e

2. v = λ , u = $\gamma \in \Gamma$. Der Buchstabe γ wird aus dem Keller ge"pop"t.

Aus q $\longrightarrow$ a   wird über $\longrightarrow$ etwa r $\longrightarrow$ m für γ = a.
                m   m   e
                e   e   i
                i   i   s
                s   s   e
                e

Ein Kellerautomat <u>akzeptiert</u> ein Wort w, falls er, im Anfangszustand mit leerem Kellerband auf das linke Ende von w als Eingabewort angesetzt, nach dem Lesen von w möglicherweise (nichtdeterministisch) mit leerem Kellerband auf das linke Ende von w
als Eingabewort angesetzt, nach dem Lesen von w möglicherweise
(nichtdeterministisch) mit leerem Keller in einem Endzustand
stehenbleibt.

Zur genauen Definition hiervon benötigen wir wieder den Begriff
der <u>Konfiguration</u>. Eine Konfiguration (p,w,u) eines Kellerautomaten $(Q, \Sigma, \Gamma, \Delta, q, F)$ ist gegeben durch einen Zustand p, ein
Wort $w \in \Sigma^*$ (den noch ungelesenen Rest auf dem Eingabeband) und
ein Wort $u \in \Gamma^*$ (den Inhalt des Kellerbandes).

Definition 2.11. Es sei $A = (Q, \Sigma, \Gamma, \Delta, q, F)$ ein Kellerautomat, q_1, $q_2 \in Q$, w_1, $w_2 \in \Sigma^*$, u_1, $u_2 \in \Gamma^*$, und es gelte genau dann $(q_1, w_1, u_1) \vdash_A (q_2, w_2, u_2)$, wenn $w_1 = ww_2$ für ein $w \in \Sigma^*$, $u_1 = v_1 v$, $u_2 = v_2 v$ für v_1, v_2, $v \in \Gamma^*$ und $((q_1, w, v_1), (v_2, q_2)) \in \Delta$. (Wir sagen, daß die Konfiguration (q_1, w_1, u_1) durch A <u>unmittelbar</u> in die Konfiguration (q_2, w_2, u_2) <u>übergeht</u>.) Wieder sei $\vdash_A^*$ die reflexive und transitive Hülle von $\vdash_A$; für Konfigurationen $K_0, \ldots, K_n$ gelte also $K_0 \vdash_A^* K_n$, falls $n = 0$ oder $K_0 \vdash_A K_1 \vdash_A \ldots \vdash_A K_{n-1} \vdash_A K_n$. (Wir sagen, daß die Konfiguration K_0 durch A in die Konfiguration K_n <u>übergeht</u>.) Den Index "A" lassen wir, wenn entbehrlich, wieder weg. Ein Wort $w \in \Sigma^*$ wird durch A genau dann akzeptiert, wenn $(q, w, \wp) \vdash_A^* (f, \wp, \wp)$ für ein $f \in F$. Die von A akzeptierte Sprache $L(A)$ ist die Menge der durch A akzeptierten Wörter.

Beispiel. Es sei $A = (Q, \Sigma, \Delta, q, F)$ ein endlicher nichtdeterministischer Automat. Wir können A zugleich als Kellerautomat ansehen, der den Keller nicht benutzt, indem wir A und
$A' = (Q, \Sigma, \emptyset, \{((p, w, \wp), (\wp, r)) \mid (p, w, r) \in \Delta\}, q, F)$ als im wesentlichen gleich ansehen. Insbesondere akzeptieren A und A' die gleiche Sprache.

Beispiel. Es sei $A = (Q, \Sigma, \Gamma, \Delta, q, F)$ mit $Q = \{q_0, q_1\}$, $\Sigma = \Gamma = \{a, b\}$, $q = q_0$, $F = \{q_1\}$,

$\Delta = \{((q_0, a, \wp), (a, q_0)),$ Im Zustand q_0 wird nur gepusht.
$((q_0, b, \wp), (b, q_0)),$
$((q_0, \wp, \wp), (\wp, q_1)),$ nichtdeterministischer Zustandswechsel
$((q_1, a, a), (\wp, q_1)),$ Im Zustand q_1 wird verglichen und ge-
$((q_1, b, b), (\wp, q_1))\}$ popt. Stop bei Ungleichheit.

Das ist der Kellerautomat, den wir als informales Beispiel vorgestellt hatten. Es gilt zum Beispiel
$(q_0, abbbba,) \vdash (q_0, bbbba, a) \vdash (q_0, bbba, ba) \vdash (q_0, bba, bba) \vdash$
$(q_1, bba, bba) \vdash (q_1, ba, ba) \vdash (q_1, a, a) \vdash (q_1, \wp, \wp)$ Stop

oder in anschaulicherer Darstellung:

abbbba	abbbba	abbbba	abbbba	abbbba	abbbba	abbbba
$q_0 \rightarrow$	$q_0 \rightarrow a$	$q_0 \rightarrow b$	$q_0 \rightarrow b$	$q_1 \rightarrow b$	$q_1 \rightarrow b$	$q_1 \rightarrow a$
		a	b	b	a	
			a	a		

    abbbba
        ↑   Stop
       q1 ⟶

Das Wort abbbba = (abb)(abb)$^{-1}$ wird somit akzeptiert. Es gilt
L(A) = {ww^{-1} | w ∈ {a,b}*}.

<u>Beispiel</u>. Es sei A = (Q,Σ,Γ,Δ,q,F) mit Q = {q}, Σ = {[,]},
Γ = {[}, F = {q}, Δ = {((q,[,φ), ([,q,)), ((q,],[), (φ,q))}.
Wir erkennen, daß öffnende Klammern grundsätzlich eingekellert
werden; schließende Klammern werden gelesen, indem gleichzeitig
öffnende aus dem Keller entfernt werden. So wird etwa [][[]] wie
folgt akzeptiert:

          Ungelesener Eingaberest   Keller
                  [][[]]   φ
                  ][[]]   [
                  [[]]   φ
                  []]   [
                  ]]   [[
                  ]   [
                  ∅   φ

L(A) ist die Menge der "ausgeglichenen" Klammerfolgen, L(A) =
L(G) für die schon bekannte kontextfreie Grammatik G = (Q,Σ,R,q)
mit R = {q ⟶ φ, q ⟶ qq, q ⟶ [q]}.
Nun folgt der Hauptsatz für die Kellerautomaten.

<u>Satz 2.11.</u> Genau die kontextfreien Sprachen werden von Keller-
automaten akzeptiert.

<u>Beweis</u>.
1. Jede kontextfreie Sprache wird von einem Kellerautomaten
   akzeptiert.
Es sei G = (V,Σ,R,S) eine kontextfreie Grammatik und A der
nichtdeterministische Kellerautomat
({p,q},Σ,V∪Σ,Δ,p,{q}) mit
Δ = {((p,φ,φ),(S,q))} ∪   Zunächst wird das Startsymbol S in
                                 den Keller befördert. Der neue
                                 Zustand q kann nicht wieder ver-
                                 lassen werden.

∪{((q,φ,α),(w,q)) | α ⟶ w ∈ R}   Die linke Seite einer Regel kann
                                 am Anfang des Kellers durch die
                                 rechte ersetzt werden.

$$\cup \{((q,\sigma,\sigma),(\bot,q)) \mid \sigma \in \Sigma\}$$

Kelleranfang und Eingabeband werden bezüglich der Terminalbuchstaben verglichen; bei Gleichheit rückt der Lesekopf weiter, und der betreffende Buchstabe wird zugleich ausgekellert, bei Verschiedenheit bleibt der Automat mangels einer Anweisung stehen. In diesem Falle ist das Eingabewort nicht akzeptiert (Eingabeband nicht zu Ende gelesen und Keller nicht leer).

Wir überlegen uns leicht, daß $L(A) = L(G)$ gilt. Wenn etwa $w \in L(A)$ ist, dann gilt:

$$(p,w,\bot) \vdash_A (q,w_1 \ldots w_n,S) \vdash_A (q,w_2 \ldots w_n,u_1) \vdash_A \ldots \vdash_A$$
$$(q,w_{i+1} \ldots w_n,u_i) \vdash_A \ldots \vdash_A (q,w_n,u_n) \vdash_A (q,\bot,\bot)$$

für eine gewisse Zerlegung $w = w_1 \ldots w_n$. Der Automat A akzeptiert also nach Voraussetzung das Wort w. Wird ein Eingabesymbol $w_i \in \Sigma$ verarbeitet, so muß w_i auch im Stack als erstes Element vorhanden sein, also ist $u_i = w_i u_{i+1}$ und somit $w_1 \ldots w_{i-1} u_i = w_1 \ldots w_i u_{i+1}$, d. h. $w_1 \ldots w_{i-1} u_i \overset{*}{\Rightarrow}_G w_1 \ldots w_i u_{i+1}$ für $i = 2,3,\ldots$ (siehe 3. Teilformel von Δ). Ansonsten gibt es eine Regel $u_i \Rightarrow_G u_{i+1}$, und mit $w_i = \bot$ ist $w_1 \ldots w_{i-1} u_i \overset{*}{\Rightarrow}_G w_1 \ldots w_i u_{i+1}$. Es gilt dann $S \overset{*}{\Rightarrow}_G w_1 \ldots w_{n-1} u_n \overset{*}{\Rightarrow}_G w_1 \ldots w_n u_{n+1} = w$ und somit $w \in L(G)$. Gilt umgekehrt $w \in L(G)$, dann gibt es insbesondere eine Linksableitung für w: $S = u_0 \underset{G}{\Rightarrow} v_1 \underset{G}{\Rightarrow} \ldots \underset{G}{\Rightarrow} v_n = w$, jedes v_i habe dabei die Form $w_1 \ldots w_i u_i$, wobei u_i mit einem Hilfsbuchstaben beginnt, $w_1 \ldots w_i$ aber keinen Hilfsbuchstaben enthält. Wenn dann $w_1 \ldots w_i u_i \underset{G}{\Rightarrow} w_1 \ldots w_{i+1} u_{i+1}$, so folgt

$$q,w_{i+1} \ldots w_n,u_i) \vdash_A (q,w_{i+1} \ldots w_n,w_{i+1} u_{i+1}) \overset{*}{\vdash_A} (q,w_{i+2} \ldots w_n,u_{i+1})$$

und daher auch

$$(p,w,\bot) \vdash_A (q,w,S) = (q,w_1 \ldots w_n,u_0) \overset{*}{\vdash_A} (q,w_{n+1} \ldots w_n,u_n) =$$
$$(q,\bot,\bot)$$

und damit $w \in L(A)$.

Teil 1 ist bewiesen, sehen wir uns aber ein Beispiel für die Konstruktion des Kellerautomaten an.

Es sei $V = \{S\}$, $\Sigma = \{a,b,c\}$, $R = \{S \longrightarrow aSa,\ S \longrightarrow bSb,\ S \longrightarrow c\}$, $G = (V,\Sigma,R,S)$. Dann ist $L(G)$ gleich $\{wcw^{-1} \mid w \in \{a,b\}^*\}$. Nach unserer Konstruktion ist $A = (\{p,q\},\Sigma,\{S,a,b,c\},\Delta,p,\{q\})$ mit
$\Delta = \{((p,\varepsilon,\varepsilon),(S,q)),$
$\quad ((q,\varepsilon,S),(aSa,q)),\ ((q,\varepsilon,S),(bSb,q)),\ ((q,\varepsilon,S),(c,q)),$
$\quad ((q,a,a),(\varepsilon,q)),\ ((q,b,b),(\varepsilon,q)),\ ((q,c,c),(\varepsilon,q))\}$,
und es gilt etwa $(p,abbcbba,\varepsilon) \vdash_A (q,abbcbba,S) \vdash_A (q,abbcbba,aSa) \vdash_A$
$(q,bbcbba,Sa) \vdash_A (q,bbcbba,bSba) \vdash_A (q,bcbba,Sba) \vdash_A$
$(q,bcbba,bSbba) \vdash_A (q,cbba,Sbba) \vdash_A (q,cbba,cbba) \vdash_A$
$(q,bba,bba) \vdash_A (q,baba) \vdash_A (q,a,a) \vdash_A (q,\varepsilon,\varepsilon)$ Stop, und $abbcbba$ ist akzeptiert. Wir stellen fest, daß der so konstruierte Kellerautomat etwas komplizierter ist als nötig, der Kellerautomat $(\{p,q\},\Sigma,\Gamma,\Delta,p,\{q\})$ mit
$\Delta = \{((p,a,\varepsilon),(a,p)),\ ((p,b,\varepsilon),(b,p)),\ ((p,c,\varepsilon),(\varepsilon,q)),$
$\quad ((q,a,a),(\varepsilon,q)),\ ((q,b,b),(\varepsilon,q))\}$
akzeptiert die gleiche Sprache.

2. Jede von einem Kellerautomaten akzeptierte Sprache ist kontextfrei. Wir können ohne Einschränkung der Allgemeinheit über den Kellerautomaten voraussetzen, daß mit jedem Takt
- höchstens ein Buchstabe aus dem Keller geholt wird (anderenfalls kann der Takt entsprechend in Teiltakte aufgeteilt werden),
- aus dem nichtleeren Keller jeweils genau ein Buchstabe geholt wird (er kann bei Bedarf noch im gleichen Takt zurückgebracht werden).

Es sei $A = (Q,\Sigma,\Gamma,\Delta,q,F)$ der Kellerautomat. Wir definieren die kontextfreie Grammatik $G = (V,\Sigma,R,S)$ wie folgt:

1. V bestehe aus dem Startsymbol S und den Tripeln (p,α,r) mit $p,\ r \in Q$ und $\alpha \in \Gamma \cup \{\varepsilon\}$. Inhaltlich stellen die Tripel (p,α,r) Variable für Wörter u mit $(p,u,\alpha) \vdash_A^* (r,\varepsilon,\varepsilon)$ dar, für Wörter also, die während eines Prozesses gelesen werden, der α aus dem Keller entfernt und vom Zustand p schließlich zum Zustand r führt.

2. R bestehe aus folgenden Regeln:

2a. $S \longrightarrow (q,\varepsilon,f)$ für $f \in F$. ((q,ε,f) markiert ein Wort, das von A akzeptiert wird, das also während eines Prozesses gelesen wird, der mit einem leeren Keller beginnt und endet, während aus dem Startzustand schließlich ein Endzustand wird.)

2b. $(q_0,\alpha,q_{n+1}) \longrightarrow u(q_1,\alpha_1,q_2)(q_2,\alpha_2,q_3)\dots(q_n,\alpha_n,q_{n+1})$, sofern $q_0,\dots,q_{n+1} \in Q, \alpha_1,\dots,\alpha_n \in \Gamma$, $n \geqslant 1$, $u\in\Sigma^*, \alpha\in\Gamma\cup\{\varepsilon\}$ und $((q_0,u,\alpha)(\alpha_1\dots\alpha_n, q_1))$ zu Δ gehört. Das Eingabewort u und das Kellerwort α führen zum Zustand q_1 mit Kellerinhalt $\alpha_1\dots\alpha_n$.
(Wenn $(q_0, v_0, \alpha, w) \vdash^*_A (r,v_{n+1},w)$, so existieren eventuell u, v_1, q_1, n,$\alpha_1,\dots,\alpha_n$, q_{n+1} mit $q_{n+1} = r$, $v_0 = uv_1$, $(q_0,v_0,\alpha w)\vdash_A(q_1,v_1,\alpha_1\dots\alpha_n w)\vdash^*_A(q_{n+1},v_{n+1},w)$, und weiter dann auch $q_2,\dots,q_n$, $v_2,\dots,v_n$ mit $(q_i,v_i,\alpha_i\dots\alpha_n w)\vdash^*_A(q_{i+1},v_{i+1},\alpha_{i+1}\dots\alpha_n w)$, da die eingeführten Kellerbuchstaben $\alpha_1,\dots,\alpha_n$ letztlich sämtlich wieder entfernt werden müssen. Beim Übergang von q_0 zu q_1 wird der Anfang u von v_0 gelesen, später, beim Übergang von q_i zu q_{i+1}, jeweils ein durch (q_i,α_i,q_{i+1}) markiertes Wort.)

2c. $(q_0,\alpha,q_2) \longrightarrow u(q_1,\varepsilon,q_2)$, sofern $((q_0,u,\alpha),(\varepsilon,q_1))$ mit q_0, q_1, $q_2 \in Q$ zu Δ gehört. Das Eingabewort u führt zum Löschen des Kellerwortes α. (Wenn $(q_0,v_0,\alpha w)\vdash^*_A (q_2,v_2,w)$, so existieren wie im Fall 2b, jedoch für n = 0, eventuell u, v_1, q_1 mit $v_0 = uv_1$ und $(q_0,v_0,\alpha w)\vdash_A (q_1,v_1,w)\vdash^*_A(q_2,v_2,w)$.)

2d. $(p,\varepsilon,p) \longrightarrow \varepsilon$ für $p\in Q$. (Es gilt trivialerweise $(p,uv,w)\vdash^*_A (p,v,w)$ für $u =\varepsilon$.) Betrachten wir noch einmal den Kellerautomaten, der ausgeglichene Klammerausdrücke akzeptiert; dort galt:
$Q = \{q\}, \Sigma = \{[,]\}, \Gamma = \{[\}$, $F = \{q\}$,
$\Delta = \{((q,[,\varepsilon),([,q)),((q,],]),(\varepsilon,q))\}$.
Regel 2a ergibt einfach $S\longrightarrow(q,\varepsilon,q)$, analog erhält man für Regel 2d $(q,\varepsilon,q)\longrightarrow\varepsilon$.
Für Regel 2c sind die Übergänge interessant, die den Keller löschen; dies geschieht durch $((q,],[),(\varepsilon,q))$; als Regel erhält man hieraus $(q,[,q)\longrightarrow](q,\varepsilon,q)$. Der Fall $(q,],\varepsilon)$ ist natürlich in Δ nicht enthalten, weil rechte Klammern durch linke Klammern im Keller kompensiert werden und eine rechte Klammer nicht auf den leeren Keller treffen darf. Für Regel 2b bleiben also noch die Fälle $(q,[,\varepsilon)$ und $(q,[,[)$ übrig; $(q,[,\varepsilon)$ geht über in $(q,\dots,[)$; dies ergibt die Regel $(q,\varepsilon,q)\longrightarrow[(q,[,q)$. Auf die Situation $(q,[,[)$ reagiert der Automat mit dem Folgezustand $(q,\dots,[[)$, was zur Regel $(q,[,q)\longrightarrow[(q,[,q)(q,[,q)$ führt. Damit ergibt sich insgesamt:
$\quad S \longrightarrow (q,\varepsilon,q),$
$\quad (q,\varepsilon,q) \longrightarrow [(q,[,q),$

$$(q,[,q) \longrightarrow [(q,[,q)(q,[,q),$$
$$(q,[,q) \longrightarrow](q,ε,q),$$
$$(q,ε,q) \longrightarrow ε.$$

Die Ableitung von [][[]] ergibt sich dann wie folgt:

$$S \longrightarrow (q,ε,q) \longrightarrow [(q,[,q) \longrightarrow [](q,ε,q) \longrightarrow [][(q,[,q) \longrightarrow$$
$$[][[(q,[,q)(q,[,q) \longrightarrow [][[](q,ε,q)](q,ε,q) \longrightarrow [][[]ε]ε \longrightarrow$$
$$[][[]].$$

Wir behaupten nun:

$(p,\alpha,r) \xrightarrow[G]{*} u$ genau dann, wenn $(p,u,\alpha) \xvdash[A]{*} (r,ε,ε)$; die Grammatik

erzeugt u genau dann, wenn der Automat u akzeptiert. Hieraus
folgt $u \in L(G)$

genau dann, wenn $S \xrightarrow[G]{*} u$,

genau dann, wenn $S \xrightarrow[G]{} (q,ε,f) \xrightarrow[G]{*} u$ für ein $f \in F$,

genau dann, wenn $(q,u,ε) \xvdash[A]{*} (r,ε,ε)$,

genau dann, wenn $u \in L(A)$,

also das gewünschte Resultat $u \in L(G)$

genau dann, wenn $u \in L(A)$.

Nehmen wir an $(p,\alpha,r) \xrightarrow[G]{*} u$. Den Beweis für $(p,u,\alpha) \xvdash[A]{*} (r,ε,ε)$
führen wir durch Induktion über die Länge k der Ableitung in G.
Wenn $(p,\alpha,r) \longrightarrow u \in R$, so kann dies nur eine Regel vom Typ 2d
sein, da sonst rechts von $\longrightarrow$ immer Hilfsbuchstaben vorkommen.
Es muß also gelten $\alpha = u = ε$ und $p = r$. Wir haben dann nur noch
von $(p,ε,p) \longrightarrow ε \in R$ auf $(p,ε,ε) \xvdash[A]{*} (p,ε,ε)$ zu schließen, was
trivial erfüllt ist. Es gelte nun
$$(p,u,\alpha) \xvdash[A]{*} (r,ε,ε),$$
sofern nur $(p,\alpha,r) \xrightarrow[G]{} v_1 \xrightarrow[G]{} v_2 \xrightarrow[G]{} \ldots \xrightarrow[G]{} v_{k-1} \xrightarrow[G]{} u$.
Dabei betrachten wir $(p,\alpha,r) \xrightarrow[G]{} v_1$ separat. Es muß gelten
$(p,\alpha,r) \longrightarrow v_1 \in R$, $v_1 \notin \Sigma^*$.

$(p,\alpha,r) \longrightarrow v_1$ muß eine Regel vom Typ 2b oder 2c sein. Falls
$(p,\alpha,r) \longrightarrow v_1$ vom Typ 2b ist, gilt

$v_1 = u_0 (q_1,\alpha_1,q_2)(q_2,\alpha_2,q_3)\ldots(q_n,\alpha_n,q_{n+1})$ für ein gewisses n,
geeignete q_i und $q_{n+1} = r$. Um $v_1 \xrightarrow[G]{*} u$ zu realisieren, muß
gelten
$$(q_1,\alpha_1,q_2) \xrightarrow[G]{*} u_1, \ (q_2,\alpha_2,q_3) \xrightarrow[G]{*} u_2, \ldots, \ (q_n,\alpha_n,q_{n-1}) \xrightarrow[G]{*} u_n$$
mit $u = u_0 u_1 u_2 \ldots u_n$. Nach Induktionsvoraussetzung (höchstens k
Ableitungsschritte) dürfen wir voraussetzen

$(q_1, u_1, \alpha_1) \vdash^*_A (q_2, \wp, \wp)$, $(q_2, u_2, \alpha_2) \vdash^*_A (q_3, \wp, \wp), \ldots, (q_n, u_n, \alpha_n) \vdash^*_A$
$$\vdash^*_A (q_{n+1}, \wp, \wp),$$

woraus

$(p, u_0 \ldots u_n, \alpha) \vdash_A (q_1, u_1 \ldots u_n, \alpha_1 \ldots \alpha_n)$ folgt

wegen $(p, \alpha, r) \longrightarrow v_1 \in R$ mit $v_1 = u_0 (q_1, \alpha_1, q_2) \ldots (q_n, \alpha_n, q_{n+1})$ und

dann $((p, u_0, \alpha), (\alpha_1 \ldots \alpha_n, q_1)) \in \Delta$, sowie

$(q_1, u_1 \ldots u_n, \alpha_1 \ldots \alpha_n) \vdash^*_A (q_2, u_2 \ldots u_n) \vdash^*_A \ldots \vdash^*_A (q_n, u_n, \alpha_n) \vdash^*_A$
$(q_{n+1}, \wp, \wp) = (r, \wp, \wp),$

also schließlich $(p, u_0 \ldots u_n) \vdash^*_A (r, \wp, \wp)$ und wegen $u = u_0 \ldots u_n$

die Behauptung. Falls $(p, \alpha, r) \longrightarrow v_1$ eine Regel vom Typ 2c ist,

gilt $v_1 = u_0 (r', \wp, r)$ für ein passendes r' und somit $((p, u_0, \alpha),$

$(q, r')) \in \Delta$; weiter $(r', \wp, r) \xrightarrow{*}_G u_1$ mit $u = u_0 u_1$. Wiederum nach

Induktionsvoraussetzung dürfen wir annehmen $(r', u_1, \wp) \vdash^*_A (r, \wp, \wp)$

und erhalten so $(p, u, \alpha) \vdash_A (r', u_1, \wp) \vdash^*_A (r, \wp, \wp)$, was zu zeigen

war. Nehmen wir umgekehrt an $(p, u, \alpha) \vdash^*_A (r, \wp, \wp)$. Wir zeigen

diesmal durch Induktion über die Zahl der Schritte von A, daß

gilt: $(p, \alpha, r) \xrightarrow{*}_G u$. Falls $(p, u, \alpha) = (r, \wp, \wp)$, also die Zahl der

Schritte von A gleich Null ist, gilt $p = r$, $u = \wp$, $\alpha = \wp$. Dann

folgt $(p, \alpha, p) \xrightarrow{}_G \wp$ nach 2d. Wir setzen nun voraus, daß (p, α, r)

$\xrightarrow{*}_G u$, falls (p, u, α) in höchstens k Schritten von A in $(r, \wp, \wp)$

übergeht. Wenn nun (p, u, α) in k+1 Schritten in $(r, \wp, \wp)$ übergeht,

dann gilt $(p, u, \alpha) \vdash_A (q_0, v_1, \alpha_1 \ldots \alpha_n) \vdash^*_A (p, \wp, \wp)$ für geeignete

$v_1, \alpha_1 \ldots \alpha_n$ mit $u = u_0 v_1$, somit $(p, u_0, \alpha) \vdash_A ((q_0, \wp, \alpha_1 \ldots \alpha_n)$ und

$((p, u_0, \alpha), (\alpha_1 \ldots \alpha_n, q_0)) \in \Delta$. Irgendwie müssen die $\alpha_1, \ldots, \alpha_n$ samt

ihrem jeweiligen Ersatz aus dem Keller verschwinden, also

existieren $q_1, \ldots, q_{n-1}, u_1, \ldots, u_n$ mit $u_1 \ldots u_n = v_1$,

$(q_0, u_1 \ldots u_n, \alpha_1 \ldots \alpha_n) \vdash^*_A (q_1, u_2 \ldots u_n, \alpha_2 \ldots \alpha_n)$
$$\vdash^*_A (q_2, u_3 \ldots u_n, \alpha_3 \ldots \alpha_n)$$
$$\vdots$$
$$\vdash^*_A (q_{n-1}, u_n, \alpha_n) \vdash^*_A (p, \wp, \wp).$$

Hieraus folgt $(q_0, u_1, \alpha_1) \vdash^*_A (q_1, \wp, \wp),$
$$(q_1, u_2, \alpha_2) \vdash^*_A (q_2, \wp, \wp),$$
$$\vdots$$
$$(q_{n-1}, u_n, \alpha_n) \vdash^*_A (q_n, \wp, \wp), q_n = p,$$

denn das Eingabewort wird nicht "vorausgelesen", und wir können

auch annehmen, daß der jeweilige Kellerrest unangetastet bleibt,

indem wir die Einteilung des Automatenlaufs und damit von v_1

geeignet vornehmen. All diese Übergänge vollziehen sich in je-

weils höchstens k Schritten, also gilt nach Induktionsvoraus-
setzung $(q_0, \alpha_1, q_1) \xrightarrow[G]{*} u_1$, $(q_1, \alpha_2, q_2) \xrightarrow[G]{*} u_2, \ldots, (q_{n-1}, \alpha_n, q_n)$
$\xrightarrow[G]{*} u_n$ mit $q_n = p$. Nach 2b gilt
$(p, \alpha, r) \longrightarrow u_0 (q_0, \alpha_1, q_1)(q_1, \alpha_2, q_2) \ldots (q_{n-1}, \alpha_n, q_n) \in R$
wegen $(p, u, \alpha) \xmapsto[A]{} (q_0 v_1, \alpha_1 \ldots \alpha_n)$, $u = u_0 v_1$, und damit
$((p, u_0, \alpha), (\alpha_1, \ldots, \alpha_n, q_0)) \in \Delta$. Folglich ergibt sich
$(p, \alpha, r) \xrightarrow[G]{} u_0 (q_0, \alpha_1, q_1)(q_1, \alpha_2, q_2) \ldots (q_{n-1}, \alpha_n, q_n) \xrightarrow[G]{*} u_0 u_1 \ldots u_n$
$= u$, also $(p, \alpha, r) \xrightarrow[G]{*} u$, wie zu zeigen war.

2.6. Kontextfreie Sprachen II

Wir nutzen insbesondere den Satz 2.11. aus, um die Kenntnisse
über kontextfreie Sprachen zu erweitern.

<u>Satz 2.12.</u> Wenn L, L_1, L_2 kontextfrei sind, dann auch $L_1 \cup L_2$,
$L_1 L_2$ und L^*.

<u>Beweis.</u> Es sei $L_i = L(G_i)$ mit $G_i = (V_i, \Sigma_i, R_i, S_i)$ für $i = 1, 2$.
1. $L_1 \cup L_2$. Ohne Beschränkung der Allgemeinheit dürfen wir $V_1 \cap V_2$
$= \emptyset$ annehmen, da die Hilfsbuchstaben auf L_i keinen Einfluß
haben. Es sei nun $V = V_1 \cup V_2 \cup \{S\}$ für ein neues Startsymbol S,
$(S \notin V_1 \cup V_2), \Sigma = \Sigma_1 \cup \Sigma_2$, $R = R_1 \cup R_2 \cup \{S \longrightarrow S_1, S \longrightarrow S_2\}$, $G =$
(V, Σ, R, S).
Dann gilt $L(G) = L(G_1) \cup L(G_2)$.
2. $L_1 L_2$. Es seien V und Σ wie in 1. definiert, $R = R_1 \cup R_2 \cup$
$\{S \longrightarrow S_1 S_2\}$. Für $G = (V, \Sigma, R, S)$ gilt dann $L(G) = L(G_1) L(G_2)$.
3. L^*. Es sei $L = L(G)$ mit $G = (V, \Sigma, R, S)$, und $V' = V \cup \{S'\}$ sei
für ein neues S', $R' = R \cup \{S' \longrightarrow \wp, S' \longrightarrow S'S\}$, $G' = (V', \Sigma, R', S')$.
Dann gilt $L(G') = (L(G))^*$.
Satz 2.12. hätten wir auch analog zu den Sätzen 2.2. bis 2.4.
beweisen können, im Fall 3 freilich extra organisieren müssen,
daß der Keller nach jedem einzelnen Durchgang leer ist (indem
etwaige Reste beim Zurückgehen in den Anfangszustand "ver-
siegelt" werden und die schließliche Räumung des Kellers ver-
hindern).

<u>Satz 2.13.</u> Wenn L_1 kontextfrei und L_2 regulär ist, dann ist $L_1 \cap$
L_2 kontextfrei.
<u>Bemerkung.</u> Wenn L_1 und L_2 beide kontextfrei sind, so muß $L_1 \cap L_2$
<u>nicht</u> kontextfrei sein, wie wir weiter unten (Satz 2.15.) sehen
werden.

<u>Beweis.</u> Es sei $L_1 = L(A_1)$, $A_1 = (Q_1, \Sigma_1, \Gamma_1, \Delta_1, q_1, F_1)$ ein Kellerautomat, $L_2 = L(A_2)$, $A_2 = (Q_2, \Sigma_2, \delta_2, q_2, F_2)$ ein endlicher deterministischer Automat. Nun konstruiert man einen weiteren Kellerautomaten

$A = (Q_1 \times Q_2, \Sigma_1 \cup \Sigma_2, \Gamma_1, \Delta, (q_1, q_2), F_1 \times F_2)$ mit

$\Delta = \{ (((p_1, p_2), u, \beta), ((\gamma, (p_1, p_2))) \mid ((p_1, u, \beta), (\gamma, p_1')) \in \Delta_1$ und $(p_2, u) \vdash_{A}^{*} (p_2', \varphi) \}.$

Dieser Automat überführt (p_1, p_2) beim Lesen von u und β in (p_1', p_2'), wenn A_1 p_1 in p_1' überführt (unter Lesen von u und β) und u in A_2 den Übergang von p_2 nach p_2' bewirkt.

Dann gilt $((p_1, p_2), u, \beta)) \vdash_{A} ((p_1', p_2'), \varphi, \gamma)$ genau dann, wenn $(p_1, u, \beta) \vdash_{A_1} (p_1', \varphi, \gamma)$ und $(p_2, u) \vdash_{A_2}^{*} (p_2', \varphi)$, wobei letzteres entscheidend ist, so daß A ebenso von einem Zustand (p_1, p_2) in einen Zustand (p_1', p_2') übergeht, wie A_1 von p_1 in p_1' übergeht, nur daß außerdem noch die Zustandsänderung von A_2 beim Lesen desselben Wortes registriert wird. Im Ergebnis ist A ein Parallelautomat: Ein Wort wird von A in der Weise verarbeitet, als ob es von A_1 und A_2 parallel verarbeitet wird; es wird von A akzeptiert, wenn schließlich sowohl A_1 als auch A_2 in einen Endzustand gekommen sind. $L(A)$ leistet somit das Verlangte.

<u>Satz 2.14 (Pumping Theorem).</u> Es sei L eine kontextfreie Sprache. Dann gibt es eine natürliche Zahl k, so daß es zu jedem $w \in L$ einer Länge größer k eine Zerlegung $w = w_1 w_2 w_3 w_4 w_5$ derart gibt, daß $w_2 w_4$ nicht leer ist und auch $w_1 w_2^{n} w_3 w_4^{n} w_5$ für jedes n zu L gehört. (Bei jedem hinreichend langen Wort kann ein aus höchstens zwei zusammenhängenden Teilen bestehendes Teilwort beliebig "aufgepumpt" werden, ohne die Sprache zu verlassen.)

<u>Beweis.</u> Es sei $L = L(A)$ für einen Kellerautomaten A. Wir setzen der Einfachheit halber voraus, daß A jeweils höchstens einen Buchstaben auf einmal liest und im Keller austauscht, und es sei $m = \text{card}(\Delta)^2$. Für ein Wort einer Länge $> (\text{card } \Gamma)^m$ in $L(A)$ sind zwei Fälle möglich: Entweder wird das Wort akzeptiert, ohne daß der Keller je mehr als m Elemente hat, oder er hat irgendwann notwendig mehr als m Elemente. Der erste Fall erledigt sich analog zum Pumping-Theorem (Satz 2.9.) für reguläre Sprachen: Es gibt eine Zerlegung $w = w_1 w_2 w_3$ mit $w_2 \neq \varphi$, so daß nach dem Lesen

von w_1 und w_2 jeweils die gleiche Überführung $\in \Delta$ anwendbar ist und die Kellerinhalte identisch sind. Dann wird auch $w_1 w_2{}^n w_3$ für jedes n akzeptiert. Im anderen Fall habe der Keller zum Zeitpunkt t mehr als m Elemente, nämlich von unten nach oben zunächst $\gamma_0, \ldots, \gamma_m$. Das Element γ_i sei dabei zum Zeitpunkt $t_i < t$ eingeführt worden und werde zum Zeitpunkt $t_i' \geqslant t$ erstmalig wieder aus dem Keller entfernt. Es gibt dann ein i und ein j mit $i < j \leqslant m$ derart, daß zu den Zeitpunkten t_i und t' jeweils i genau die gleichen Überführungen ausgeführt werden wie zu den Zeitpunkten t_j und t_j'. Bis zum Zeitpunkt t_i sei das Teilwort w_1 gelesen, von t_i bis t_j das Teilwort w_2, von t_j bis t_j' das Teilwort w_3, von t_j' bis t_i' das Teilwort w_4 und von t_i' bis zum Schluß das Teilwort w_5; es gilt $w = w_1 w_2 w_3 w_4 w_5$. Wir können annehmen, daß w_2 und w_4 nicht beide leer sind, da anderenfalls w auch ohne das Einkellern und wieder Auskellern von $\gamma_i, \ldots, \gamma_j$ hätte akzeptiert werden können, die Zahl der Kellerelemente zum Zeitpunkt t also unnötig groß ist. $w_1 w_2{}^n w_3 w_4{}^n w_5$ gehört dann für jedes n auch zu L(A).

Als Anwendung des Satzes sehen wir, daß die Sprache
$L = \{a_n b_n c_n \mid n \geqslant 0\}$ nicht kontextfrei ist. Es sei nämlich
$a^n b^n c^n = w = w_1 w_2 w_3 w_4 w_5$ wie im Satz. In $w_2 w_4$ müßten a, b, c
gleich oft vorkommen, also b in w_2 oder in w_4. Falls etwa b in
w_2 vorkommt, dann hätte $w_1 w_2{}^2 w_3 w_4{}^2 w_5$ die Gestalt
$w_1 \ldots a \ldots b \ldots a \ldots b \ldots w_3 w_4{}^2 w_5$ und wäre somit kein Element von L;
für b in w_4 ergibt sich Analoges.

<u>Satz 2.15.</u> Wenn L_1, L_2, L kontextfreie Sprachen mit Alphabeten $\subseteq \Sigma$
sind, dann sind $L_1 \cap L_2$ und $\Sigma^* \setminus L$ nicht notwendig kontextfrei.
<u>Beweis.</u> Wir setzen $L_1 = \{a^n b^n c^m \mid m, n, \geqslant 0\}$, akzeptiert vom
Kellerautomaten $(\{p,q,w\}, \Sigma, \Sigma, \Delta, q, \{r\})$ mit
$Q = \{((q,a,\gamma),(a,q)),$
$\quad\quad ((q,\gamma,\gamma),(\gamma,p)),$
$\quad\quad ((p,b,a),(\gamma,p)),$
$\quad\quad ((p,\gamma,\gamma),(\gamma,r)),$
$\quad\quad ((r,c,\gamma),(\gamma,r))\}.$
Ähnlich ist auch $L_2 = \{a^m b^n c^n \mid m,n \geqslant 0\}$ kontextfrei. $L_1 \cap L_2 =$
$\{a^n b^n c^n \mid n \geqslant 0\}$ ist, wie wir oben gesehen haben, nicht kontextfrei. Weil nach den Gesetzen der Mengenlehre $L_1 \cap L_2 =$

$\Sigma^* \setminus ((\Sigma^* \setminus L_1) \cup (\Sigma^* \setminus L_2))$ gilt, können nach Satz 2.12. die Sprachen $\Sigma^* \setminus L_1$ und $\Sigma^* \setminus L_2$ nicht beide kontextfrei sein.

Eine praktisch wichtige Frage ist die, ob ein gegebenes Wort w für eine gegebene kontextfreie Grammatik G zur Sprache L(G) gehört, oder gleichwertig dazu, ob das Wort w syntaktisch korrekt entsprechend den Regeln der Grammatik G gebildet ist. Fragen dieser Art sind durch Syntaxchecker für Programmiersprachen zu beantworten.

Satz 2.16. Die Frage $w \in L$ ist für kontextfreie Sprachen L entscheidbar; es gibt also ein einheitliches effektives Verfahren, um für jedes Wort w über dem Alphabet von L die Zugehörigkeit $w \in L$ zu entscheiden.

Beweis. Es sei $L = L(A)$ für einen Kellerautomaten A. Wir ergänzen die Überführungsrelation Δ des Kellerautomaten A in folgender Weise:

Wenn $((q_1, \varphi, u_1), (u_2, q_2)) \in \Delta$ und $(q_2, \varphi, u_2) \vdash_A (q_3, \varphi, u_3)$ mit $l(u_3) \leqslant \max(l(u_1), l(u_2))$, so nehmen wir $((q_1, \varphi, u_1), (u_3, q_3))$ zu Δ hinzu. Die Relation $(q_2, \varphi, u_2) \vdash_A (q_3, \varphi, u_3)$ bedeutet eine einzige Anwendung der Überführungsrelation und ist somit entscheidbar; für jedes gegebene u_1 gibt es nur endlich viele u_3 mit $((q_1, \varphi, u_1), (u_2, q_2)) \in \Delta$ und $l(u_3) \leqslant \max(l(u_1), l(u_2))$ für ein u_2, also läßt sich diese Erweiterung für jedes der in Δ vorkommenden endlich vielen u_1 auch nur endlich oft durchführen. Die Sprache $L(A)$ wird durch die Erweiterung nicht verändert. Daher sei A bereits in diesem Sinne erweitert. Es sei

$m = \max \{l(v) \mid ((q_1, u_1, v), (v_2, q_2)) \in \Delta$, $\{q_1, q_2\} \subseteq Q$, also gleich der maximalen Zahl von Buchstaben, die in einem Takt aus dem Keller geholt wird. Wenn nun $w \in L(A)$, so sind höchstens $l(w)$-mal Übergänge $((q_1, u, v_1), (v_2, q_2))$ mit $u \neq \varphi$ notwendig, um w durch A zu akzeptieren. Auf Grund unserer Erweiterung von Δ kann man annehmen, daß unmittelbar vor keinem Übergang $((q_2, \varphi, v_3), (v_4, q_3))$ mit $l(v_4) \leqslant l(v_3)$ ein Übergang $((q_1, \varphi, v_1), (v_2, q_2))$ für die Akzeptierung von w notwendig war. Man kann also annehmen, daß Übergänge $((q_2, \varphi, v_3), (v_4, q_3))$ mit $l(v_4) \leqslant l(v_3)$ ebenfalls höchstens $l(w)$-mal notwendig sind. Die verbleibenden Übergänge vom Typ $((q_1, \varphi, v_1), (v_2, q_2))$ mit $l(v_2) > l(v_1)$ können dann aber auch höchstens $2 \cdot l(w) \cdot m$-mal geschehen sein, weil zum Schluß der

Keller wieder geleert sein muß. Um zu ermitteln, ob $w \in L(G)$ ist, brauchen wir also nur alle endlich vielen Ableitungen $\vdash^*_A$ einer Länge von höchstens $2 \cdot l(w) \cdot m$ durchzusuchen, ob sich dabei zum Schluß w ergibt.

Es sei bemerkt, daß das beschriebene Verfahren rein theoretisch und nicht praktikabel ist. Die Zahl der Ableitungen der Länge k in Abhängigkeit von k unterliegt nämlich im allgemeinen der "kombinatorischen Explosion", wächst also exponentiell in k.

<u>Satz 2.17.</u> Für kontextfreie Sprachen L ist entscheidbar, ob überhaupt ein Wort dazugehört (ob $L = \emptyset$ oder $L \neq \emptyset$).

<u>Beweis.</u> Es erfülle k die Behauptung von Satz 2.14., und es sei $w \in L$ mit $l(w) > k$. Nach der Behauptung von Satz 2.14. gibt es eine Zerlegung $w = w_1 w_2 w_3 w_4 w_5$ mit $w_1 w_2^n w_3 w_4^n w_5 \in L$ für jedes n, insbesondere für $n = 0$. Somit gilt $w_1 w_3 w_5 \in L$, und wir dürfen annehmen $l(w_1 w_3 w_5) \leq k$, da anderenfalls die Reduktion wiederholt werden kann. Für $L \neq \emptyset$ gibt es also ein $w \in L$ mit $l(w) \leq k$. Nach Satz 2.16. können wir für die endlich vielen Wörter w über dem Alphabet von L (deren Länge höchstens gleich k ist) entscheiden, ob $w \in L$. Damit ist auch entscheidbar, ob $L = \emptyset$ oder $L \neq \emptyset$.

Das Verfahren dieses Beweises unterliegt natürlich erst recht der kombinatorischen Explosion.

2.7. Deterministische Kellerautomaten

Wir hatten in 2.1. zunächst endliche deterministische Automaten und dann in 2.2. nichtdeterministische endliche Automaten insbesondere zur Vereinfachung der Beschreibung eingeführt. Das hatten wir dadurch gerechtfertigt, indem wir bewiesen, daß beide Automatensorten dieselben Sprachen akzeptieren. Kellerautomaten haben wir dagegen von vornherein nichtdeterministisch eingeführt. Wir haben aber die Frage offengelassen, ob sich ähnlich nichtdeterministische Kellerautomaten auf deterministische Kellerautomaten reduzieren lassen und somit Syntaxtests kontextfreier Sprachen auch durch deterministische und damit prinzipiell physisch realisierbare Automaten durchführen lassen. Ein wesentlich nichtdeterministischer Automat ist ja eine rein gedankliche Konstruktion.

<u>Definition 2.12.</u> Ein Kellerautomat A ist deterministisch genau dann, wenn es zu jeder Konfiguration k höchstens eine unmittelbare Nachfolgerkonfiguration k' (mit $k \vdash_A k'$) gibt.

<u>Definition 2.13.</u> Eine Sprache $L \subseteq \Sigma^*$ heißt deterministisch kontextfrei genau dann, wenn L<u>ende</u> = L(A) für einen deterministischen Kellerautomaten A gilt und <u>ende</u> nicht zu Σ gehört.
<u>Bemerkung.</u> Wegen L<u>ende</u> = {w<u>ende</u> | w $\in$ L} dient <u>ende</u> als Endekennzeichnung für Eingabewörter; L ist deterministisch kontextfrei, falls L von einem deterministischen Kellerautomaten akzeptiert wird, dem man noch zusätzlich sagt, wann die Eingabe zu Ende ist. Daraufhin kann er den Keller leeren. - Wozu die Endekennzeichnung gut ist, werden wir weiter unten sehen.

<u>Satz 2.18.</u> Jede deterministisch kontextfreie Sprache ist kontextfrei.
<u>Beweis.</u> Es sei L deterministisch kontextfrei, L<u>ende</u> = L(A),
A = (Q, $\Sigma \cup$ {<u>ende</u>}, Γ, Δ, q, F). Dann sei
A'= (Qx{0,1}, Σ, Γ, Δ', (q,0), Fx{1}) mit
(((p,0),x,y),(z,(r,0))) $\in \Delta'$ genau dann, wenn ((p,x,y),(z,r)) $\in \Delta$, sofern <u>ende</u> nicht zu x gehört,
(((p,0),x,y),(z,(r,1))) $\in \Delta'$ genau dann, wenn ((p,x<u>ende</u>,y),(z,r)) $\in \Delta$, (((p,1),γ,y),(z,(r,1))) $\in \Delta'$ genau dann, wenn ((p,γ,y),(z,r)) $\in \Delta$.
A' markiert also die Zustände von A zunächst mit Null, und die Tätigkeit von A wird simuliert. Nichtdeterministisch kann A' an jeder Stelle der Eingabe ein <u>ende</u> hinzudenken (A' nimmt also nichtdeterministisch irgendwann an, die Eingabe sei zu Ende, insbesondere dann, wenn sie wirklich zu Ende sein soll). Daraufhin nimmt A' mit 1 markierte Zustände an, und es wird nichts mehr gelesen, sonst aber weiterhin A simuliert. -
Wenn w $\in$ L(A'), so fügen wir <u>ende</u> zu w hinzu, streichen in den Konfigurationen, die von ((q,0),w,γ) ausgehend zu einer Endkonfiguration ((r,1),γ,γ) von A' führen, alle Indizes Null oder Eins. Beim Übergang von einem Nichtendzustand zu einem Endzustand, der genau einmal stattgefunden haben muß, soll der Buchstabe <u>ende</u> gelesen werden. Dieser muß auch der letzte sein.
Wir erhalten die analogen Konfigurationen (q,w<u>ende</u>,γ), ...,

$(r,\varepsilon,\varepsilon)$ mit $(q,\text{w}\underline{\text{ende}},\varepsilon) \vdash\!\!\frac{*}{A}\!\!-(r,\varepsilon,\varepsilon)$. – Wenn umgekehrt w$\underline{\text{ende}} \in L(A)$, so erhalten wir aus einer Ableitung von w$\underline{\text{ende}}$ in A unmittelbar nach Definition sofort eine Ableitung von w in A.

$\underline{\text{Beispiel}}$. Die kontextfreie Sprache $L = a^* \cup \{a^n b^n \mid n \geqslant o\}$ kann von keinem deterministischen Kellerautomaten akzeptiert werden. Ein deterministischer Kellerautomat kann sich nämlich nicht zugleich die Zahl der eingegebenen a im Keller merken, um sie mit der Zahl der folgenden b zu vergleichen, gleichzeitig aber für den Fall, daß kein b kommt, den Keller leer halten, um nach dem Lesen von a^n den Keller leer zu halten und so a^n zu akzeptieren. L$\underline{\text{ende}}$ wird jedoch von einem deterministischen Kellerautomaten akzeptiert, nämlich von

$A = (\{q_0,q_1,q_2,q_3\},\{a,b,\underline{\text{ende}}\},\{a,b\},\Delta,q_0,\{q_2,q_3\})$ mit

$\Delta = \{\,((q_0,a,\varepsilon),(a,q_0)),\qquad$ a einkellern

$\quad ((q_0,b,a),(\varepsilon,q_1)),\;\Big\}\quad$ wenn b gelesen, so a wieder

$\quad ((q_1,b,a,\;,q_1)),\qquad$ auskellern, Zustandswechsel nach q_1

$\quad ((q_0,\underline{\text{ende}},\varepsilon),(\varepsilon,q_2)),\;\Big\}$ Ende erkannt, Endzustand q_3

$\quad ((q_1,\underline{\text{ende}},\varepsilon),(\varepsilon,q_3)),\;\Big\}$ für $a^n b^n$, q_2 für a^n

$\quad ((q_2,\varepsilon,a),(\varepsilon,q_2))\}\qquad$ Keller ausräumen für a^n.

L ist also deterministisch kontextfrei; die Endekennzeichnung verhindert, daß allzuwenige Sprachen als deterministisch kontextfrei gelten.

Der folgende Satz liefert eine Quelle für nicht deterministisch kontextfreie Sprachen.

$\underline{\text{Satz 2.19.}}$ Es sei $L \subseteq \Sigma^*$ kontextfrei, aber $\Sigma^* \setminus L$ nicht kontextfrei. Zu jedem $u \in \Sigma^*$ existiere ein v mit $uv \in L$. (Jedes Wort über Σ kann also zu einem Element von L verlängert werden.) Dann ist L nicht deterministisch kontextfrei.

Ehe wir den Satz beweisen, illustrieren wir ihn an einem $\underline{\text{Beispiel}}$. Wir betrachten die Sprache

$L = \{a^{m_1} ba^{m_2} b..a^{m_n-1}ba^{m_n} \mid m_i \neq m_j$ für wenigstens ein $i,j\}$ (dabei kann $i = 1$ gesetzt werden), also die Menge der Wörter über $\{a,b\}$, bei denen wenigstens zwei maximale Blöcke aufeinanderfolgender a verschieden lang sind. Das Komplement von L in $\{a,b\}^*$ ist die nicht kontextfreie Sprache $\{(a^m b)^n \mid m,n \geqslant 0\}$. Der Durchschnitt von $\{a,b\}^* \setminus L$ mit der regulären Sprache a^*ba^*b ist nämlich die Sprache $\{a^m ba^m b \mid m \geqslant 0\}$ und ebensowenig kontextfrei wie $\{a^m b^m \mid m \geq 0\}$. Damit kann auch $\{a,b\}^* \setminus L$ nicht kontextfrei sein. Offensichtlich lassen sich beliebige Wörter über $\{a,b\}$ zu Elementen von L fortsetzen. L wird von einem Kellerautomaten $A = (\{q_0,\ldots,q_4\},\{a,b\},\{a\},\delta,q_0,\{q_4\})$ akzeptiert mit folgenden Überführungen in δ:

$(q_0,a,$ϙ$),(a,q_0)$	Zählen der a im ersten Block
$(q_0,b,$ϙ$),($ϙ$,q_1)$	Ende des ersten Blocks, Übergang zu q_1
$(q_1,a,$ϙ$),($ϙ$,q_1)$ }	Überlesen weiterer Blocks
$(q_1,b,$ϙ$),($ϙ$,q_1)$ }	
$(q_1,b,$ϙ$),($ϙ$,q_2)$	Umschalten zum Vergleich, Übergang zu q_2
$(q_2,a,a),($ϙ$,q_2)$	Vergleichen mit dem ersten Block
$(q_2,b,$ϙ$),($ϙ$,q_3)$	nicht länger als erster Block, Übergang zu q_3
$(q_3,$ϙ$,a),($ϙ$,q_3)$	Keller räumen
$(q_3,$ϙ$,a),($ϙ$,q_4)$	aktueller Block kürzer als der erste, Übergang zu q_4
$(q_2,a,$ϙ$),($ϙ$,q_4)$	Beenden des Vergleichs vor Blockende (insbesondere bei bereits leerem Keller): aktueller Block länger als der erste, Übergang zu q_4
$(q_4,a,$ϙ$),($ϙ$,q_4)\}$ }	Überlesen des Eingaberestes
$(q_4,b,$ϙ$),($ϙ$,q_4)$ }	

L ist also tatsächlich kontextfrei.

<u>Beweis von Satz 2.19.</u> Wir nehmen im Gegenteil <u>Lende</u> = L(A) an, wobei $A = (Q,\Sigma \cup \{$<u>ende</u>$\},\Gamma,\delta,q,F)$ mit <u>ende</u>$\notin \Sigma$ ein deterministischer Kellerautomat sei. Wie früher schon dürfen wir annehmen, daß bei jedem Schritt dieses Automaten höchstens ein Buchstabe aus dem Keller gelesen wird. Weiter nehmen wir an $Q = Q_1 \cup Q_2$ mit $Q_1 \cap Q_2 = \emptyset$, wobei Q_1 die Menge der Zustände <u>vor</u> dem Lesen von <u>ende</u> sei und Q_2 der Rest $Q \setminus Q_1$. In einem Zustand aus Q_2 soll kein Lesen vom Eingabeband mehr möglich sein, und es soll $F \subseteq Q_2$ gelten. Diese Annahmen bedeuten keine Einschränkung der Allgemeinheit, wir können nämlich Q durch $Q\times\{1,2\}$ ersetzen, q durch (q,1), F durch $F\times\{2\}$ und die Übergänge ((p,u,v), (w,r))

$\in \delta$ durch

  $(((p,1),u,v),(w,(r,1)))$, falls $u \neq$ <u>ende</u>,

  $(((p,1),\underline{ende},v),(w,(r,2)))$, falls $u =$ <u>ende</u>,

ersetzen, außerdem für $((p,\gamma,v),(w,r)) \in \delta$ die Übergänge $(((p,2),\gamma,v),(w,(r,2)))$ hinzufügen. Danach besteht Q_1 genau aus den mit 1 und Q_2 genau aus den mit 2 markierten Zuständen.

Für $p \in Q_2$ sei $L_p = \{w \in \Sigma^* \mid (p,\gamma,w) \vdash_{\overline{A}}^* (r,\gamma,\gamma)$ mit $r \in F\}$, also die Menge der Kellerwörter, die von p aus abgebaut werden können unter Übergang in einen Endzustand. Die Sprache X_p wird durch den folgenden (bis auf eine eventuell fehlende Falle) deterministischen endlichen Automaten A_p akzeptiert, ist also regulär: $A_p = (Q_2,\Gamma,\delta_p,p,F)$ mit $\delta_p(r,\sigma) = r'$ genau dann, wenn

$$(r,\gamma,\sigma) \vdash_{\overline{A}}^* (r',\gamma,\gamma).$$

(Diese Relation ist entscheidbar, aber das ist hier nicht wesentlich.) A_p baut also die Eingaben genau so ab, wie A den Keller, nur daß mehrere Takte zu einem zusammengesetzt sind.
Jetzt gilt tatsächlich

$v = \sigma_1 \ldots \sigma_n \in L_p$ genau dann, wenn

$$(p,\gamma,\sigma_1 \ldots \sigma_n) \vdash_{\overline{A}}^* (q_1,\gamma,\sigma_2 \ldots \sigma_n) \vdash_{\overline{A}}^* \ldots \vdash_{\overline{A}}^* (q_{n-1},\gamma,\sigma_n) \vdash_{\overline{A}}^* (r,\gamma,\gamma)$$

mit $r \in F$,

genau dann, wenn

$$(p,\sigma_1 \ldots \sigma_n) \vdash_{\overline{A_p}} (q_1,\sigma_2 \ldots \sigma_n) \vdash_{\overline{A_p}} \ldots \vdash_{\overline{A_p}} (q_{n-1},\sigma_n) \vdash_{\overline{A_p}} (r,\gamma),$$

genau dann, wenn $w \in L(A_p)$.

Mit L_p ist auch $\Gamma^* \setminus L_p$ regulär. Die Sprache $\Gamma^* \setminus L_p$ werde von einem endlichen deterministischen Automaten A'_p akzeptiert, $A'_p = (Q'_p,\Gamma,\delta'_p,p,F'_p)$. Wir dürfen dabei annehmen:

  1. $Q'_p \cap Q'_r = \emptyset$ für $p,\ r \in Q,\ p \neq r$,

  2. $Q'_p \cap Q = \{p\}$ für $p \in Q_2$.

Es sei δ_2 die Einschränkung von δ auf Q_2, also
$\delta_2 = \{((p,\gamma,u),(v,r)) \in \delta \mid p,\ r \in Q_2\}$, und es gelte weiterhin
$Q' = Q \cup \bigcup\{Q'_p \mid p \in Q_2\}$, [1]
$\delta' = (\delta \setminus \delta_2) \cup \{((r,\gamma,\sigma),(\gamma,r')) \mid \delta'(r,\sigma) = r'$ für ein $p \in Q_2\}$,
$F' = \bigcup\{F'_p \mid p \in Q_2\}$, $A' = (Q',\Sigma \cup \{\underline{ende}\},\Gamma,\delta',q,F')$.

---

[1] $\bigcup\{Q'_p \mid p \in Q_2\}$ bezeichnet die Vereinigung aller Q'_p für $p \in Q_2$.

Die Tätigkeiten von A' und A bezüglich eines beliebigen Eingabewortes w<u>ende</u>$\in \Sigma^*$ <u>ende</u> laufen zunächst parallel. Vom Anfangszustand $q \in Q_1$ aus wird zunächst w gelesen. Währenddessen werden
von A nur Zustände aus Q_1 angenommen, denn A akzeptiert mindestens ein mit w beginnendes Wort. Nach dem Lesen von <u>ende</u> hat
A eine eindeutig bestimmte Konfiguration (p,γ,v) mit $p \in Q_2$.
δ'hat bisher die gleichen Übergänge, A' hat nach dem Lesen von
<u>ende</u> damit ebenfalls die eindeutig bestimmte Konfiguration $(p,\gamma,$
$v)$. Nun gilt

w<u>ende</u> $\in L(A)$ genau dann, wenn $(p,\gamma,v) \vdash_{A}^{*} (f,\gamma,\gamma)$ für ein $f \in F$,

$\qquad$ genau dann, wenn $v \in L(A_p)$, genau dann, wenn $v \notin$

$L(A_p')$.

Weil δ' nach dem Erreichen von p gerade δ_p' simuliert, gilt
$(p,\gamma,v) \vdash_{A'}^{*} (f,\gamma,\gamma)$ für ein $f \in F$ genau dann, wenn $v \in L(A_p')$ und
somit insgesamt

w<u>ende</u> $\in L(A')$ genau dann, wenn $v \in L(A_p')$ genau dann , wenn w<u>ende</u>
$\notin L(A)$, $L(A') = \Sigma^*$<u>ende</u>$\smallsetminus L(A) = \Sigma^*$<u>ende</u>$\smallsetminus L$<u>ende</u>. A' akzeptiert also
eine ebenso wie $\Sigma^* \smallsetminus L$ nicht kontextfreie Sprache. Das ist ein
Widerspruch zu Satz 2.11. Die Annahme, daß A deterministisch
bzw. daß L deterministisch kontextfrei ist, läßt sich nicht
halten, und unser Satz ist bewiesen.

3. Turing-Maschinen

<u>3.1. Grundbegriffe</u>
Kellerautomaten können zum Beispiel nicht solche einfachen
Sprachen akzeptieren wie $\{a^n b^n c^n \mid n \geqslant 0\}$, obwohl anschaulich
offenbar effektiv entschieden werden kann, ob ein Wort diese
Gestalt hat. Ein Kellerautomat mit zwei Kellern würde das Ver-
langte leisten.

Wir fordern allgemeiner: Was anschaulich effektiv entschieden
werden kann, sollte auch von einem idealisierten Computer entschieden werden können.

Deshalb kehren wir zum Ausgangspunkt zurück und betrachten
idealisierte Computer als endliche Geräte, die nur endlich viele
(innere) Zustände annehmen können, die aber anders als die endlichen Automaten nicht nur beliebig endlich viel Zeit in Anspruch nehmen können, sondern auch beliebig endlich viel Raum.
Der idealisierte Computer ist im Raum tätig. Eine nichttriviale
Nutzung des Raumes liegt dann vor, wenn er im Raum Spuren
hinterläßt, die wiederum für die weitere Tätigkeit des Computers
von Bedeutung sind. Dies ist für uns gleichbedeutend damit, daß
der Raum als äußerer Speicher genutzt wird, in den beliebig
(endlich viele) Informationen eingeschrieben und anschließend
auch wieder gelesen werden können.

Der Engländer Alan Mathison Turing (1912 - 1954) hat als erster
die Idee solcher idealisierter Computer gehabt, die nach ihm
Turing-Maschinen genannt werden. Er wollte den intuitiven Begriff des effektiven Verfahrens, des <u>Algorithmus</u>, möglichst
umfassend und zusätzlich möglichst exakt formalisieren. Er ging
von der Idee eines menschlichen Rechners ("Computers") aus, dem
eine endliche Zahl von Instruktionen ausgehändigt wurde, die er
genauestens - mechanisch genau - befolgt. Er verfügt über beliebig viel Papier als Arbeitsmaterial. Der Mensch kann als
endliches Wesen nur endlich viele (geistige und körperliche)
Zustände aufweisen, und er betrachtet zu jedem Zeitpunkt

(höchstens) einen bestimmten endlichen Bereich (fest abgegrenzter Größe, etwa eine Seite) auf dem Papier. Die Vorschriften an den Menschen können nun besagen, daß er etwas liest, daß er etwas schreibt, daß er in seinen Papieren ein Feld (eine Seite) vor- oder zurückblättert (sich dazu eventuell neues leeres Papier geben läßt). Vom Gelesenen soll der Mensch durch Zustandsänderung Kenntnis nehmen. Welche Anweisung jeweils auszuführen ist, hängt demgemäß vom soeben Gelesenen und vom bisherigen Zustand des Menschen ab.

Unwesentlich an der Idee sind sicher der __menschliche__ Rechner und das verwendete __Papier__, auch daß jeweils eine Seite betrachtet wird. Was übrigbleibt, ist der idealisierte Computer, die Turing-Maschine.

Wir bemerken schon, daß der Begriff der Turing-Maschine der allgemeinste theoretische Computerbegriff ist und daß Turing-Maschinen alles können, was irgendwie durch Algorithmen endlich beschreibbar ist. Die Suche nach leistungsfähigeren Automaten bzw. Maschinen hat sich als zwecklos erwiesen (später mehr, Abschnitt 3.2.).
Zunächst beschreiben wir Turing-Maschinen in ähnlicher Weise anschaulich wie früher die Automaten.

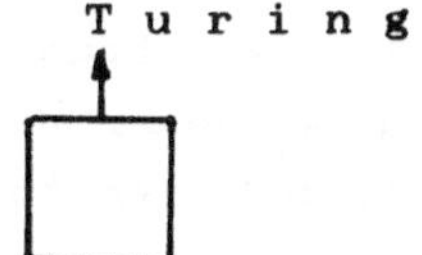

Band
Schreib- und Lesekopf
Steuerwerk

Wie bisher ist eine Turing-Maschine ein schwarzer Kasten, der zu jedem Zeitpunkt genau einen von endlich vielen Zuständen $q_0,\ldots,q_n$ annimmt.

Die Turing-Maschine verarbeitet Informationen, kann sie aufnehmen und ausgeben. Dazu verfügt die Turing-Maschine im einfachsten Falle über einen kombinierten Schreib- und Lesekopf. Dieser Kopf bewegt sich relativ zu einem in Felder eingeteilten endlichen Band. Wie früher steht auf jedem Feld genau ein Buchstabe. Der Kopf kann diese Buchstaben sowohl lesen als auch schreiben; zu dem Zwecke kann er sich auch nach links und rechts bewegen.

Die endlichen deterministischen Automaten hatten jeweils einen Buchstaben "gelesen", d. h. ihren Zustand geändert. Der neue, geänderte Zustand war abhängig vom gelesenen Buchstaben und vom alten Zustand. Der Kopf rückte ein Feld nach rechts, und der nächste Arbeitstakt des Automaten konnte beginnen. Auch die Turing-Maschinen lesen in der gleichen Weise, das "Lesen" drückt sich auch hier darin aus, daß ein neuer Zustand angenommen wird (im - bisher betrachteten - deterministischen Fall eindeutig), bestimmt durch den gelesenen Buchstaben und den alten Zustand. Außerdem aber schreibt die Turing-Maschine. Im gleichen Arbeitstakt gibt die Turing-Maschine also auch einen Buchstaben auf das betrachtete Feld aus. Dies geschieht in der Weise, daß der zu schreibende Buchstabe den selben gelesenen Buchstaben ersetzt, der gelesene also überschrieben wird. (Im allgemeinen Fall kann eine Turing-Maschine auch mehrere Bänder haben, die als Eingabe- und Ausgabebänder spezialisiert sein können, dann kann auf ein Überschreiben der Eingabe verzichtet werden.) Im Ganzen wird also der gelesene Buchstabe durch einen neuen Buchstaben ersetzt, der neue Buchstabe hängt wie der neue Zustand (im deterministischen Fall eindeutig) vom gelesenen Buchstaben und vom alten Zustand ab. Während der Automatenkopf nach dem Lesen ein Feld nach rechts rückt, ist das bei Turing-Maschinen komplizierter: Wenn etwas Geschriebenes später, nach dem Lesen weiterer Eingabebuchstaben, noch verfügbar sein soll, muß der Kopf gleichberechtigt nach rechts oder links bewegt werden können und spätestens zum Schluß auch stehenbleiben dürfen. Wiederum in Abhängigkeit vom gelesenen Buchstaben und vom alten Zustand bewegt sich der Kopf relativ zum Band, also nach rechts oder nach links, oder er bleibt stehen.

Die endlichen Automaten bleiben beim Erreichen des Wortendes stehen. Eine Turing-Maschine soll dann nicht unbedingt stehenbleiben, sondern zum Beispiel hinter das Eingabewort noch Ausgaben schreiben dürfen. Wir vereinbaren, daß beim Erreichen des Bandendes rechts oder links Leerfelder angeklebt werden. Wenn bei unserer Illustration also der Kopf ein Feld nach links zu rücken hat, dann tritt folgende Konfiguration auf:

    T u r i n g

Die Bänder T u r i n g und T u r i n g gelten als identisch, Leerfelder am Anfang oder am Ende zählen nicht mit. Die Verlängerbarkeit des Bandes durch Ankleben bei Bedarf bedeutet daher, daß die Bänder von Turing-Maschinen zwar prinzipiell jederzeit endlich sind, aber doch zugleich potentiell unendlich, sie können beliebig oft verlängert werden. Ebensogut können wir sie als unendliche Bänder ansehen, auf denen fast alle Felder leer sind.

Es ist zweckmäßig, Leerfelder als solche Felder anzusehen, die mit einem Leerzeichen "□" beschrieben sind, das nicht zum Alphabet der Turing-Maschine gehört. Beim Beschreiben eines Leerfeldes wird der alte Buchstabe durch einen "richtigen" Buchstaben aus dem Alphabet ersetzt; ebensogut kann natürlich auch ein Buchstabe ausradiert werden, also der Buchstabe durch □ ersetzt werden.

Somit können wir sagen, daß das Steuerwerk von Turing-Maschinen aus Anweisungen folgender Art besteht:

> "Wenn im Zustand q der Buchstabe σ gelesen wird, dann ersetze σ durch den Buchstaben τ, ersetze q durch den Zustand r und rücke den Kopf ein Feld nach rechts (bzw. ein Feld nach links bzw. bewege ihn nicht)."

Endliche Automaten bleiben am Ende des Eingabewortes stehen. Wir bemerkten schon, daß dies bei Turing-Maschinen kein Grund sein muß, um stehenzubleiben. Wir müssen das Stehenbleiben bei Turing-Maschinen extra vorschreiben, explizit oder auch implizit, in versteckter Form. Wir können Haltezustände vorsehen, bei deren Erreichen sich nichts mehr rührt. Wir können allgemeiner vorsehen, daß bei bestimmten Zuständen q nur das Lesen bestimmter Buchstaben die Tätigkeit der Turing-Maschine beendet, das wären bedingte Haltezustände. Hier wäre im Steuerwerk <u>keine</u> Anweisung

"Wenn ... weiter."

vorhanden. Dieses Konzept ist nicht allgemeiner: Wir können auf die bedingten Haltezustände q zugunsten eines (sogar einzigen) unbedingten Haltezustandes h verzichten, indem wir Anweisungen ergänzen:

Wenn im Zustand q der Buchstabe gelesen wird, so ersetze σ durch σ, ersetze q durch h und rücke den Kopf nicht weiter.

Eine Art (bedingter oder unbedingter) Haltezustand, ein "Quasihaltezustand", wäre auch gegeben, wenn die Turing-Maschine nicht direkt stehenbleibt, aber sich insofern nicht mehr rührt, als sowohl der Zustand, das betrachtete Feld und auch der dort gelesene Buchstabe unverändert bleiben. Wir können Haltezustände und Quasihaltezustände ineinander überführen, indem wir im Steuerteil Anweisungen der Art

"Wenn im Zustand q a gelesen wird, so ersetze a durch a, q durch q und rücke den Kopf nicht weiter."

hinzufügen oder streichen.

Bei endlichen Automaten wollten wir zum Schluß erkennen können, ob ein Wort akzeptiert war oder nicht. Wir teilten zu dem Zweck die Zustände in Endzustände und die restlichen Zustände ein. Auf diese Einteilung können wir verzichten, wenn wir uns die gegenseitige Überführbarkeit von Halte- und Quasihaltezuständen zunutze machen. Ein Wort wird, so werden wir definieren, genau dann akzeptiert, wenn die Turing-Maschine schließlich in einem Haltezustand stehenbleibt. Wenn ein Wort nicht akzeptiert wird, dann läuft die Turing-Maschine unendlich lange weiter, eventuell im Leerlauf (in einem Quasihaltezustand).

Definition 3.1. Eine <u>Turing-Maschine</u> (Q,Σ,δ,q) ist gegeben durch:

1. eine endliche Menge Q von <u>Zuständen</u>,
2. ein endliches <u>Alphabet</u> Σ mit $\square \notin \Sigma$, $\square$ ist der <u>Leerbuchstabe</u>,
3. einen <u>Anfangszustand</u> $q \in Q$,
4. eine <u>Überführungsfunktion</u> (<u>Programm</u>) δ aus $Q \times (\Sigma \cup \{\square\})$ in $(\Sigma \cup \{\square\}) \times \{0,+,-\} \times Q$.

$\delta(p,\sigma) = (\tau,z,r)$ bedeutet die "Anweisung" (den "Befehl"): Wenn der Kopf im Zustand p über einem Feld mit dem Buchstaben σ (evtl. $\square$) steht, dann wird

1) σ in diesem Feld durch τ (evtl.□) ersetzt (für τ = □ wird σ
   ausradiert, für σ = □ lediglich τ eingeschrieben),
2) der Kopf im Falle von z = + um ein Feld nach rechts bewegt
   (bei Bedarf ein Leerfeld, ein Feld mit "□", angefügt),
        im Falle von z = - um ein Feld nach links bewegt
   (bei Bedarf ein Leerfeld angefügt),
        im Falle von z = 0 nicht bewegt,
3) der neue Zustand r angenommen.

Falls für $p \in Q, \sigma \in \Sigma \cup \{□\}$ ein Funktionswert $\delta(p,\sigma)$ nicht definiert
ist, haben wir einen (bedingten) Haltezustand, die Turing-Ma-
schine bleibt stehen.

Beispiel. Wir betrachten die Turing-Maschine M = (Q,Σ,δ,q) mit
Q = $\{q\}$, Σ = $\{a\}$, δ = $\{((q,a),(□,+,q))\}$. Sie wird am übersicht-
lichsten durch die "Turingtafel"

δ	a	□
q	(□,+,q)	—

gegeben. Die Wirkung ist die: Von der aktuellen Position an bewegt sich der Kopf nach rechts und radiert alle a aus, bis er
auf ein Leerfeld trifft. Mangels einer Anweisung ist ein bedingter Haltezustand erreicht, und die Turing-Maschine bleibt
stehen. Diese Tätigkeit können wir analog wie bei endlichen
Automaten illustrieren:

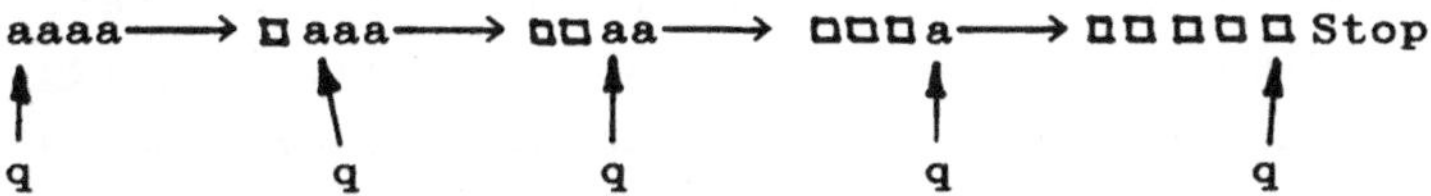

Beispiel. Wir betrachten eine Turing-Maschine M = (Q,Σ,δ,q).
Für $\delta(p,\sigma)$ = (τ,z,q) mit $\sigma \in \Sigma$ gelte grundsätzlich $\sigma = \tau$, z = +.
Falls $\sigma(p,□)$ definiert ist, so gelte $\sigma(p,□)$ = $(□,0,p)$. M
entspricht dann einem endlichen Automaten (Q,Σ,δ',F) mit $\delta'(p,\sigma)$
= q für $\delta(p,\sigma)$ = (σ,z,q) und $p \in F$ genau dann, wenn $\delta(p,□)$ nicht
definiert ist.

Die Konfigurationen müssen wir etwas anders definieren als bei
endlichen Automaten, wir können keinen gelesenen vom ungelesenen
Eingabewortteil unterscheiden, außerdem sind führende und ab-
schließende Leerzeichen zu ignorieren.

Definition 3.2. Eine <u>Konfiguration</u> einer Turing-Maschine (Q,Σ,δ,q) ist ein Tripel (p,u,v) mit $p \in Q$, u, $v \in \Sigma^*$. Wir sehen dabei die Konfigurationen (p,u,v), $(p,\Box u,v)$ und $(p,u,v\Box)$ als gleich an. Wenn u nicht mit $\Box$ beginnt und v nicht mit $\Box$ endet, ist die Konfiguration (p,u,v) in <u>reduzierter Darstellung</u> gegeben.

Eine Konfiguration (p,u,v) bedeutet inhaltlich: Die Bandinschrift (spätestens vom ersten Buchstaben ungleich $\Box$ an bis mindestens zum letzten Buchstaben ungleich $\Box$) ist uv, und der Kopf steht am linken Ende von v.

Falls $v = \sigma v'$, so notieren wir statt (p,u,v) auch $u \underset{\uparrow\,p}{\sigma} v'$.

Definition 3.3. Es sei $M = (Q,\Sigma,\delta,q)$ eine Turing-Maschine, u, v, $\in (\Sigma \cup \{\Box\})^*$, $\varrho,\sigma,\tau \in \Sigma \cup \{\Box\}$, p, $r \in Q$. Falls $\delta(p,\sigma) = (\tau, 0, r)$, so gelte $(p,u,\sigma v) \vdash_M (r,u,\tau v)$; falls $\delta(p,\sigma) = (\tau,-,r)$, so gelte $(p,u\varrho,\sigma v) \vdash_M (r,u, \varrho\tau v)$; falls $\delta(p,\sigma) = (\tau,+,r)$, so gelte $(p,u, \sigma v) \vdash_M (r,u\tau,v)$. In anderen Fällen sei die Relation $\vdash_M$ nicht definiert ($\vdash_M$ repräsentiert damit eine Funktion aus der Menge der Konfigurationen in die Menge der Konfigurationen.). Im Falle von $K_1 \vdash_M K_2$ sagen wir, daß die Konfiguration K_1 unmittelbar in die Konfiguration K_2 <u>übergeht</u>.

Wie bei Automaten ist $\vdash_M^*$ (... <u>geht über in</u>...) die transitive und reflexive Hülle von $\vdash_M$. Der Index M kann in geeigneten Fällen wegbleiben. Eine Konfiguration K ist eine <u>Haltekonfiguration</u>, falls es keine Konfiguration K' gibt mit $K \vdash K'$; K ist eine <u>Quasihaltekonfiguration</u>, falls gilt $K \vdash K$. Eine Konfiguration (p,u,v) ist eine <u>Anfangskonfiguration</u>, falls $p = q$, $u = \gamma$ und v nicht mit $\Box$ beginnt (insbesondere ist (q,γ,γ) eine Anfangskonfiguration). M ist auf ein Wort w <u>anwendbar (quasianwendbar)</u>, falls es eine Halte-(Quasihalte-)Konfiguration K gibt mit $(q,\gamma,w) \vdash_M^* K$. Die von M <u>akzeptierte Sprache</u> $L(M)$ ist die Menge der Wörter über Σ, auf die M anwendbar ist. Falls M auf jedes Wort über Σ anwendbar oder quasianwendbar ist (die Maschine also, im Anfangszustand angesetzt auf das linke Ende eines beliebigen Wortes, irgendwann stoppt - eine Haltekonfiguration erreicht hat - oder stationär wird - eine Quasihaltekonfiguration erreicht hat), so wird $L(M)$ durch M <u>entschieden</u>. Eine

Sprache ist <u>entscheidbar</u> genau dann, wenn es eine Turing-Maschine gibt, die sie entscheidet.

M <u>führt</u> u <u>in</u> v <u>über</u>, falls $(q,\uparrow,u)\vdash^{*}_{M}(p,v_1,v_2)$, (p,v_1,v_2) eine Haltekonfiguration ist, $v_1v_2 = v$ ist und v nicht mit $\square$ beginnt oder endet. Wir schreiben dann $u\xrightarrow{M}v$ beziehungsweise $u\longrightarrow v$, falls sich M aus dem Zusammenhang ergibt. Es seien Σ_0 und Σ_1 Alphabete $\subseteq\Sigma$. f sei eine Funktion aus Σ_0^{*} in Σ_1^{*}. M <u>berechnet</u> f, falls M auf $w\in\Sigma_0^{*}$ genau dann anwendbar ist, wenn $w\in Db(f)$ und im Falle der Anwendbarkeit $w\xrightarrow{M}f(w)$ gilt (es ist nichts darüber gesagt, was M mit dem Wörtern aus $\Sigma^{*}\setminus\Sigma_0^{*}$ macht). f ist <u>berechenbar</u> genau dann, wenn es eine Turing-Maschine gibt, die f berechnet.

In Beispielen schreiben wir auch $\longrightarrow$ statt $\vdash$.

<u>Anmerkung.</u> Jede entscheidbare Sprache wird nach Definition durch eine Turing-Maschine akzeptiert, das Umgekehrte gilt aber nicht. Falls M im Sinne des letzten Beispiels einem endlichen Automaten entspricht, so wird genau die "richtige" Sprache akzeptiert.

<u>Beispiel.</u> Es sei $\Sigma = \Sigma_0 = \Sigma_1 = \{a,b\}$, $f(w)$ gehe aus $w\in\Sigma^{*}$ dadurch hervor, daß die Buchstaben a und b gegenseitig ausgetauscht werden. f ist berechenbar durch $M = (\{q\},\Sigma,\delta,q)$ mit:

	$\square$	a	b
q	-	(b,+,q)	(a,+,q)

Die Berechnung vollzieht sich nach dem Muster
$$aab\longrightarrow bab\longrightarrow bbb\longrightarrow bba\square \text{ Stop, also } aab\xrightarrow{*} bba.$$
$$\uparrow\qquad\uparrow\qquad\uparrow\qquad\uparrow$$
$$q\qquad q\qquad q\qquad q$$

<u>Beispiel.</u> Es sei $L = (a\cup b)^{*}a(a\cup b)^{*}$ (die Menge der Wörter über $\{a,b\}$, die wenigstens ein a enthalten). L wird akzeptiert, aber nicht entschieden durch eine Turing-Maschine mit der Überführungsfunktion

δ	a	b	$\square$
q	-	(b,+,q)	($\square$,+,q)

und akzeptiert <u>und</u> entschieden durch eine Turing-Maschine mit folgender Überführungsfunktion:

δ	a	b	⊡
q	-	(b,+,q)	(⊡,0,q)

Beispiel. $\Sigma = \{|\}$, $L = \{|^n \mid n$ ist gerade$\}$. L ist entscheidbar durch $M = (\{q_0,q_1\},\{|\},\delta,q_0)$ mit:

δ	⊡		
q_0	-	($	$,+,$q_1$)
q_1	(⊡,0,q_1)	($	$,+,$q_0$)

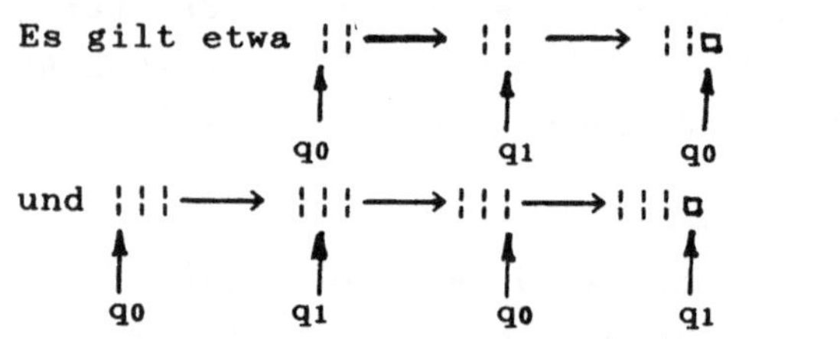

Es gilt etwa $|| \longrightarrow || \longrightarrow ||$⊡   Stop, $||$ wird akzeptiert,

und $||| \longrightarrow ||| \longrightarrow ||| \longrightarrow |||$⊡   stationär, $|||$ wird nicht akzeptiert.

Bemerkung. Eine Sprache $L \subseteq \Sigma^*$ ist genau dann entscheidbar, wenn ihre charakteristische Funktion χ berechenbar ist, also die Funktion χ mit

$\chi(w) = 1$ für $w \in L$,

$\chi(w) = 0$ für $w \notin L$,

(für 1 und 0 können zwei beliebige verschiedene Buchstaben treten).

Beweisskizze: Um eine Entscheidungsmaschine für L zu einer Berechnungsmaschine für die charakteristische Funktion von L zu ergänzen, schreibe man in jeder Haltekonfiguration (Quasihaltekonfiguration) eine 1 (0) auf das Band und radiere den Rest der Inschrift aus. Wenn wir voraussetzen, daß die Entscheidungsmaschine kein ⊡ schreibt oder stehenläßt (dieses gegebenenfalls durch einen neuen Buchstaben ersetzen), so können wir ein solches Ausradieren bewirken, indem wir die Befehle

δ	σ	⊡
p	(σ,+,p_+^τ)	-
p_+^τ	(σ,+,p_+^τ)	(⊡,-,p_-^τ)
p_-^τ	(⊡,-,p_-^τ)	(τ,0,p_0)
p_0	-	-

für Halte-(Quasihalte)Konfigurationen (p,γ,σ), $\sigma \in \Sigma$, τ gleich 1 (0) hinzufügen, beim Quasihalt (τ=0) dafür den bisherigen Übergang $\delta(p,\sigma) = (\sigma,0,p)$ streichen. - Damit umgekehrt aus einer Berechnungsmaschine für χ eine Entscheidungsmaschine entstehen kann, brauchen wir nur immer dann, wenn $\delta(p,0)$ nicht definiert ist, den Übergang $(p,0) = (0,0,p)$ hinzufügen und so $(p,\mathfrak{f},0)$ zu einer Quasihaltekonfiguration zu machen.

Die berechenbaren Funktionen sind wie folgt zu verallgemeinern:

Definition 3.4. Es sei M eine Turing-Maschine mit dem Alphabet Σ, f eine partielle "k-stellige Wortfunktion", also eine Funktion aus $(\Sigma_0^*)^k$ in Σ_1^* für Alphabete $\Sigma_0, \Sigma_1 \subseteq \Sigma$. M **berechnet** f genau dann, wenn es ein "Trennzeichen" $\sigma \in \Sigma \setminus \Sigma_0$ gibt, so daß M auf ein Wort w gleich $w_1 \sigma w_2 \sigma \ldots \sigma w_k$ mit $w_1, \ldots w_k \in \Sigma_0^*$ genau dann anwendbar ist, wenn $(w_1,w_2,\ldots,w_k) \in Db(f)$ ist und im Falle der Anwendbarkeit $w \xrightarrow{M} f(w_1,\ldots,w_k)$ gilt. f ist **berechenbar** genau dann, wenn es eine Turing-Maschine gibt, die f berechnet.

Definition 3.5. Es sei f eine Funktion aus N^k in N (eine k-stellige arithmetische Funktion). f ist genau dann berechenbar, wenn die Funktion g mit $g(\mathfrak{f}^{n_1}, \mathfrak{f}^{n_2}, \ldots \mathfrak{f}^{n_k}) = \mathfrak{f}^n$ genau für $f(n_1,\ldots,n_k) = n$ berechenbar ist.

Die natürliche Zahl n wird also durch das Wort $\mathfrak{f}^n$ kodiert.

Die Turing-Maschinen rechnen nach dieser Definition nicht etwa im Binärsystem mit zwei Ziffern 0 und 1, sondern in einem Unärsystem mit der einzigen Ziffer $\mathfrak{f}$ und einem Trennzeichen. Wir hätten indessen gleichwertig auch auf das binäre oder ein anderes übliches Zahlensystem orientieren können; wir haben das begrifflich einfachste genommen, wenn auch nicht das im Sinne der Rechenkomplexität einfachste.

Beispiel. Die konstante Nullfunktion, das heißt, die Funktion f mit $f(n) = 0$ für jedes natürliche n, ist berechenbar durch eine Turing-Maschine mit der Überführungsfunktion:

δ	$\mathfrak{f}$	$\square$
q	$(\square,+,q)$	—

Beispiel. Die Nachfolgerfunktion $f(n) = n'$ ist berechenbar durch die Turing-Maschine $(\{q_0,q_1\},\{\mathfrak{f}\},\delta,q_0)$ mit:

δ	$\vert$	$\square$
q_0	$(\vert,+,q_0)$	$(\vert,+,q_1)$
q_1	—	—

Beispiel. Die Addition ist berechenbar. Die Turing-Maschine
$(\{q_0,q_1\},\{\vert,,\},\delta,q_0)$ mit

δ	$\vert$	,	$\square$
q_0	$(\vert,+,q_0)$	$(\vert,+,q_0)$	$(\square,-,q_1)$
q_1	$(\square,0,q_1)$	—	—

leistet das Verlangte.

$1+2 = 3$: $\vert,\vert\vert \rightarrow \vert,\vert\vert \rightarrow \vert\vert\vert\vert \rightarrow \vert\vert\vert\vert \rightarrow \vert\vert\vert\square \rightarrow \vert\vert\vert\square \rightarrow \vert\vert\square\square$ Stop;

$\qquad\quad q_0 \qquad q_0 \qquad q_0 \qquad q_0 \qquad q_0 \qquad q_1 \qquad q_1$

$0+0 = 0$: $, \rightarrow \vert \rightarrow \vert\square \rightarrow \vert\square \rightarrow \square\square$ Stop.

$\qquad\quad q_0 \quad q_0 \quad q_0 \quad q_1 \quad q_1$

Definition 3.6. Eine Teilmenge T von N^k ist <u>entscheidbar</u> genau
dann, wenn die entsprechende Menge der $\vert^{n}1, \vert^{n}2,\ldots, \vert^{n}k$ mit
$(n_1,\ldots,n_k)\in T$ eine entscheidbare Sprache über dem Alphabet
$\{\vert,,\}$ ist.
Beispiel. Die Menge der geraden Zahlen ist entscheidbar.
Der Begriff der Entscheidbarkeit wird vielfach allgemeiner als
in den Definitionen 3.3. und 3.6. gebraucht.

Definition 3.7. Es seien L_1 und L_2 Sprachen (bzw. analog Teilmengen von N^k) mit $L_1 \subseteq L_2$. L_1 ist genau dann eine <u>entscheidbare
Teilmenge</u> von L_2, wenn es eine Turing-Maschine gibt, die auf
alle Wörter von L_2 anwendbar oder quasianwendbar ist und
innerhalb von L_2 genau auf die Wörter von L_1 anwendbar ist.

Definition 3.8. Eine Menge ist <u>aufzählbar</u> genau dann, wenn sie
leer oder Wertebereich einer berechenbaren Funktion über den
natürlichen Zahlen (von $\{\vert\}^*$ in irgendein Σ^*) ist.
Man vergleiche diese Definition mit einer analogen Definition
der Abzählbarkeit:

Eine Menge ist abzählbar genau dann, wenn sie leer oder Wertebereich einer Funktion über den natürlichen Zahlen ist.

Das Neue ist also die Berechenbarkeit der aufzählenden Funktion. Bei einer aufzählbaren nichtleeren Menge A gibt es also eine berechenbare Funktion a, deren Werte a(0), a(1), a(2), ... alle Elemente von A ergeben, wenngleich in der Regel mit Wiederholung.

<u>Beispiel.</u> Die Menge der geraden Zahlen ist aufzählbar, weil die arithmetische Funktion $n \longrightarrow n+n$ berechenbar ist.

Die aufzählbaren Mengen sind genau die Turing-akzeptierbaren Sprachen. Wir begründen das später. Entsprechend ergibt sich dann mit der Bemerkung nach Definition 3.3., daß jede entscheidbare Menge aufzählbar ist, aber nicht umgekehrt. Wir erwähnen auch schon:

Wenn eine Sprache samt ihrem Komplement aufzählbar ist, so ist sie entscheidbar.

An Stelle eines Beweises hierfür, der an dieser Stelle verfrüht wäre, folgende Hinweise:

Man nehme eine Aufzählung a für die Sprache A und eine Aufzählung b für die Komplementsprache $\Sigma^* \setminus A$. Für jedes $x \in A$ berechne man nacheinander a(0), b(0), a(1), b(1)..., a(n), b(n),..., bis irgendein a(n) oder b(n) gleich x ist. Inhaltlich gesehen, lasse man also zwei Turing-Maschinen parallel laufen und warte ab, bis eine das x gefunden hat. Die formale Darstellung dieses Algorithmus durch ein Turing-Maschinen-Programm möge der Leser nachholen, wenn er einige Erfahrung mit Turing-Maschinen gesammelt hat. Dann wird ihm eine Realisierung auf einer Drei-Band-Maschine am leichtesten fallen: auf Band 1 sind nacheinander die Argumente 0, 1, 2,... einzutragen, auf Band 2 werden die Werte a(i), auf Band 3 die Werte b(i) notiert, a(i) und b(i) schließlich mit x verglichen; Halt bzw. Quasihalt tritt bei Identität auf.

Nun soll an einem Beispiel demonstriert werden, wie eine Turing-Maschine für ein bestimmtes Problem zu konstruieren ist. Wir stellen uns die Aufgabe, ein beliebiges Wort w über einem gegebenen Alphabet in w□w zu überführen, d. h., wir wollen eine Kopiermaschine bauen.

Die Ausgangskonfiguration ist von der Art:
$$\sigma_1 \ldots \sigma_n \;.$$
$$\uparrow$$
$$q_0$$

Wenn die Aufgabe bereits teilweise erfüllt ist, haben wir etwa
die Konfiguration
$$\sigma_1 \ldots \sigma_i \ldots \sigma_n \;\square\; \sigma_1 \ldots \sigma_{i-1} \;,$$
$$\uparrow$$
$$q_0$$

so daß sich eine induktive Vorgehensweise anbietet.
Wir benötigen eine Turing-Maschine M_1, die sich den soeben
gelesenen Buchstaben merkt, ebenso auch seinen Platz, dann den
Kopf nach rechts bewegt und den gemerkten Buchstaben beim
zweiten erkannten Leerzeichen wieder ablädt. Dann haben wir eine
Konfiguration
$$\sigma_1 \ldots \sigma_{i-1} \square\; \sigma_{i+1} \ldots \sigma_n \;\square\; \sigma_1 \ldots \sigma_{i-1}\; \sigma_i \;,$$
$$\uparrow$$
$$q_i$$

wobei sich M_1 die Stelle des gelesenen σ_i etwa dadurch merkt,
daß sie diesen Buchstaben vorübergehend ausradiert.
Dann brauchen wir eine Turing-Maschine M_2, die sich den nun
wiederum gelesenen Buchstaben σ_i erneut merkt, den Kopf nach
links bewegt, den gemerkten Buchstaben beim zweiten Leerfeld
(der gemerkten Stelle) zurückschreibt (damit die Stellenmar-
kierung wieder aufgibt) und dann den Kopf um ein Feld nach
rechts rückt. Wir haben dann wiederum eine zur Anfangskonfiguration analoge Konfiguration
$$\sigma_1 \ldots \sigma_{i+1} \ldots \sigma_n \square\; \sigma_1 \ldots \sigma_i \;,$$
$$\uparrow$$
$$q_0$$

und die Induktion kann ihren Fortgang nehmen.
Wir können die Funktionsweise der gesuchten Turing-Maschine
durch ein Maschinendiagramm wie folgt beschreiben:

$$\longrightarrow M_1 \xrightarrow{\;+\;\square\;} M_2$$
$$\square \downarrow$$
$$\text{Stop}$$

$\longrightarrow M_1$ soll dabei die zunächst angewendete Turing-Maschine markieren, analog zum Anfangszustand bei den Diagrammen für end-

liche Automaten. $\xrightarrow{\neq\Box}$ soll die Übergabe symbolisieren, wenn der gelesene Buchstabe von $\Box$ verschieden ist, $\xrightarrow{\Box}$ die Übergabe, wenn er gleich $\Box$ ist. $\longrightarrow$ ist eine unbedingte Übergabe.

Wir konstruieren M_1 und M_2 zunächst getrennt. σ, τ bezeichnet im folgenden beliebige Buchstaben $\in \Sigma$.

M_1:

δ_1	$\Box$	σ	
q_0	——	$(\Box, +, p_\sigma)$	Buchstaben und Stelle merken
p	$(\Box, +, p'_\tau)$	$(\sigma, +, p_\tau)$	nach rechts bis $\Box$
p'	$(\tau, 0, q_1)$	$(\sigma, +, p'_\tau)$	nach rechts bis $\Box$, σ eintragen
q_1	——	——	

M_2:

δ_2	$\Box$	σ	
q_1	—	$(\sigma, -, r_\sigma)$	Buchstaben wieder merken
r	$(\Box, -, r'_\tau)$	$(\sigma, -, r_\tau)$	nach links bis $\Box$
r'	$(\tau, +, q_0)$	$(\sigma, -, r'_\tau)$	nach links bis $\Box$, σ eintragen, nach rechts
q_0	——	——	

Aus M_1 und M_2 ist nun _eine_ Turing-Maschine zusammenzufügen. Beim Zusammenfügen zweier Teil-Turing-Maschinen M' und M'' entsprechend einem Pfeil $M' \xrightarrow{\sigma} M''$ im Maschinendiagramm ist vorauszusetzen, daß die Übergänge innerhalb von M' und M'' disjunkt sind (für die Überführungsrelationen δ'_Σ und δ''_Σ von M' und M'' muß also $\delta' \cap \delta'' = \emptyset$ gelten), dann ist zu jeder mit dem Lesen von σ verbundenen Haltekonfiguration von M' ein zusätzlicher Übergang ohne Lesen, Schreiben, Kopfrücken zu einer Konfiguration mit dem Anfangszustand von M'' zu $\delta' \cup \delta''$ hinzuzufügen, sofern der bedingte Haltezustand von M' und der Anfangszustand von M'' nicht schon identisch sind. Bei unserem einfachen Beispiel ergibt sich:

δ	$\Box$	σ
q_0	——	$(\Box, +, p_\sigma)$
p_τ	$(\Box, +, p'_\tau)$	$(\sigma, +, p_\tau)$
p'_τ	$(\tau, 0, q_1)$	$(\sigma, +, p_\tau)$
q_1	——	$(\sigma, -, r_\sigma)$
r_τ	$(\Box, -, r'_\tau)$	$(\sigma, -, r_\tau)$
r'_τ	$(\tau, +, q_0)$	$(\sigma, -, r'_\tau)$

Wir können das Resultat des Zusammenfügens eventuell noch vereinfachen, hier ist q_1 überflüssig:

δ	$\square$	σ
q	——	$(\square,+,p_\sigma)$
p_τ	$(\square,+,p'_\tau)$	$(\sigma,+,p_\tau)$
p'_τ	$(\tau,-,r_\tau)$	$(\sigma,+,p'_\tau)$
r_τ	$(\square,-,r'_\tau)$	$(\sigma,-,r_\tau)$
r'_τ	$(\tau,+,q)$	$(\sigma,-,r'_\tau)$

$M = (Q,\Sigma,\delta,q)$ mit $Q = \{q\} \cup \bigcup_{\sigma \in \Sigma} \{p_\sigma,p'_\sigma,r_\sigma,r'_\sigma\}$ leistet das Verlangte, die Indizierung p_σ, ..., r'_σ soll bedeuten, daß der Buchstabe σ durch Zustandswechsel gemerkt wurde. Im Beispiel arbeitet M etwa wie folgt:

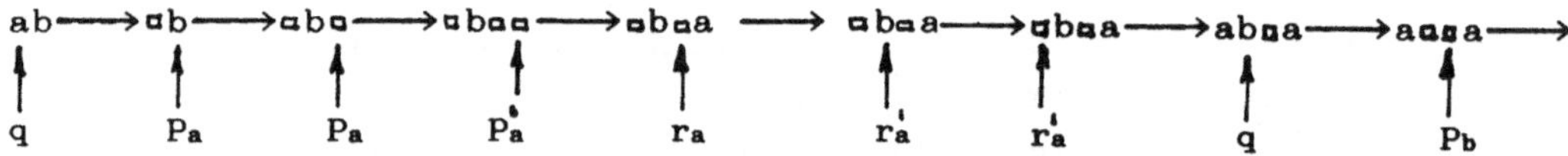

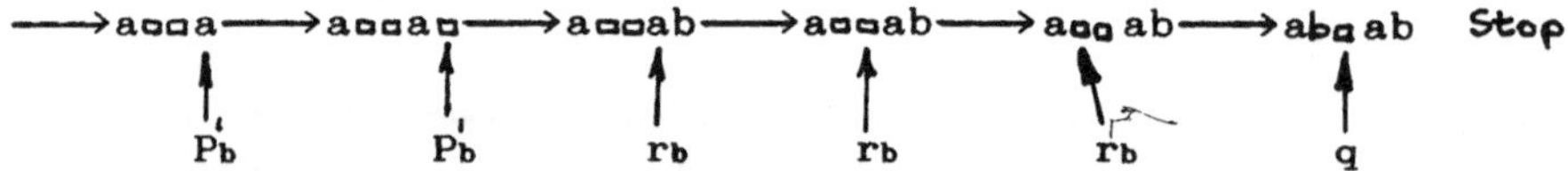

Man benötigt die Kopiermaschine zum Beispiel, um nachzuweisen, daß die Multiplikation von Zahlen berechenbar ist. Hier haben wir also Wörter der Gestalt $|^n*|^m$ in $|^{n \cdot m}$ zu überführen. Wir goben gleich ein Maschinendiagramm an und erläutern dann die Bestandteile. Dabei besteht die Grundidee darin, den zweiten Faktor so oft zu kopieren (aneinanderzuhängen, also zu addieren), wie durch den ersten Faktor angegeben wird.

M_0 ist eine Turing-Maschine, die lediglich den ersten Buchstaben liest und sich diesen durch Zustandsänderung merkt; sie hat die Fallunterscheidung zwischen gelesenem Trennzeichen * (erster Faktor gleich Null) und | (erster Faktor ungleich Null) zu gewährleisten. Im ersten Fall hat die Maschine M_1 alle Buchstaben zu löschen. Eine solche Maschine haben wir bereits vorgestellt.

M_2 löscht jeweils einen Strich des ersten Faktors, die verbliebene Anzahl gibt jeweils an, wie oft der zweite Faktor noch hinten anzufügen (zu kopieren, zu addieren) ist. Falls jetzt * gelesen wird, tritt die Maschine M_3 in Aktion, die die Aufgabe des Verdichtens hat: alle Trennzeichen * sind zu löschen und die Striche ¦ zusammenzurücken. M_4 dagegen hat die Aufgabe, den letzten ¦-Block nach einem Trennzeichen hinten noch einmal anzufügen, M_5 besorgt den Rücklauf des Kopfes.

Es ergeben sich mit $\Sigma = \{¦,*\}$

$M_0 = (Q_0,\Sigma,\delta_0,q_0)$ mit $Q_0 = \{q_0,q_1,q_2\}$ und

δ_0	*	¦	$\square$
q_0	$(*,0,q_1)$	$(¦,0,q_2)$	—
q_1	—	—	—
q_2	—	—	—

,

$M_1 = (Q_1,\Sigma,\delta_1,q_{10})$ mit $Q_1 = \{q_{10}\}$ und

δ_1	*	¦	$\square$
q_{10}	$(\square,+,q_{10})$	$(\square,+,q_{10})$	—

$M_2 = (Q_2,\Sigma,\delta_2,q_{20})$ mit $Q_2 = \{q_{20},q_{21}\}$ und

δ_2	*	¦	$\square$
q_{20}	—	$(\square,+,q_{21})$	—
q_{21}	—	—	—

,

$M_3 = (Q_3,\Sigma,\delta_3,q_{30})$ mit $Q_3 = \{q_{30},q_{31},q_{32}\}$ und

δ_3	*	¦	$\square$
q_{30}	$(¦,-,q_{31})$	$(¦,+,q_{30})$	—
q_{31}	—	$(¦,-,q_{31})$	$(\square,+,q_{32})$
q_{32}	—	$(\square,+,q_{30})$	—

,

$M_4 = (Q_4,\Sigma,\delta_4,q_{40})$ mit $Q_4 = \{q_{40},\ldots,q_{43}\}$ und

δ_4	$*$	¦	$\square$
q_{40}	$(*,+,q_{40})$	$(¦,+,q_{40})$	$(*,-,q_{41})$
q_{41}	——	$(\square,+,q_{42})$	——
q_{42}	$(*,+,q_{42})$	$(¦,-,q_{43})$	$(¦,-,q_{43})$
q_{43}	$(*,-,q_{43})$	$(¦,-,q_{43})$	$(¦,-,q_{41})$

,

$M_5 = (Q_5,\Sigma,\delta_5,q_{50})$ mit $Q_5 = \{q_{50},q_{51}\}$ und

δ_5	$*$	¦	$\square$
q_{50}	$(*,-,q_{50})$	$(¦,-,q_{50})$	$(\square,+,q_{51})$
q_{51}	——	——	——

.

Um die Übergänge zwischen den Teilmaschinen zu realisieren, sind zu ergänzen: $\delta'(q_1,*) = (*,0,q_{10})$, $\delta'(q_2,¦)=(¦,0,q_{20})$, $\delta'(q_{21},*) = (*,0,q_{30})$, $\delta'(q_{21},¦) = (¦,0,q_{40})$, $\delta'(q_{41},*) = (*,0,q_{50})$, $\delta'(q_{51},¦) = (¦,0,q_{20})$, und wir haben mit
$M = (Q_0 \cup Q_1 \cup Q_2 \cup Q_3 \cup Q_4 \cup Q_5,\Sigma,\delta_0\cup\delta_1\cup\delta_2\cup\delta_3\cup\delta_4\cup\delta_5\cup\delta',q_0)$ die gewünschte Multipliktionsmaschine. Das Ergebnis wird offenbar einfacher, wenn wir folgende Änderungen vornehmen: $\delta(q_0,*) = (\square,+,q_{10})$, $\delta(q_0,¦) = (\square,+,q_{21})$, $\delta(q_{21},*) = (¦,-,q_{31})$, $\delta(q_{21},¦) = (¦,+,q_{40})$, $\delta(q_{41},*) = (*,-,q_{50})$, $\delta(q_{51},¦) = (\square,+,q_{21})$;
hierdurch werden die Zustände q_1, q_2 q_{20} und der Übergang $\delta(q_{10},*)$ überflüssig. Wir haben dann insgesamt als Turingtafel:

δ	$*$	¦	$\square$
q_0	$(\square,+,q_{10})$	$(\square,+,q_{21})$	——
q_{10}	——	$(\square,+,q_{10})$	——
q_{21}	$(¦,-,q_{31})$	$(¦,+,q_{40})$	——
q_{30}	$(¦,-,q_{31})$	$(¦,+,q_{30})$	——
q_{31}	——	$(¦,-,q_{31})$	$(\ ,+,q_{32})$
q_{32}	——	$(\square,+,q_{30})$	——
q_{40}	$(*,+,q_{40})$	$(¦,+,q_{40})$	$(*,-,q_{41})$
q_{41}	$(*,-,q_{50})$	$(\square,+,q_{42})$	——
q_{42}	$(*,+,q_{42})$	$(¦,+,q_{42})$	$(¦,-,q_{43})$
q_{43}	$(*,-,q_{43})$	$(¦,-,q_{43})$	$(¦,-,q_{41})$
q_{50}	$(*,-,q_{50})$	$(¦,-,q_{50})$	$(\square,+,q_{51})$
q_{51}	——	$(\ ,+,q_{21})$	——

Ob eine weitere Vereinfachung möglich ist, soll dahingestellt
bleiben.

Die Kopieraufgabe wie auch erst recht die Multiplikationsaufgabe ist durch die Turing-Maschinen ziemlich kompliziert
gelöst worden; die Turingtafel ist, gemessen an der Einfachheit
der algorithmischen Idee, auch kompliziert. Es stellt sich die
Frage, ob die (bewußt einfach gehaltene) Turing-Maschine
wirklich das Universalwerkzeug ist. Vielleicht kann man mit
allgemeineren, mächtigeren Werkzeugen mehr erreichen, mehr
Funktionen mit weniger Aufwand berechnen. Wir sehen schon im
nächsten Abschnitt, daß mehr Funktionen nicht berechnet werden,
daß aber der Aufwand sich zuweilen tatsächlich senken läßt.

3.2. Einige Verallgemeinerungen von Turing-Maschinen

Sehen wir uns zunächst noch einmal die Kopiermaschine an. Um
Wörter über dem Alphabet Σ zu kopieren, benötigte unsere Bei-
spielmaschine $4*card(\Sigma) + 1$ Zustände und $9*card(\Sigma)$ Befehle.
Jeder zu kopierende Buchstabe war um Wortlänge + 1 nach rechts
zu verschieben, Aufwand (Wortlänge +1) Takte, dann ein Feld nach
rechts, 1 Takt, das ganze Wortlänge-mal, insgesamt also Wortlänge * (2*Wortlänge + 3) Takte.
Stellen wir uns für die gleiche Aufgabe eine 2-Band-Turing-
Maschine vor:

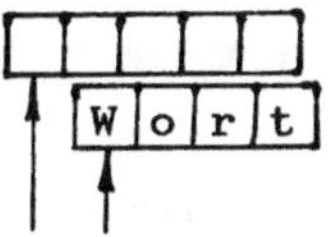

Auf zwei Bändern bewegt sich unabhängig voneinander je ein
Schreib- und Lesekopf. Was jeder der beiden Köpfe zu einem
bestimmten Zeitpunkt tut, hängt ab von
   1) dem aktuellen Zustand,
   2) dem vom ersten Kopf gelesenen Buchstaben,
   3) dem vom zweiten Kopf gelesenen Buchstaben.
Für die Kopieraufgabe gehen zunächst beide Köpfe simultan nach
rechts, wobei der zweite Kopf immer das schreibt, was der erste
Kopf liest. Wir beschreiben diesen Vorgang durch eine 2-Band-
Turingtafel wie folgt

alter Zustand	gelesen Band 1	Band 2	Tätigkeit Kopf 1	Kopf 2	neuer Zustand
q_0	σ	$\square$	$(\sigma,+)$	$(\sigma,+)$	q_0
q_0	$\square$	$\square$	—	—	—

was bedeuten soll: Wenn im Zustand q_0 der 1. Kopf einen Buchstaben ungleich $\square$ liest und der 2. Kopf $\square$ liest, dann wird jener Buchstabe auf das Band 2 übertragen, der Zustand ändert sich nicht, und beide Köpfe rücken nach rechts. Bei der Verwendung von Band 1 als Eingabe- und von Band 2 als Ausgabeband haben wir somit eine 2-Band-Maschine mit einem einzigen Zustand und card (Σ) +1 Befehlen. In dieser Art ist der Vergleich von 2-Band-Maschinen und Standardmaschinen nicht fair, denn die Ein- und Ausgabefunktion ist nicht dieselbe.

Deshalb fordern wir nun, damit die 2-Band-Maschine nach außen hin das gleiche Verhalten zeigt wie die analoge Standardmaschine, daß Band 2 nur als Arbeitsband Verwendung findet; die Ein- und Ausgabefunktion der Turing-Maschine soll sich lediglich auf Band 1 beziehen (wie bei der Standard-Turing-Maschine), auf welchem ein Inhalt w in w$\square$w zu überführen ist. Wir kopieren deshalb Band 2 auf Band 1 zurück, indem wir die Tafel ergänzen:

alter Zustand	gelesen Band 1	Band 2	Tätigkeit Kopf 1	Kopf 2	neuer Zustand
q_0	$\square$	$\square$	$(\square,0)$	$(\square,-)$	q_1
q_1	$\square$	σ	$(\square,0)$	$(\sigma,+)$	q_1
q_1	$\square$	$\square$	$(\square,+)$	$(\square,+)$	q_2
q_2	$\square$	σ	$(\sigma,+)$	$(\square,+)$	q_2
q_2	$\square$	$\square$	—	—	—

Der Kopf auf Band 2 sucht wieder den Bandanfang, dann wird Band 2 auf Band 1 zurückkopiert und gleichzeitig Band 2 gelöscht. Letzteres ist logisch nicht notwendig, aber üblicherweise fordert man, daß Arbeitsbänder zum Schluß leer zu hinterlassen sind.

Wir haben, unabhängig von card(Σ), nur 3 Zustände gebraucht.
Die Zahl der diesmal komplexeren Befehle beträgt 3 * card(Σ)+ 3.
Die Zahl der Schritte beträgt 3 * Wortlänge + 2, hängt also nur
noch linear, nicht mehr quadratisch von der Wortlänge ab.

Analog können wir eine Kopiermaschine konstruieren, bei der Band
1 als nur zu lesendes Eingabeband und ein weiteres Band 3 als
nur zu beschreibendes Ausgabeband Verwendung finden. Hierzu
können wir entweder Band 2 als Arbeitsband benutzen (Band 1 und
Band 2 und Band 3 kopieren, Kopf auf Band 2 zurück, Band 2 noch
einmal auf Band 3 kopieren; in diesem Falle haben wir den Spezialfall realisiert, daß das Eingabeband nur einmal gelesen
wird), oder wir können auf ein Arbeitsband (im speziellen Fall)
verzichten (Band 1 auf Band 3 kopieren, Kopf auf Band 1 zurück,
Band 1 noch einmal auf Band 3 kopieren; hier haben wir den Fall
eines zum Lesen beliebig nutzbaren Eingabebandes). Wir gehen
auf diese Varianten in diesem Abschnitt nicht weiter ein.
Analog vereinfacht sich die Multiplikation, wenn wir eine 3-
Band-Maschine benutzen. Man kann den Hauptteil der Rechnung etwa
so organisieren, daß ein Faktor auf dem Band 1 und ein Faktor
auf dem Band 2 bereitgestellt wird, während Band 3 der Ausgabe
dient. Es wird jeweils der Inhalt von Band 2 auf Band 3 übertragen, auf Band 1 der nächste Buchstabe gelesen und die Übertragung wiederholt, bis Band 1 durchlaufen ist.

| alter | gelesen | | | Tätigkeit | | | neuer |
Zustand	Band 1	Band 2	Band 3	Kopf 1	Kopf 2	Kopf 3	Zustand
q_0	¦	¦	□	(¦,0)	(¦,+)	(¦,+)	q_0 (Band 2 wird auf Band 3 übertragen)
q_0	¦	□	□	(¦,0)	(□,−)	(□,0)	q_1 (fertig)
q_1	¦	¦	□	(¦,0)	(¦,−)	(□,0)	q_1 (auf Band 2 zurückschreiben)
q_1	¦	□	□	(□,+)	(□,+)	(□,0)	q_0 (fertig? wiederholen!)

Damit benötigt der Hauptteil der Multiplikationsaufgabe ganze zwei Zustände und vier Befehle; für Eingabezahlen n, m sind $n(m+2)$ Takte nötig. Wir sparen uns die kosmetische Arbeit, um die Aufgabe an die Ein- und Ausgabefunktion der einbändrigen Turing-Maschine anzupassen: Übertragen der beiden Faktoren (etwa) von Band 3 ($n+m+2$ Takte), Säubern von Band 2 ($m+1$ Takte). Dafür reichen zwei weitere Zustände und fünf Befehle.

Definition 3.9. Eine **k-bändrige Turing-Maschine**
$M = (Q, (\Sigma_1, \ldots, \Sigma_k), \delta, q)$ ist gegeben durch
1. eine endliche Menge Q von **Zuständen**,
2. k endliche **Alphabete** $\Sigma_1, \ldots, \Sigma_k$ mit $\square \notin \Sigma_i$ ($1 \leqslant i \leqslant k$),
3. einen Anfangszustand $q \in Q$,
4. eine **Überführungsfunktion** δ aus $Q \times \overset{k}{\underset{i=1}{\times}} (\Sigma_k \cup \{\square\})$ in $\overset{k}{\underset{i=1}{\times}} (\Sigma_i \cup \{\square\} \times \{0, +, -\}) \times Q$.

$(p, \sigma_1, \sigma_2, \ldots, \sigma_k) = ((\tau_1, z_1), (\tau_2, z_2), \ldots, (\tau_k, z_k), r)$ bedeutet: Wenn im Zustand p für $1 \leqslant i \leqslant k$ der i-te Kopf den Buchstaben σ_i liest, so wird σ_i an der betreffenden Stelle durch den Buchstaben τ_i ersetzt, wobei anschließend der Kopf für $z_i = +$ nach rechts, für $z_i = -$ nach links und für $z_i = 0$ gar nicht weiterbewegt wird. Der neue Zustand ist dann r.

Eine **Konfiguration** $(p, (u_1, v_1), (u_2, v_2), \ldots, (u_k, v_k))$ einer solchen Turing-Maschine ist gegeben durch $q \in Q$, u_i, $v_i \in (\Sigma_i \cup \{\square\}) *$ ($1 \leqslant i \leqslant k$) mit der Bedeutung: Im Zustand p steht für $1 \leqslant i \leqslant k$ auf dem i-ten Band das Wort $u_i v_i$ und der zugehörige Kopf am Anfang von v_i. Bezüglich der äußeren Leerzeichen sei dasselbe verabredet wie in Definition 3.2. **Anfangs-** und **Schlußkonfigurationen** haben die Form $(p, (u, v), (\wr, \wr), \ldots, (\wr, \wr))$. Bei Anfangs- konfigurationen gilt zusätzlich $u = \wr$, v beginnt nicht mit $\square$, $p = q$. Es gelte
$p, (u_1, v_1), \ldots, (u_k, v_k) \underset{M}{\vdash} (p', (u'_1, v'_1), \ldots, (u'_k, v'_k))$ genau dann, wenn ein Befehl $\delta(p, \sigma_1, \sigma_2, \ldots, \sigma_k) = ((\tau_1, z_1), (\tau_2, z_2), \ldots, (\tau_k, z_k), r,)$ existiert mit $(p, u_i, v_i) \underset{M_i}{\vdash} (r, u'_i, v'_i)$ für alle (Standard-) Turing-Maschinen $M_i = (Q, \Sigma_i, \delta_i, q)$ mit $\delta_i (p, \sigma_i) = (\tau_i, z_i, r)$ ($1 \leqslant i \leqslant k$).

Die Definition von $\underset{M}{\overset{*}{\vdash}}$ der akzeptierten Wörter und Sprache und der durch M berechneten Funktionen und der Entscheidbarkeit sind analog zu Definition 3.3. festzulegen, nur daß als Haltekonfigurationen bzw. Quasihaltekonfigurationen nur Schlußkonfigurationen zugelassen werden.

Somit ist ein Band, das erste, als Ein- und Ausgabeband ausgezeichnet, die übrigen sind Arbeitsbänder, die wie eine nach außen unsichtbare potentiell unendliche Erweiterung des Speichers Q wirken. Schon erwähnte gelegentlich zweckmäßige Varianten sind: ein Eingabeband nur zum Lesen (der zugehörige Kopf kann nicht schreiben), eventuell nur zum einmaligen Lesen (der Kopf kann nicht zurück), dafür eventuell ein gesondertes Ausgabeband, das nur von links nach rechts beschrieben (aber nicht wieder überschrieben) werden kann. Solche Varianten stellen offenbar nur einen gewissen Komfort für manche Zwecke dar, denn jede mehrbändrige Turing-Maschine läßt sich durch Hinzufügen weiterer Bänder, durch Vorsetzen und Nachsetzen von Kopierprogrammen zu einer Maschine beliebiger Art erweitern.

Satz 3.1. Turing-Maschinen mit mehreren Bänder sind nicht leistungsfähiger als eine Standard-Turing-Maschine: sie können keine anderen Funktionen berechnen und keine anderen Sprachen akzeptieren.

Anmerkung. Mehrband-Turing-Maschinen können zwar genau dieselben Funktionen berechnen (bzw. Sprachen akzeptieren) wie die Standardmaschinen, aber mit weniger Aufwand an Zeit und Raum.

Beweis. Die Mehrbandmaschine habe zwei Bänder (für beliebige Bandzahlen läuft der Beweis völlig analog), wir gehen also von einer 2-Band-Maschine $M_2 = (Q,(\Sigma_1,\Sigma_2),\delta,q)$ aus. Die Tätigkeit von M_2 werden wir durch eine Standardmaschine M_1 simulieren.

Inhaltlich machen wir folgendes: Wir kleben beide Bänder zusammen, so daß doppelt so große Felder entstehen, auf denen jeweils zwei Buchstaben stehen, genauer Buchstabenpaare aus je einem Buchstaben des Bandes 1 und einem Buchstaben des Bandes 2. Die beiden Köpfe für Band 1 und 2 ersetzen wir durch ihre Bilder, die wir auf die entsprechenden Doppelfelder noch mit daraufmalen und bei Bedarf versetzen. Dadurch wird jedes Feld des geklebten Bandes (bis zu) vierfach beschrieben: je ein Buchstabe für die beiden Bänder und bis zu zwei Kopfbilder für die beiden Bänder. Ein neuer Kopf sucht auf dem geklebten Band jeweils die

Kopfbilder und liest die zugehörigen Einzelbuchstaben.
Entsprechend dem jeweiligen Befehl von M_2 werden die Buchstaben
ausgetauscht, außerdem die Kopfbilder versetzt.

Formalisieren wir diese Vorstellung: Wir ergänzen das Alphabet
Σ_1 durch alle Quadrupel $(\sigma_1,k_1,\sigma_2,k_2)$ mit $\sigma_1 \in \Sigma_1, \sigma_2 \in \Sigma_2, k_1, k_2 \in \{\uparrow,\square\}$ ($\uparrow$ ist das Kopfbild, für $k_1 = \uparrow$ auf dem Band 1, für $k_2 = \uparrow$ auf dem Band 2; $\square$ bedeutet, daß der Kopf nicht dort ist). Mit dem folgenden Algorithmus, der leicht in eine Turingtafel umzusetzen ist, kann die Tätigkeit von M_2 auf einer Standardmaschine M_1 simuliert werden:

1) den Anfangszustand q von M_2 merken;

2) den ersten Buchstaben σ der Eingabe durch $(\sigma,\uparrow,\square,\uparrow)$ ersetzen, alle weiteren Buchstaben σ durch $(\sigma,\square,\square,\square)$;

3) nach links gehen bis zu einem (eindeutig bestimmten) Buchstaben der Gestalt $(\sigma_1,\uparrow,\tau_2,k_2)$, σ_1 merken;

4) nach rechts gehen bis zu $\square$;

5) nach links gehen bis zu einem (eindeutig bestimmten) Buchstaben der Gestalt $(\tau_1,k_1,\sigma_2,\uparrow)$;

6) nachsehen, ob ein Befehl der Form $\delta(p,\sigma_1,\sigma_2) = ((\sigma_1',z_1),(\sigma_2',z_2),r)$ für das gelesene σ_2 und die gemerkten σ_1 und p (zunächst q) in M_2 existiert; wenn nein, so folgt Schritt 17); anderenfalls den Befehl, insbesondere auch den Zustand r merken;

7) $(\tau_1,k_1,\sigma_2,\uparrow)$ für $z_2 = 0$ durch (τ_1,k_1,σ_2',r) ersetzen, anderenfalls durch $(\tau_1,k_1,\sigma_2',\square)$; für $z_2 = 0$ Schritt 10) anschließen;

8) für $z_2 = +$ ein Feld nach rechts gehen; für $z_2 = -$ ein Feld nach links, eventuelles $\square$ durch $(\square,\square,\square,\square)$ ersetzen;

9) Buchstaben der Gestalt $(\tau_1,k_1,\tau_2,\square)$ durch $(\tau_1,k_1,\tau_2,\uparrow)$ ersetzen;

10) wie 4);

11) nach links gehen bis zu einem (eindeutig bestimmten) Buchstaben der Gestalt $(\sigma_1,\uparrow,\tau_2,k_2)$;

12) $(\sigma_1,\uparrow,\tau_2,k_2)$ für $z_1 = 0$ durch $(\sigma_1',\uparrow,\tau_2,k_2)$ ersetzen, für $z_1 \neq 0$ durch $(\sigma_1',\square,\tau_2,k_2)$; für $z_1 = 0$ Schritt 15) anschließen;

13) analog Schritt 8), aber bezüglich z_1 statt z_2;

14) Buchstaben der Gestalt $(\tau_1,\square,\tau_2,k_2)$ durch $(\tau_1,\uparrow,\tau_2,k_2)$ ersetzen;

15) wie 4);

16) zurück zu Schritt 3);

17) alle Buchstaben $(\tau_1, k_1, \square, k_2)$ durch τ_1 ersetzen.

Jeder Takt von M_2 wird so zwischen Schritt 3) und Schritt 16) durch mehrere Takte in M_1 simuliert, nämlich durch rund 3n Takte, wenn n die aktuelle Wortlänge ist. Die Schritte 2) und 17) sichern die Übersetzung der Eingabe für die simulierende Turing-Maschine und die Rückübersetzung der Ausgabe in das "normale" Alphabet Σ_1. Insgesamt gilt offenbar genau dann u $\overset{*}{\underset{M_2}{\vdash}}$ v, wenn u $\overset{*}{\underset{M_1}{\vdash}}$ v, womit der Satz bewiesen ist.

Eine weitere Verallgemeinerung der Turing-Maschine besteht darin, mehrere Köpfe pro Band zuzulassen. Was jeder dieser Köpfe tut, hängt außer vom Zustand davon ab, was jeder auch der übrigen Köpfe gerade liest. Dazu gehört auch eine Prioritätenregelung, was geschrieben werden soll, wenn mehrere Köpfe dasselbe Feld lesen. Eine 1-Band-Maschine zum Beispiel mit zwei Köpfen funktioniert genau so wie eine 2-Band-Maschine mit je einem Kopf pro Band, nur daß die beiden Bandinschriften identisch gehalten werden. Offensichtlich ist eine Turing-Maschine mit mehreren Köpfen mindestens so leistungsfähig wie eine Turing-Maschine mit gleich vielen Bändern, aber nur einem Kopf pro Band, doch höchstens so leistungsfähig wie eine Turing-Maschine mit gleich vielen Köpfen, aber je einem Band pro Kopf. Insgesamt leisten also auch diese Turing-Maschinen dasselbe wie Standard-Turing-Maschinen.

Sehen wir uns aber noch die Kopieraufgabe als Beispiel einer durch eine 2-Kopf-Maschine zu lösenden Aufgabe an.

alter Zustand	gelesen Kopf 1	gelesen Kopf 2	Tätigkeit Kopf 1	Tätigkeit Kopf 2	neuer Zustand	
q_0	σ	σ	$(\sigma, 0)$	$(\sigma, +)$	q_0	Kopf nach rechts bis 2 Felder hinter das Wortende
q_0	σ	$\square$	$(\sigma, 0)$	$(\square, +)$	q_1	
q_1	σ	$\square$	$(\sigma, +)$	$(\sigma, +)$	q_1	Kopf 2 schreibt, was Kopf 1 liest, beide rücken simultan vor

Der Turingschen Idee vom stupide seine Aufgabe lösenden Rechen-
knecht, dem "Computer", kommt eine Maschine mit zweidimen-
sionalem Band (im Prinzip mit kariertem Papier) am nächsten. Die
Grundbewegungen des Kopfes (oder der Köpfe) sind dann statt +
und - die vier Himmelsrichtungen $\longrightarrow$, $\longleftarrow$, $\uparrow$, $\downarrow$. Es ist offensichtlich, wie mit einer solchen Maschine etwa die Schulmethode
des schriftlichen Multiplizierens von Dual- oder Dezimalzahlen
zu lösen ist, so daß wir kein Beispiel angeben müssen. Die Idee
läßt sich vom Zweidimensionalen analog ins Mehrdimensionale
verallgemeinern.

Indessen leistet auch eine mehrdimensionale Turing-Maschine
nicht mehr als eine Standard-Turing-Maschine. Wir können zum
Beispiel ein Feld (m,n) auf dem zweidimensionalen Band mit dem
Inhalt a auf einer Standard-Turing-Maschine durch eine Eintragung (an beliebiger Stelle) von (a,m,n) codieren, wobei m,n
eine beliebige Schreibweise der ganzen Zahlen m, n sein soll.
Wenn nun etwa eine Kopfbewegung nach oben ($\uparrow$) auf der Standardmaschine simuliert werden soll, ist einfach der ganze Bandinhalt
nach einer Eintragung der Form (ჶ,m,n+1) zu durchsuchen und der
Kopf dort zu positionieren. Wenn eine solche Eintragung nicht
existiert, ist ein Leerfeld rechts oder links anzukleben und mit
($\square$,m,n+1) zu beschreiben.

Wir betrachten statt der Erweiterungen zwischendurch eine Einschränkung der Turing-Maschinen. Eine Turing-Maschine mit ein-
seitigem Band ist eine Standard-Turing-Maschine, bei welcher der
Kopf nie mehr als ein Feld links vom Startfeld stehen darf. Alle
Bandinschriften können also nur nach rechts hin wachsen. Indessen überrascht es nicht, daß die einseitigen Turing-Maschinen
bereits dasselbe leisten wie die Standardmaschinen, kann man
doch die Arbeit auf einseitigen Turing-Maschinen so organisieren, daß auf dem (2n)-ten Feld dasselbe passiert wie auf dem
n-ten Feld der Standardmaschine (n > 0) und auf dem (2n+1)-ten
Feld dasselbe wie auf den (-n)-ten Feld der Standardmaschine
(n⩾0).
Eine Verallgemeinerung der Turing-Maschinen, die zwar schon von
den endlichen Automaten her naheliegt, aber doch fern jeder
Realität ist, ist die der nichtdeterministischen Turing-Maschi-

nen. Wir hatten nichtdeterministische endliche Automaten seinerzeit eingeführt, um deterministische Automaten bequemer zu beschreiben, die Leistungsfähigkeit war dieselbe. In dieser Beziehung bieten nichtdeterministische Turing-Maschinen keinen vergleichbaren Nutzen. Nichtdeterministische Kellerautomaten waren notwendig, um eine wichtige Klasse von Sprachen zu beschreiben. Nichtdeterministische Turing-Maschinen haben keinen analogen Nutzen, sie werden wiederum die gleichen Sprachen akzeptieren und Funktionen berechnen wie Standard-Turing-Maschinen. Wir werden sie als theoretisches Konzept für Kompliziertheitsuntersuchungen benötigen.

Definition 3.10. Eine <u>nichtdeterministische Turing-Maschine</u> $M = (Q, \Sigma, \Delta, q)$ ist gegeben durch
1. eine endliche Menge Q von <u>Zuständen</u>,
2. ein endliches <u>Alphabet</u> Σ mit $\square \notin \Sigma$.
3. einen <u>Anfangszustand</u> $q \in Q$.
4. eine <u>Überführungsrelation</u> $\Delta \subseteq Qx(\Sigma \cup \{\square\})) \times (\Sigma \cup \{\square\}x \{0,+,-\}xQ)$.

Die Definitionen von $\vdash_{\overline{M}}$, $\frac{*}{M}$, L(M) usw. bleiben gegenüber dem deterministischen Fall (Defintion 3.3.) wörtlich unverändert. Der Begriff der berechenbaren Funktion erfordert eine Präzisierung: Eine partielle Funktion f wird durch eine nichtdeterministische Turing-Maschine M berechnet genau dann, wenn M immer dann auf ein Wort w anwendbar ist, wenn f(w) definiert ist und w $\frac{*}{M}$w' Stop nur für w' = f(w) gilt.

$((p,\sigma),(\tau,z,r)) \in \Delta$ bedeutet: Wenn der Kopf im Zustand p den Buchstaben σ liest, dann ist eine der möglichen Tätigkeiten die, daß bis zum nächsten Takt σ durch τ ersetzt wird, eine Bewegung z durchgeführt wird und der neue Zustand r angenommen wird. Bei den Standard-Turing-Maschinen existierte zu gegebenem (p,σ) höchstens ein (τ,z,r) wie eben.

Sehen wir uns ein Beispiel für die Funktion einer nichtdeterministischen Turing-Maschine an. Es sei L = $\{|^n \mid n$ ist zusammengesetzt$\}$. L ist von einer nichtdeterministischen Turing-Maschine recht einfach zu akzeptieren:
1) Hinter $|^n$ schreibt man nichtdeterministisch: $|p*|q$ mit p, q > 1.

2) p und q werden wie früher multipliziert, die Inschrift ist
   dann $|^n$ = $|^{p \cdot q}$.

3) $|^n$ und $|^{p \cdot q}$ vergleichen.

4) Stop, falls Gleichheit, sonst Quasihaltekonfiguration.

Der wesentliche Trick besteht in Schritt 2): Hier sind nichtdeterministische Teiler p und q von n zu erraten. Um sich zu
überzeugen, daß in der Tat die richtige Sprache akzeptiert wird,
muß man sich daran erinnern, wann ein Wort akzeptiert wird:
Es muß eine nicht mehr notwendig eindeutig bestimmte $\vdash$-Folge
von Konfigurationen von der Anfangskonfiguration zu einer Haltekonfiguration geben. Wenn jeweils mehrere Nachfolgekonfigu-
rationen möglich sind, darf in der Tat eine jeweils "richtige"
"erraten" werden. Der Aufwand der nichtdeterministischen Turing-
Maschine besteht offensichtlich im wesentlichen im Multipli-
zieren.
Die gleiche Sprache wird auch von einer deterministischen
Turing-Maschine akzeptiert, aber wesentlich umständlicher:

1') p:=2; q:=2; r:=4.

2') wie 1).

3') wie 2).

4') wie 3).

5') Stop bei Gleichheit, sonst r:=r+1 und Wiederholung der
    Schritte 2')-4') für alle p, q mit 1<p,   1<q, p + q $\leq$ r < n.

Satz 3.2. Die nichtdeterministischen Turing-Maschinen leisten
dasselbe wie Standard-Turing-Maschinen; sie berechnen die gleichen Funktionen und akzeptieren die gleichen Sprachen.

Beweisidee. Zu einer gegebenen nichtdeterministischen Turing-
Maschine M gibt es offenbar eine deterministische (der Einfachheit halber 2-Band-)Turing-Maschine M', die von einer gegebenen
Konfiguration aus für k = 1, 2, 3, ... Konfigurationen berechnet
und hintereinander auf Band 2 aufschreibt, die M in k Schritten
erreichen kann. M' stoppt, falls auf diese Weise eine Haltekonfiguration von M gefunden, diese auf Band 1 übertragen und Band
2 gelöscht wurde. Es gilt dann zwar im allgemeinen nicht mehr
genau dann w $\vdash_M^*$ w', wenn w $\vdash_{M'}^*$ w' (denn M' könnte bereits früher,

bei einer falschen Konfiguration gestoppt haben). Wenn aber w'
durch w und M eindeutig bestimmt ist, wie bei durch M berechenbaren Funktionen gefordert, so gilt auch $w \vdash_{M'}^{*} w'$, falls w
$\vdash_{M}^{*} w'$ gilt. Offenbar wird w genau dann durch M' akzeptiert, wenn
w durch M akzeptiert wird. Das genügt, um den Satz zu beweisen.
Wir erinnern daran, daß der Leser inzwischen so weit sein müßte,
um den früher angeführten Satz

"Wenn eine Sprache samt ihrem Komplement aufzählbar ist, so
ist sie entscheidbar."

formal zu beweisen.

4. Die These von Church
und weitere Begriffe der Berechenbarkeit

Eine Funktion ist <u>intuitiv berechenbar</u>, wenn es ein einheitliches endliches Verfahren gibt, so daß zu jedem Argument der
Wert berechnet werden kann, und zwar in endlich vielen Schritten
(in endlicher Zeit, mit endlicher Arbeit, im endlichem Raum).
Diese Beschreibung ist so unscharf wie der Begriff des einheitlichen endlichen Verfahrens. Man hat sich nun in verschiedener
Weise um Präzisierungen bemüht. Einige wollen wir hier nennen.

- Eine Funktion ist <u>algorithmisch-berechenbar</u>, wenn es einen
  endlichen Algorithmus gibt, der jedem Argument den Wert
  zuordnet. Dabei ist der Begriff des Algorithmus zum Beispiel
  als Markov-Algorithmus präzisiert worden (siehe unten).
- Eine Funktion ist <u>mechanisch-berechenbar</u>, wenn es eine
  idealisierte mechanische (theoretisch gleichwertig:
  elektronische) Vorrichtung gibt, die jedem Argument den Wert
  zuordnet.

Das ist seinerseits präzisiert worden:
- Eine Funktion ist <u>(Turing-)-berechenbar</u> (siehe Kapitel 3.),
  wenn es eine (eventuell verallgemeinerte) Turing-Maschine
  gibt, die zu jedem Argument den Wert berechnet.
  Es zeigte sich, daß die Verallgemeinerungen der Turing-
  Maschine für den Begriff der Berechenbarkeit unwesentlich
  waren (Abschnitt 3.2.).
- Eine Funktion ist <u>grammatisch-berechenbar</u>, wenn es eine
  Grammatik (ein Regelsystem) gibt, die jedes Agument in den
  Wert umformt (siehe unten).
Die bisherigen Präzisierungen beschrieben jeweils auf ihre Weise
den Algorithmenbegriff. Sie haben sich sämtlich als gleichwertig
erwiesen, wir werden das in Beispielen unten betrachten. Aus
einer ganz anderen Vorstellungswelt kommt eine weitere Präzisierung:
- Eine Funktion ist <u>rekursiv-berechenbar</u>, wenn sie in endlich
  vielen Schritten aus gewissen elementaren Ausgangsfunktionen

durch Zusammensetzung, primitive Rekursionsschemata und
Minimumbildung gewonnen werden kann (wird nachstehend genauer
beschrieben).
Auch diese Präzisierung, wie alle weiteren, die man sich im
Laufe der Zeit ausgedacht hat, erwies sich als zu den vorigen
gleichwertig. Wenn nun anscheinend jede denkbare Präzisierung
mit den anderen zusammenfällt, dann liegt es nahe anzunehmen,
daß sie alle auch den intuitiven Begriff der Berechenbarkeit
genau widerspiegeln. Das findet Ausdruck in der
These von Church. Der Begriff der intuitiven Berechenbarkeit
fällt mit jedem der genannten präzisierten Berechenbarkeitsbe-
griffe zusammen.
Man kann die Churchsche These natürlich nicht beweisen, weil
hier mehrere präzise Begriffe mit einem unscharfen intuitiven
Begriff verglichen werden. Man kann sogar, zumindest gegen-
wärtig, alle diese Präzisierungen als Definition zunächst
unterschiedlicher und dann gleichwertiger Berechenbarkeitsbe-
griffe ansehen.
Eine Konsequenz ist, daß die Begriffe der berechenbaren Funktion
bzw. der entscheidbaren Menge auf der einen Seite und der
rekursiven (rekursiv-berechenbaren) Funktion und der rekursiven
(rekursiv-entscheidbaren) Menge auf der anderen Seite synonym
verwendet werden. Deshalb auch werden wir zum einen den Begriff
der Rekursivität etwas näher betrachten: zum anderen werden wir
etwas ausführlicher den Begriff der grammatischen Berechenbarkeit studieren, da er sich einmal von den kontextfreien Grammatiken her anbietet, aber auch das Regelsystem einer allgemeinen
Grammatik besonders gut einen intuitiven Algorithmenbegriff
widerspiegelt.
Wir fangen mit letzterem an.

4.1. Grammatische Berechenbarkeit

Definition 4.1. Eine (allgemeine) Grammatik (ein Regelsystem,
verallgemeinerter Algorithmus,...) G = (V,Σ,R,S) ist gegeben
durch

   1. ein endliches Hilfsalphabet V von Hilfsbuchstaben oder
      Symbolen,

2. ein endliches <u>Alphabet</u> Σ von (Terminal-)Buchstaben,

3. eine Menge R von <u>Regeln</u> $u \longrightarrow v$ mit $u \in (V \cup \Sigma)^* \setminus \Sigma^*$, $v \in (V \cup \Sigma)^*$,

4. ein <u>Startsymbol</u> $S \in V$.

Die linke Seite jeder Regel muß wenigstens einen Hilfsbuchstaben enthalten, sonst sind beide Seiten beliebig. Bei kontextfreien Grammatiken setzten wir $v \in V$ voraus. Bei kontextsensitiven Grammatiken haben die Regeln die Gestalt $w_1 \alpha w_2 \longrightarrow w_1 v w_2$ mit $\alpha \in V$ und $v \neq \varphi$.

Die folgende Definition ist völlig analog zu früheren Begriffsbildungen.

<u>Definition 4.2.</u> Es sei $G = (V, \Sigma, R, S)$ eine Grammatik. Es gelte $u \xrightarrow{G} v$ (u geht unmittelbar über in v) genau dann, wenn es Wörter w_1, $w_2 \in (V \cup \Sigma)^*$ und eine Regel $u_0 \longrightarrow v_0$ gibt mit $u = w_1 u_0 w_2$ und $v = w_1 v_0 w_2$. Es sei $\xrightarrow[G]{*}$ die reflexive und transitive Hülle von $\xrightarrow{G}$. Die $\xrightarrow[G]{*}$ erzeugenden $\xrightarrow{G}$-Ketten sind die <u>Ableitungen</u> in G. Die von G <u>erzeugte Sprache</u> L(G) sei gleich $\{w \mid w \in \Sigma^*, S \xrightarrow[G]{*} w\}$. Eine <u>Regelsprache</u> ist eine von einer Grammatik erzeugte Sprache.

<u>Beispiel.</u> Wir hatten früher gesehen, daß die Sprache $L = \{a^n b^n c^n \mid n \geqslant 0\}$ nicht kontextfrei ist. Sie ist aber eine Regelsprache, wenngleich ein übersichtliches Regelsystem nicht einfach zu finden ist. Es sei nämlich $V = \{A, B', C'\}$, $\Sigma = \{a, b, c\}$, $R = \{S \longrightarrow \varphi,\ S \longrightarrow aSBc,\ cB \longrightarrow Bc,\ aB \longrightarrow ab,\ bB \longrightarrow bb\}$.

$G = (V, \Sigma, R, S)$ erzeugt dann L. Ein Beispiel einer Ableitung ist $S \longrightarrow aSBc \longrightarrow aaSBcBc \longrightarrow aabcBc \longrightarrow aabBcc \longrightarrow aabbcc$.

<u>Satz 4.1.</u> Jede Turing-Maschine $M = (Q, \Sigma_M, \delta, q)$ läßt sich durch eine Grammatik $G = (V, \Sigma_G, R, S)$ in dem Sinne simulieren, daß gilt $(p, u, v) \vdash_M^* (r, x, y)$ genau dann, wenn $[upv] \xrightarrow[G]{*} [xry]$ für geeignete Symbole [,].

<u>Beweis.</u> Es sei $V = Q \cup \{S, [,]\}$; Wir setzen ohne Beschränkung der Allgemeinheit voraus, daß $S \in Q$. Es sei $\Sigma_G = \Sigma_M \cup \{\square\}$. Wir setzen voraus, daß die Begrenzungszeichen [und] (wie auch $\square$) ohnehin nicht zu Σ_M gehören. Dann sei

$$R = \{p\sigma \longrightarrow r\tau \mid \delta(p,\sigma) = (\tau,0,r)\}$$
$$\cup \{p\sigma \longrightarrow \tau r \mid \delta(p,\sigma) = (\tau,+,r)\}$$
$$\cup \{\sigma'p\sigma \longrightarrow r\sigma'\tau \mid \delta(p,\sigma) = (\tau,-,r)\}$$
$$\cup \{[\longrightarrow [\square, \;]\longrightarrow \square], [\square \longrightarrow [,\square]\longrightarrow]\}.$$

R beschreibt also genau die Umformungen der Konfigurationen, die durch δ vorgegeben sind, die letzten Regeln erledigen das Ankleben oder Abschneiden von Leerfeldern am Bandende durch Verschieben der Begrenzungszeichen. Der Satz folgt unmittelbar hieraus. Somit ist auch jede (Turing-)berechenbare Funktion in folgendem Sinne "grammatisch-berechenbar":

Definition 4.3. Eine Funktion aus Σ_0^* in Σ_1^* ist **grammatisch-berechenbar** genau dann, wenn es eine Grammatik $G = (V,\Sigma,R,S)$ mit $\Sigma_0 \cup \Sigma_1 \subseteq \Sigma$ und Wörter x, y, x', y' $\in (V \cup \Sigma)^*$ gibt, so daß für alle $u \in \Sigma_0^*$, $v \in \Sigma_1^*$ genau dann $f(u) = v$ gilt, wenn $xuy \xrightarrow[G]{*} x'vy'$. (Das Startsymbol S spielt für die grammatische Berechenbarkeit offenbar keine Rolle.)

Im Sonderfall gilt x = [q, y =] = y', x' = [h für einen etwaigen eindeutig bestimmten Haltezustand h der Turing-Maschine, der überdies erst dann erreicht wird, wenn der Kopf den Anfang des Ausgabewortes erreicht hat. Jede Turing-Maschine läßt sich mit solchen ausgezeichneten Haltekonfigurationen nachrüsten.

Als Beispiel einer grammatisch berechenbaren Funktion ist die Umkehrfunktion mit $f(w) = w^{-1}$ für $w \in \{a,b\}^*$ grammatisch-berechenbar. Wir setzen V = {S; A, B, *,[,]}, x = [, y = *], x' = [*, y' =], R = {[a$\longrightarrow$[A,[b$\longrightarrow$[B, Aa$\longrightarrow$aA, Ab$\longrightarrow$bA, Ba$\longrightarrow$aB, Bb$\longrightarrow$bB, A*$\longrightarrow$*a, B*$\longrightarrow$*b}, G = (V,Σ,R,S). R ersetzt jeweils einen Buchstaben links durch den zugehörigen Hilfsbuchstaben, dieser geht nach rechts bis zum * und wird durch den Terminalbuchstaben ersetzt. * geht erst dann zurück, wenn alle Buchstaben davor durch Hilfsbuchstaben ersetzt sind.
Beispiel.

$$[abb*] \longrightarrow [Abb*] \longrightarrow [bAb*] \longrightarrow$$
$$\longrightarrow [bbA*] \longrightarrow [bb*a] \longrightarrow [Bb*a] \longrightarrow [bB*a] \longrightarrow [b*ba] \longrightarrow$$
$$\longrightarrow [BAb*] \longrightarrow [BbA*] \longrightarrow [bBa*] \longrightarrow [BBA*] \longrightarrow [BB*a] \longrightarrow$$
$$\longrightarrow [B*ba] \longrightarrow [*bba].$$

Satz 4.2. Jede grammatisch berechenbare Funktion ist (Turing-) berechenbar.

Wir bringen nur die Idee des Beweises: Man konstruiert eine nichtdeterministische Turing-Maschine, die um eine beliebige Eingabe u zunächst die Begrenzungswerte x und y drumherum schreibt und dann nichtdeterministisch eine anzuwendende Regel der Grammatik errät. Diese wird angewendet, indem der Kopf wiederum nichtdeterministisch eine Stelle des Bandes aussucht (mit Kopfbewegungen nichtdeterministisch irgendwann aufhört), das zu ersetzende Teilwort nun deterministisch löscht, eine geeignete Zahl von Leerzeichen wieder löscht oder zusätzlich einfügt durch Verschieben eines der übrigbleibenden Teilwörter und die entsprechende rechte Seite der Regel einträgt. Zum Schluß werden die neuen Begrenzungszeichen x' und y' wieder gestrichen. Der Nichtdeterminismus der Turing-Maschine ist hinsichtlich des Ergebnisses irrelevant, weil die grammatisch berechenbare Funktion eindeutig Ergebnisse haben muß.

Satz 4.3. Genau die (Turing-)akzeptierbaren Sprachen sind Regelsprachen.

Beweisidee. a) Die Regelsprachen sind Turing-akzeptierbar. Wir gehen gerade umgekehrt wie im vorigen Satz vor und ersetzen jeweils die rechte Seite einer Regel irgendwo im Eingabewort durch die linke. Wir akzeptieren das Wort, falls so schließlich das Startsymbol S der Grammatik herauskommt. Dieser Vorgang läßt sich durch eine nichtdeterministische Turing-Maschine vollziehen.
b) Turing-akzeptierbare Sprachen sind Regelsprachen. Die Turing-Maschine M sei gegeben als (Q, Σ_M, δ, q), und sie habe genau einen Haltezustand h. Wir definieren die Grammatik wie im Beweis zu Satz 4.1., ergänzen aber V noch um S' und R um die Regeln $S \longrightarrow [S']$, $S' \longrightarrow S'\sigma$, $S' \longrightarrow q$, $h\sigma \longrightarrow \sigma h$, $\sigma h \longrightarrow h\sigma'$, jeweils für beliebiges $\sigma \in \Sigma_M$, $h] \longrightarrow h, [h \longrightarrow \wp$. Die Grammatik ersetzt also zunächst S durch [S'], d. h., sie setzt Begrenzungszeichen, die unter Einfügen oder Tilgen von Leerzeichen beliebig nach außen und zurück verschiebbar sind. S' generiert nichtdeterministisch

das zu akzeptierende Wort. Nach der Umwandlung von S' in q wird genau die Arbeitsweise der Turing-Maschine simuliert. Zum Schluß begibt sich das Haltesymbol h auf Wanderschaft und löscht die Begrenzungszeichen und sich selbst, damit nur Terminalbuchstaben übrigbleiben.

Während die Grammatiken als Spracherzeugungssysteme von allgemeinster Art sind, wirkt ihre Verwendung zur Definition der Berechenbarkeit von Wortfunktionen gekünstelt. Ein verwandter deterministischer Begriff ist da überzeugender:

__Definition 4.4.__ Ein __Markovscher Algorithmus__ (oder __normaler Algorithmus__) ist eine geordnete endliche Menge von Regeln der Gestalt $u \longrightarrow v$ oder $u \longrightarrow .v$ mit $u,v \in \Sigma^*$ für ein endliches Alphabet Σ. Eine Regel $u \longrightarrow v$ oder $u \longrightarrow .v$ ist auf ein Wort w genau dann anwendbar, wenn u ein Teilwort von w ist, aber für keine frühere Regel $u' \longrightarrow v'$ oder $u' \longrightarrow .v'$ auch u' ein Teilwort von w ist. Es gilt genau dann $u \xrightarrow{R} v$ bzw. $u \xrightarrow{R} .v$ (u geht unmittelbar über in v), wenn es Wörter w_1, w_2 und eine Regel $u_0 \longrightarrow v_0$ bzw. $u_0 \longrightarrow .v_0$ derart gibt, daß $u = w_1 u_0 w_2$, $v = w_1 v_0 w_2$, jedoch u_0 in $w_1 u_0$ nur ganz hinten ein Teilwort ist (u_0 muß also soweit wie möglich links durch v_0 ersetzt werden). Es sei $\xrightarrow[R]{*}$ die reflexive und transitive Hülle von $\xrightarrow{R}$. Es gelte $u \xrightarrow[R]{*} .v$ genau dann, wenn ein w existiert mit $u \xrightarrow[R]{*} w \xrightarrow{R} .v$. R ist __anwendbar__ auf u genau dann, wenn es ein v mit $u \xrightarrow[R]{*} .v$ gibt.
__Bemerkung.__ Für $u \xrightarrow{R} v$ und $u \xrightarrow{R} .v$ ist v eindeutig durch u bestimmt, weil immer die erste anwendbare Regel möglichst weit links angewendet wird. Damit ist auch für $u \xrightarrow[R]{*} .v$ das Ergebnis v durch u eindeutig bestimmt, denn eine "Stoppregel" $u_0 \longrightarrow .v_0$ kann hier nur genau einmal angewendet werden, und zwar als letzte.
__Beispiel.__
Es sei R = ($**\longrightarrow|$, $|a\longrightarrow a|$, $|b\longrightarrow b|$, $|*\longrightarrow|$, $|\longrightarrow .\wp$, $*aa\longrightarrow a*a$, $*ab\longrightarrow b*a$, $*ba\longrightarrow a*b$, $*bb\longrightarrow b*b$, $\wp\longrightarrow *$).
Man faßt hierbei geeignete Regeln zweckmäßig zu Regelschemata $|\sigma\longrightarrow\sigma|$ bzw. $*\sigma\sigma' \longrightarrow \sigma'*\sigma\longrightarrow\sigma'*\sigma$ mit Variablen σ,σ' für Elemente von {a,b} zusammen, deren interne Reihenfolge keine Rolle spielt.

Jetzt gilt

abb———→*abb———→b*ab———→bb*a———→*bb*a———→b*b*a———→*b*b*a———→

**b*b*a———→ ¦b*b*a———→b¦*b*a———→b¦ b*a———→bb¦*a———→bb¦a———→

bba¦———→.bba, wobei wir den Index "R" weggelassen haben. Man

stellt fest, daß $w \xrightarrow{*}_{R} w^{-1}$ für beliebige Wörter über {a,b}*,

analog mit den Regelschemata für andere Alphabete. Die Wortum-

kehrfunktion f mit $f(w) = w^{-1}$ ist in diesem Sinne algorithmisch

berechenbar.

<u>Definition 4.5.</u> eine Wortfunktion f aus Σ_1^* in Σ_2^* für endliche

Alphabete Σ_1, Σ_2 ist genau dann <u>algorithmisch-berechenbar</u>, wenn

es einen Markovschen Algorithmus R gibt, so daß R genau auf die

Wörter $u \in Db(f)$ anwendbar ist und dann gilt $u \xrightarrow{*}_{R} . f(u)$. Die in

den Regeln, aber nicht in $\Sigma_1 \cup \Sigma_2$ vorkommenden Buchstaben heißen

in diesem Zusammenhang <u>Hilfsbuchstaben</u>.

<u>Beispiel.</u> Es sei R = (a———→¦a, ¦a———→¦, ¦———→.ȹ), bei R' werde

zum Schluß noch die Regel ȹ———→* hinzugefügt. Beide Markovschen

Algorithmen berechnen die Funktion f mit $f(u) = ȹ$ für $u \in aa*$,

$f(ȹ)$ nicht definiert. R ist auf ȹ nicht anwendbar, weil keine

Regel anwendbar ist, R' ist auf ȹ nicht anwendbar, weil der

Algorithmus nicht abbricht.

<u>Satz 4.4.</u> Jede deterministische Turing-Maschine $M = (Q, \Sigma, \delta, q)$

läßt sich durch einen Markovschen Algorithmus A in dem Sinne

simulieren, daß genau dann $(p,u,v) \xrightarrow{*}_{M} (r,x,y)$ mit Stop gilt, wenn

$upv \xrightarrow{*}_{A} xry$.

<u>Beweis.</u> Wir nehmen an, daß die Zustände keine Buchstaben sind.

Völlig analog wie in Satz 4.1. definieren wir die Regeln pϭ———→

rτ für $\delta(p,ϭ) = (τ,0,r)$, pϭ———→τr für $\delta(p,ϭ) = (τ,+,r)$, ϭ'pϭ

———→rϭ'τ für $\delta(p,ϭ) = (τ,-,r)$, pϭ———→.pϭ für den Fall der

Nichtexistenz von $\delta(p,ϭ)$ in beliebiger Reihenfolge. Um mit den

Bandverlängerungen zurechtzukommen, fügen wir weiter an letzter

Stelle analog die Regeln pϭ———→rτ für $\delta(p,ϭ) = (τ,-,r)$ und

dahinter noch die Regeln p———→p▢ für den Fall der Existenz

von $\delta(p,▢)$ und p———→.p für den Fall der Nichtexistenz von

$\delta(p,▢)$ hinzu. Diese Regeln richten keinen Schaden durch den

Einschub von Leerzeichen an, da sie nur in linker bzw. rechter

Randstellung von p zum Zuge kommen; sonst gehen die anderen
Regeln vor. ⊡ zählt dabei für den Markovschen Algorithmus als
normaler Buchstabe, nicht als sozusagen unsichtbares Leerzeichen. Anders als im Satz 4.1. benötigen wir also keine
Begrenzungszeichen.

Satz 4.5. Jede (Turing-)berechenbare Funktion ist auch algorith-
misch-berechenbar.
Dieser Satz folgt sofort aus Satz 4.4., wenn wir als letzte Regel $?\longrightarrow q$ für den Anfangszustand q der Turing-Maschine hinzufügen und die Halteregeln $p\sigma \longrightarrow .p\sigma$ und $p \longrightarrow .p$ durch
$p\sigma \longrightarrow .\sigma$ und $p \longrightarrow .?$ ersetzen.

Satz 4.6. Jede algorithmisch-berechenbare Funktion ist auch (Tu-
ring-)berechenbar.
Der Beweis kann analog zu dem von Satz 4.2. geführt werden, er
wird durch den Wegfall von Begrenzungswörtern und Nichtdeterminismus nur einfacher.

<u>4.2. Rekursive Funktionen</u>
Eine gänzlich andere Realisierung des Begriffs der Berechenbarkeit stellt der Begriff der rekursiven Funktion dar.
<u>Definition 4.6.</u> Es sei Σ ein endliches Alphabet.
a) Für jedes k ist die Funktion N_k von $(\Sigma^*)^k$ in $\{?\}$ <u>(die k-
   stellige Nullfunktion</u> über Σ^* mit $N_k(w_1,\ldots,w_k) = ?$ für alle
   Wörter $w_1,\ldots,w_k$ über Σ) <u>primitiv-rekursiv</u>.
b) Für jedes k ist die <u>Identitätsfunktion</u> (oder <u>Projektion</u>)
   $I_{i,k}$, die Funktion von $(\Sigma^*)^k$ in Σ^* mit $I_{i,k}(w_1,\ldots,w_k) = w_i$
   für alle Wörter $w_1,\ldots,w_k$ über Σ, <u>primitiv-rekursiv</u>.
c) Für jedes $\sigma \in \Sigma$ ist die <u>Nachfolgefunktion</u> S_σ mit $S_\sigma(w) = w\sigma$
   für alle Wörter w über Σ <u>primitiv-rekursiv</u>.
d) <u>(Zusammensetzung)</u> Wenn die k-stelligen Funktionen $h_1,\ldots,h_l$
   und die l-stellige Funktion g sämtlich primitiv-rekursiv
   sind, so ist auch die k-stellige Funktion f mit $f(w_1,\ldots,w_k)$
   $= g(h_1(w_1,\ldots,w_k),\ldots,h_l(w_1,\ldots,w_k))$ für alle Wörter über Σ
   <u>primitiv-rekursiv</u>.

e) <u>(Rekursion)</u> Wenn die k-stellige Funktion g und für alle $\sigma \in \Sigma$ die (k+2)-stelligen Funktionen h_σ primitiv-rekursiv sind, so ist auch die (k+1)-stellige Funktion f mit
$f(w_1,\ldots,w_k,\square) = g(w_1,\ldots,w_k)$,
$f(w_1,\ldots,w_k,w_{k+1}\sigma) = h_\sigma(w_1,\ldots,w_k,w_{k+1},f(w_1,\ldots,w_k,w_{k+1}))$
für alle Wörter $w_1,\ldots,w_{k+1}$ über Σ primitiv-rekursiv.

f) Weitere primitiv-rekursive Funktionen gibt es nicht. Meist formuliert man nur den Spezialfall für $\Sigma = \{\,\vert\,\}$, der (bis auf Isomorphie) zu den primitiv-rekusiven Funktionen über den natürlichen Zahlen führt.

<u>Definition 4.7.</u> (Primitiv-rekursive zahlentheoretische Funktionen)

a) Die <u>k-stellige Nullfunktion</u> N_k mit $N_k(n_1,\ldots,n_k) = 0$ für alle $n_1,\ldots,n_k$ ist primitiv-rekursiv.

b) Jede <u>Identitätsfunktion</u> (oder <u>Projektion</u>) $I_{i,k}$ mit $I_{i,k}(n_1,\ldots,n_k) = n_i$ für alle $n_1,\ldots,n_k$ ist primitiv-rekursiv.

c) Die <u>Nachfolgefunktion</u> S mit $S(n) = n+1$ für alle n ist primitiv-rekursiv.

d) <u>(Zusammensetzung)</u> Wenn die k-stelligen Funktionen $h_1,\ldots,h_l$ und die l-stellige Funktion g sämtlich primitiv-rekursiv sind, so ist auch die k-stellige Funktion f mit $f(n_1,\ldots,n_k) = g(h_1(n_1,\ldots,n_k),\ldots,h_l(n_1,\ldots,n_k))$
für alle $n_1,\ldots,n_k$ primitiv-rekursiv.

e) <u>(Rekursion)</u> Wenn die k-stellige Funktion g und die (k+2)-stellige Funktion h primitiv-rekursiv sind, dann ist auch die (k+1)-stellige Funktion f mit
$f(n_1,\ldots,n_k,0) = g(n_1,\ldots,n_k)$,
$f(n_1,\ldots,n_k,n_{k+1}+1) = h(n_1,\ldots,n_k,n_{k+1},f(n_1,\ldots,n_k,n_{k+1}))$
für alle $n_1,\ldots,n_k, n_{k+1}$ primitiv-rekursiv.

f) Weitere primitiv-rekursive zahlentheoretische Funktionen gibt es nicht.

<u>Beispiel.</u> Die Addition ist primitiv-rekursiv wegen $n + 0 = n = I_{1,1}(n)$, $n + (m+1) = (n + m) + 1 = S(n+m)$.
Die Multiplikation ist dann auch primitiv-rekursiv wegen
$n * 0 = 0 = N(n)$,
$n * (m+1) = (n * m) + n$.

Analoges gilt für die Potenzierung wegen

$n^0 = 1 = S(N(n))$,

$n^{k+1} = n^k * n$

und weitere, anscheinend beliebig schnell wachsende Funktionen. Trotz der operationalen Schreibweise n + m erkennt man in der Addition ohne weiteres eine Funktion, die man auch beispielsweise durch sum(m,n) bezeichnen kann.

Es gilt dann: sum(n,0) = $I_{1,1}(n)$,

$\qquad\qquad$ sum(n,m+1) = S(sum(n,m)).

Als Funktion g tritt $I_{1,1}(n)$ auf, das nach b) primitiv-rekursiv ist. Die zweite Eigenschaft von e) bewirkt, daß auf der linken Seite $n_{k+1}+1$ auftritt, auf der rechten Seite aber nur n_{k+1} (möglicherweise explizit oder innerhalb von f) unter eventueller Einsetzung in eine primitiv-rekursive Funktion h. Für h wird hier S verwendet (siehe c)), als Argument tritt nur sum(n,m) auf.

Man überlegt sich, daß alle primitiv-rekursiven Funktionen intuitiv berechenbar sind und elementaren Fähigkeiten entsprechen: Die Nullfunktion legt einen Anfang für das Zählen fest, S bewirkt das fortlaufende Zählen, die Projektion bedeutet die Fähigkeit, aus endlich vielen Elementen genau eins auszuwählen. Wenn die Funktionen g und h intuitiv berechenbar sind, dann sind auch die durch Zusammensetzung bzw. Rekursion daraus entstehenden Funktionen f intuitiv berechenbar. Ganz genauso beweist man auch, daß alle primitiv-rekursiven Funktionen (Turing-)berechenbar sind. Die Umkehrung gilt freilich nicht, worauf wir bald zu sprechen kommen. Zunächst überlegen wir uns, daß die arithmetischen Funktionen nur scheinbar einen Spezialfall darstellen.

Es sei Σ = {$a_1,\ldots,a_n$} ein endliches Alphabet. Wir ordnen jedem Wort $w \in \Sigma^*$ eindeutig eine natürliche Zahl zu:

$\qquad$ gn(a_i) = i,

$\qquad$ gn($\sigma_1\ldots\sigma_m$) = $\sum_{i=1}^{m}$ gn(σ_i)$(n+1)^{i-1}$,

so daß für Σ = {a,b,$\ldots$,z} etwa gn(esel) = $5*27^0+19*27^1+5*27^2+12*27^3$ gilt. Außerdem gelte gn($\wp$) = 0. Wir bemerken, daß nicht alle natürlichen Zahlen als Werte auftreten (außer 0 zum Beispiel keine durch n teilbaren Zahlen). Wichtig ist aber, daß zum einen die Funktion gn eineindeutig ist und zum anderen berechenbar, sogar primitiv-rekursiv. Ebenso berechenbar ist auch die Umkehrfunktion gn^{-1}; nach Festlegung eines Ersatzwertes, etwa $gn^{-1}(i)$ = "nicht definiert", falls i kein gn-Wert ist, wird auch gn^{-1} primitiv-rekursiv, was aber hier nicht im einzelnen ausgeführt werden soll.

gn soll eine Abkürzung von "Gödelnummer" sein, zu Ehren von Kurt Gödel (1906 - 1978), der eine ähnliche Nummernzuordnung erfand, um zu beweisen, daß es kein aufzählbares Axiomensystem für die Theorie der natürlichen Zahlen gibt. Bei einer solchen "Gödelisierung" sind die Einzelheiten der Definition völlig unwichtig, bedeutsam ist im weiteren nur, daß gilt:

gn ist eineindeutig,

gn ist berechenbar,

gn^{-1} ist berechenbar.

Wenn wir von einer solchen Gödelisierung zunächst noch zusätzlich voraussetzen, daß sie primitiv-rekursiv ist (im Beispiel ist das mit der gemachten Ergänzung ja der Fall), so ergibt sich nun:

f ist genau dann primitiv-rekursiv, wenn eine primitiv-rekursive zahlentheoretische Funktion f' mit

$$f'(gn(w_1),\ldots,gn(w_k)) = gn(f(w_1,\ldots,w_k))$$

für alle $w_1,\ldots,w_k \in \Sigma^*$ existiert.

(Die Funktionswertvorgabe von f' für Nicht-Gödelnummern Argumente darf innerhalb der primitiven Rekursivität willkürlich sein.) Der zahlentheoretische Fall ist also nicht nur Spezialfall, sondern die eigentliche Quintessenz der primitiven Rekursivität bzw. allgemeiner des Berechenbaren überhaupt.

Die Beschränkung bei der Gödelisierung auf endliche Alphabete ist nicht wesentlich, da etwa indizierte Buchstaben a_i durch Wörter (a,<u>i</u>) erfaßt werden können und <u>i</u> in der Form $|^i$ oder in einem Zahlensystem dargestellt werden kann. Bis auf eine Umbenennung der Buchstaben lassen sich also <u>alle</u> berechenbaren Funktionen unabhängig von der Größe des Alphabets einheitlich durch die Gödelisierung zahlentheoretisch codiert erfassen.

Nun haben wir aber vom primitiven Rekursionsansatz her nicht alle berechenbaren Funktionen erfaßt. Um dies zu erkennen, zunächst

<u>Satz 4.7.</u> Die Menge der primitiv-rekursiven Funktionen (über einem festen Alphabet oder gleichwertig die der zahlentheoretischen primitiv-rekursiven Funktionen) ist aufzählbar.

<u>Beweis.</u> Zunächst sind die Nullfunktionen N_k aufzählbar. Dann sind die Identitätsfunktionen $I_{1,k}$ aufzählbar vermittels einer geeigneten Aufzählung aller Paare (i,k). Dann sind aber auch alle Funktionen aufzählbar, die aus den bisherigen Funktionen mit höchstens n-maliger Anwendung $(n = 0, 1, 2, \ldots)$ der Zusammensetzungsregel und der Regel der primitiven Rekursion gewonnen werden können: man nimmt sich für jedes n die endlich vielen Funktionen vor, die aus N_k $(k \leqslant n)$ und $I_{1,k}$ $(i,k \leqslant n)$ durch höchstens n-malige Anwendung dieser Regeln gewonnen werden können. So ergeben sich aber auch schon alle primitiv-rekursiven Funktionen.

<u>Satz 4.8.</u> Es gibt berechenbare Funktionen, die nicht primitiv-rekursiv sind.

<u>Beweis.</u> Es sei f_0, f_1, f_2,... eine Aufzählung aller einstelligen primitiv-rekursiven Funktionen. Für jedes natürliche n sei $f(n) = f_n(n)+1$. Da die Aufzählung berechenbar ist, ist auch f berechenbar. Auf der anderen Seite gilt aber $f(n) \neq f_n(n)$ für jedes n, so daß f von jedem f_n verschieden ist, also nicht primitiv-rekursiv sein kann.

Ein konkretes Beispiel einer berechenbaren, aber nicht primitiv-rekursiven Funktion ist die <u>Ackermannsche Funktion</u>, definiert durch $ack(n,0) = n+1$,

$$ack(0,m+1) = ack(1,m),$$
$$ack(n+1,m+1) = ack(ack(n,m+1),m).$$

Mit der ack-Anwendung auf sich selbst ist ack nicht mehr primitiv-rekursiv.

Die Funktion $ack(n,m)$ ist für sehr kleine m ganz harmlos:

$$ack(n,0) = n+1;$$
$$ack(0,1) = ack(1,0) = 2,$$
$$ack(n+1,1) = ack(ack(n,1),0) = ack(n,1)+1, \text{ also}$$
$$ack(n,1) = n+2;$$
$$ack(0,2) = ack(1,1) = 3,$$
$$ack(n+1,2) = ack(ack(n,2),1) = ack(n,2)+2, \text{ also}$$
$$ack(n,2) = 2n+3;$$

$$ack(0,3) = ack(1,2) = 5,$$
$$ack(n,1) = ack(ack(n,3),2) = 2*ack(n,3)+3, \text{ also}$$
$$ack(n,3) = 2^{n+3}-3;$$
$$ack(0,4) = ack(1,3) = 13,$$
$$ack(n+1,4) = ack(ack(n,4),3) = 2^{ack(n,4)+3}-3, \text{ also}$$

$$ack(n,4) = 2^{2^{2^{\cdot^{\cdot^{\cdot^{2}}}}}} \left. \right\} (n+3)\text{-mal} \quad -3 \ .$$

Im weiteren werden offenbar die Funktionswerte recht groß. Wir
stellen fest:
1. Es gilt $ack(n,0)>n$;
   wenn $ack(1,m)>1$, so $ack(0,m+1)>1>0$;
   wenn $ack(n,m+1)>n$ und $ack(k,m)>k$ für jedes k, so
   $ack(n+1,m+1)>n+1$;
   also gilt $ack(n,m)>n$ für alle n, m.
2. Es gilt $ack(n+1,0)>ack(n,0)$;
   $ack(n+1,m+1)\geqslant ack(ack(n,m+1),m)>ack(n,m+1)$ nach 1.; also ist
   $ack(n+k,m)>ack(n,m)$ für alle n, k, m.
3. Es gilt $1 = ack(0,0)<ack(0,1) = 2$;
   wenn $ack(1,m)<ack(1,m+1)$, so $ack(0,m+1)<ack(0,m+2)$;
   $ack(n,m+1)\geqslant n+1$ nach 1.;
   dann ist auch $ack(ack(n,m+1),m)>ack(n+1,m)$ nach 1. und 2.;
   also ist $ack(n+1,m+1)>ack(n,m)$ und damit
   $ack(n,m+k)>ack(n,m)$ für alle n,k,m.
4. Es gilt $ack(0,m+1)\geqslant ack(1,m)$; $ack(n,1) = ack(n+1,0)$;
   wenn $ack(n,m+2)> ack(n+1,m+1)$, so ist
   $ack(n+1,m+2) = ack(ack(n,m+2),m+1)>ack(ack(n+1,m+1),m+1)>$
   $\qquad\qquad ack(ack(n+1,m),m) = ack(n+2,m+1)$ nach
   $\qquad\qquad 1., 2., 3.;$
   also ist $ack(n,m+1)\geqslant ack(n+1,m)$ für alle n,m.
5. $N_k(n_1,\ldots,n_k) = 0 < ack(n,0) \leqslant ack(n,m)$ für alle $n_1,\ldots,n_k$,
   n,m.
6. $I_{1,k}(n_1,\ldots,n_k) = n_1 < ack(n_1,0) \leqslant ack(n_1,m) \leqslant ack(\max n_1,m)$
   für alle $n_1,\ldots,n_k,m$.
7. Es sei $g_j(n_1,\ldots,n_k) < ack(\max n_1,m)$ für alle $m>m_j, 1\leqslant j<1$ und
   alle $n_1,\ldots,n_k$;

es sei $h(n_1',\ldots,n_l') < ack(\max_j n_j',m)$ für alle $m>m_h$ und alle $n_1',\ldots,n_l'$.

Dann gilt

$h(g_1(n_1,\ldots,n_k),\ldots,g_1(n_1,\ldots,n_k)) < ack(ack(\max_i n_i,m),m)$ für alle m mit $m>m_j$ für $1\leqslant j\leqslant l$ und $m>m_h$ sowie alle $n_1,\ldots,n_k$;

weiter ist

$ack(ack(\max_i n_i,m),m) < ack(ack(\max_i n_i,m+1),m) =$
$ack(\max_i n_i+1,m) \leqslant ack(\max_i n_i,m+1)$ nach 2., 3., 4.

Also gilt

$h(g_1(n_1,\ldots,n_k),\ldots,g_1(n_1,\ldots,n_k)) < ack(\max_i n_i,m)$

für alle m mit $m > m_j+1$ für $1 \leqslant j \leqslant l$ und $m > m_h+1$ sowie alle $n_1,\ldots,n_k$.

8. Es sei $g(n_1,\ldots,n_k) < ack(\max_i n_i,m)$ für alle $m > m_g$, alle

$n_1,\ldots,n_k$; und es sei $h(n_1',\ldots,n_{k+2}') < ack(\max_j n_j',m)$ für alle $m > m_h$, alle $n_1',\ldots,n_{k+2}'$; es gelte $f(n_1,\ldots,n_k,0) =$
$g(n_1,\ldots,n_k),f(n_1,\ldots\ldots\ldots,n_k,n_{k+1}+1)=$
$h(n_1,\ldots,n_k,n_{k+1},f(n_1,\ldots,n_k,n_{k+1}))$; dann gilt

$f(n_1,\ldots,n_k,0)< ack(\max_i n_i,m)$ für $m > m_g$, alle $n_1,\ldots,n_k$;
wenn $f(n_1,\ldots,n_k,n_{k+1}) < ack(\max_j n_j,n)$ für $m > m'$, alle
$n_1,\ldots,n_k,n_{k+1}) < ack(\max_j n_j,n)$ für $m>m'$, alle
$n_1,\ldots,n_k,n_{k+1}$, so ist $h(n_1,\ldots,n_k,n_{k+1},f(n_1,\ldots,n_k,n_{k+1}))<$
$ack(ack(\max_j n_j,ack(\max_j n_j,m)m))<ack(ack(\max_j n_j,m),m)$
$<ack(ack(\max_j n_j,m+1),m)=ack(\max_j n_j+1,m+1)<ack(\max_j n_j,m+2)$
für alle m mit $m>m_h$, $m>m'$, alle $n_1,\ldots,n_k$, n_{k+1}, nach 1., 2., 3., 4.

Also gilt $(f(n_1,\ldots,n_k,n_{k+1})<ack(\max_j n_j,m)$ für alle m mit $m>\max(m_g,m_h)+2$, alle $n_1,\ldots,n_k,n_{k+1}$.

9. Nach 5., 6., 7., 8. gilt damit:
Für jedes k und jede k-stellige primitiv-rekursive Funktion f gibt es ein m_f mit $f(n_1,\ldots,n_k)<ack(\max_i n_i,m)$ für alle m mit $m>m_f$ und alle $n_1,\ldots,n_k$.
Insbesondere gilt für jede einstellige primitiv-rekursive Funktion f: $f(n)<ack(n,n)$ für fast alle n. Die Ackermannsche Funktion wächst also tatsächlich schneller als jede primitiv-rekursive Funktion. Es gibt eine Regel, um die primitiv-rekursiven Funktionen soweit zu ergänzen, daß genau die berechenbaren Funktionen herauskommen.

Vorübergehend sei vorausgesetzt, daß das Alphabet Σ geordnet ist. Im Ergebnis können wir uns von dieser Voraussetzung wieder trennen. Damit ist auch eine lexikographische Ordnung der Wörter in Σ^* definiert. Wir vereinbaren zunächst eine Schreibweise:

Definition 4.8. Es sei B eine Bedingung über allen Wörtern von Σ^* (eine Aussage über diese Wörter, die wahr oder falsch sein kann). $\mu w[B]$ ist das erste Wort von Σ^*, das dieser Bedingung B genügt. Falls B für kein Wort $w \in \Sigma^*$ erfüllt ist, ist $\mu w[B]$ nicht definiert.

Definition 4.9.
a) Jede primitiv-rekursive Funktion ist partiell-rekursiv.
b) (**μ-Rekursion**) Wenn g eine partiell-rekursive Funktion aus $(\Sigma^*)^{k+1}$ in Σ^* ist, so ist f mit $f(w_1,\ldots,w_k) = \mu w[g(w_1,\ldots,w_k,w) = ?]$ für alle $w_1,\ldots,w_k$, $w \in \Sigma^*$ eine partiell-rekursive Funktion aus $(\Sigma^*)^k$ in Σ^*.
c) Weitere partiell-rekursive Funktionen gibt es nicht.
d) Wenn f eine auf ganz $(\Sigma^*)^k$ definierte partiell-rekursive Funktion ist, so ist f **(allgemein-)rekursiv** oder **μ-rekursiv**.
   Die Definition ist unabhängig davon, wie Σ geordnet ist!
Man braucht übrigens die μ-Regel nur einmal zum Schluß anzuwenden:
Satz 4.9. (von Kleene). Eine k-stellige Funktion f ist genau dann partiell-rekursiv, wenn es eine (k+1)-stellige primitiv-rekursive Funktion g mit
$$f(w_1,\ldots,w_k) = \mu w[g(w_1,\ldots,w_k,w) = ?]$$
für alle $w_1,\ldots,w_k$, $w \in \Sigma^*$ gibt.
Der wichtigste Spezialfall ist wiederum $\Sigma = \{¦\}$; in diesem Falle ergeben sich die arithmetischen oder zahlentheoretischen partiell-rekursiven Funktionen. Dort ist in der μ-Regel 0 statt ? zu lesen. Wiederum sind die arithmetischen rekursiven Funktionen zwar ein Spezialfall der rekursiven Wortfunktionen, aber auch deren Quintessenz:
f ist partiell-rekursiv genau dann, wenn es eine partiell-rekursive zahlentheoretische Funktion f' mit
$$f'(gn(w_1),\ldots,gn(w_k)) = gn(f(w_1,\ldots,w_k))$$

für alle $w_1,\ldots,w_k \in \Sigma^*$ gibt, wobei die Gödelisierung gn von Σ^* in die natürlichen Zahlen und ihre Umkehrung gn^{-1} diesmal nur als berechenbar, aber nicht notwendig primitiv-rekursiv vorauszusetzen sind. Natürlich soll die eine Seite der Gleichung genau dann definiert sein, wenn es die andere ist.

Die inhaltliche Bedeutung der μ-Regel ist die folgende:

Wenn g berechenbar ist, so wird für jedes feste k-Tupel $(w_1,\ldots,w_k \in (\Sigma^*)^k$ das folgende unternommen: für n = 1, 2, ... und die ersten n Wörter w von Σ^* werden jeweils die ersten n Schritte eines Berechnungsverfahrens für $g(w_1,\ldots,w_k,w)$ ausgeführt. Wenn $g(w_1,\ldots,w_k,w) = 1$ für ein Wort w gilt, so wird dieses Wort w in endlicher Zeit gefunden. Wenn es kein solches Wort w gibt, dann läuft der Algorithmus unendlich lange und liefert keinen Wert. Ob es ein solches w gibt, ist im allgemeinen freilich nicht entscheidbar, wie wir später bemerken werden. Die μ-Regel führt also aus dem Bereich der berechenbaren Funktionen nicht heraus. Auf der andere Seite kann man sich auch überlegen, daß die berechenbaren Funktionen genau die rekursiven sind. Wenn ein Wort w_2 in einer deterministischen (Standard-) Turing-Maschine M durch n Schritte aus einem Wort w_1 hervorgeht, $ber(M,w_1,n) = w_2$, dann ist dies aus dem Programm von M primitiv-rekursiv berechenbar. Wir wollen hier nicht auf die Einzelheiten eingehen. Ebenso ist der resultierende Zustand q berechenbar, $ber'(M,w_1,n) = q$. Wenn wir nun, was der Allgemeinheit keinen Abbruch tut, voraussetzen, daß M genau einen Haltezustand h besitzt, so ist das Ergebnis w_2 bei der Anwendung von M auf w_1 mit

$$ber(M,w_1,\mu n[ber'(M,w_1,n) = h] = w_2$$

gleichbedeutend. Das soll genügen, um den folgenden Satz plausibel zu machen:

Satz 4.10. Genau die partiell-rekursiven Funktionen sind berechenbar.

Definition 4.10. Eine Sprache $L \subseteq \Sigma^*$ ist <u>rekursiv</u> oder <u>rekursiv entscheidbar</u> genau dann, wenn die charakteristische Funktion ch mit ch(w) = 1 für $w \in L$, ch(w) = 0 für $w \in \Sigma^* \setminus L$ rekursiv ist.

L ist <u>rekursiv aufzählbar</u> genau dann, wenn L leer oder Wertebereich einer rekursiven Funktion f (über den natürlichen Zahlen) ist. Der Zusatz "über den natürlichen Zahlen" ist wahlfrei, der Übergang wird durch eine Gödelisierung vermittelt. Wird er in Anspruch genommen, so muß $f(n)$ im Gegensatz zu n nicht natürlich sein, muß aber für jedes n definiert sein. Man braucht f nur als primitiv-rekursiv vorauszusetzen: Nach dem Satz von Kleene (4.10) ist ein aufzählbares nicht leeres L Wertebereich einer Funktion $\mu w[g(w_1,\ldots,w_k) = ?\,]$ mit primitiv-rekursivem g. Mit g ist aber auch die Funktion g' mit

$$g'(w_1,\ldots,w_k,w) = w, \text{ falls } g(w_1,\ldots,w_k,w) = ?, \text{ aber}$$
$$g(w_1,\ldots,w_k,w') \neq ? \text{ für } w' < w,$$
$$g'(w_1,\ldots,w_k,w) = w_0 \text{ für ein festes } w_0 \in L \text{ sonst}$$

primitiv-rekursiv. g und g' haben den gleichen Wertebereich L.
Aus Satz 4.10. folgt natürlich, daß die rekursiv aufzählbaren Mengen genau die aufzählbaren Mengen von Definition 3.8. sind. Ebenso deckt sich die rekursive Entscheidbarkeit mit der Entscheidbarkeit von Definition 3.3. Analoges gilt für die Entscheidbarkeit von Teilmengen der Definition 3.7., über die charakteristische Funktion ins Rekursive übersetzt.
Mit ähnlichen Übelegungen, wie wir Satz 4.10. begründet haben, ergibt sich auch mit Hilfe der Churchschen These der früher schon (nach Definition 3.8.) angekündigte

Satz 4.11. Genau die Turing-akzeptierbaren Sprachen sind aufzählbar.
Beweis. a) Wir können für jedes n und k testen, ob das n-te Wort einer gegebenen Sprache in genau k Takten von einer gegebenen Turing-Maschine M akzeptiert wird. Mittels einer beliebigen Aufzählung der Paare (n,k) können wir so zu einer Aufzählung genau der von M akzeptierten Wörter kommen. Jede Turing-akzeptierbare Sprache ist also aufzählbar.
b) Eine Sprache L werde von der berechenbaren Funktion f aufgezählt. Die Turing-Maschine M schreibe hinter ein beliebiges Eingabewort w eine Zahl $k = 0, 1, 2, \ldots$, berechne dann $f(k)$ und vergleiche $f(k)$ mit w. Bei Gleichheit wird angehalten, anderenfalls $f(k)$ gelöscht und k durch $k+1$ ersetzt. M akzeptiert genau L.

Aus Teil a) des Beweises folgt sofort, daß eine entscheidbare Sprache auch aufzählbar ist.

Zum Abschluß dieses Abschnittes noch ein Blick auf weitere Verallgemeinerungen von Turing-Maschinen, von denen indes nach dem Bisherigen nicht mehr zu erwarten ist, daß sie mehr zu leisten vermögen als Standard-Turing-Maschinen (wie auch tatsächlich bewiesen worden ist).

<u>Definition 4.11.</u> Eine RAM-Maschine ist gegeben durch
1. ein Eingabeband wie bei Turing-Maschinen,
2. eventuell ein Ausgabeband wie bei Turing-Maschinen,
3. abzählbar viele Speicher ("Register") für (beliebig große) Binärzahlen, dafür existieren keine "inneren Zustände",
4. einen Befehlszähler,
5. eine numerierte endliche Menge von Befehlen (ein Programm), wobei Befehle der folgenden Art möglich sind:
a) Transportbefehle zwischen den Registern, auch mit indirekter Adressierung;
b) arithmetische Operationsbefehle;
c) bedingte und unbedingte Sprungbefehle mit Verstellung des Befehlszählers, der sonst jeweils um Eins weiterrückt;
d) abweisende und akzeptierende Haltebefehle, insbesondere der letzte im Programm;
e) Lesebefehle;
f) eventuell Schreibbefehle.
Die Methoden und Ergebnisse sind ähnlich wie bei Turing-Maschinen.

<u>Definition 4.12.</u> Eine <u>Iterative-Array-Maschine</u> ist definiert wie eine Turing-Maschine mit einem mehrdimensionalen Band, jedoch ohne Lese- und Schreibköpfe und ohne innere Zustände. Der Inhalt eines Feldes zum Zeitpunkt n+1 hängt vom Inhalt aller Nachbarfelder zum Zeitpunkt n ab. Einige Buchstaben sind akzeptierend, einige abweisend. Eine Inschrift wird akzeptiert, wenn ein Feld schließlich einen akzeptierenden Inhalt hat; sie wird abgewiesen, falls ein Feld einen abweisenden, aber keines einen akzeptierbaren Inhalt hat.
Die Methoden und Ergebnisse sind wiederum ähnlich wie bei Turing-Maschinen.

Ein markantes Beispiel für eine solche Iterative-Array-Maschine, aber ohne akzeptierende und abweisende Buchstaben, realisiert das bekannte Life-Spiel von Conway:
Das Band ist hier zweidimensional, jedes Feld ist leer oder mit x markiert. Ein im Zeitpunkt n leeres Feld mit genau drei beschriebenen Nachbarfeldern (horizontal, vertikal oder diagonal) wird zum Zeitpunkt n+1 ein x haben ("Geburt"), sonst bleibt es leer. Ein im Zeitpunkt n beschriebenes Feld mit genau zwei oder drei beschriebenen Nachbarn bleibt zum Zeitpunkt n+1 beschrieben. Wenn es dagegen null, einen oder mehr als drei Nachbarn hat, wird es zum Zeitpunkt n+1 gelöscht ("Tod" wegen "Isolation" oder "Übervölkerung").

4.3. Universelle Turing-Maschinen

Moderne Computer sind <u>programmierbar</u>. Das Programm kann in den Speicher geladen werden, ebenso wie auch die Daten. Der Computer führt dann das Programm bezüglich der eingegebenen Daten aus. Wir brauchen für neue Probleme im allgemeinen also zwar neue Programme, aber nicht unbedingt neue Computer.
Sind Turing-Maschinen ebenfalls "programmierbar"?
Die Antwort ist ein klares "Ja". Programme von beliebigen Turing-Maschinen M (die Turingtafeln bzw. die Überführungsfunktion δ) können auf das Eingabeband geschrieben und "universellen Turing-Maschinen" zusammen mit den Daten (dem Eingabewort von M) zur Ausführung übergeben werden.
Universelle Turing-Maschinen sind Turing-Maschinen, die jedes Programm jeder Turing-Maschine realisieren können, auf die Eingabedaten anwenden können.
Geschichtlich war es so, daß Turing erst das Konzept der Turing-Maschine einschließlich der universellen Turing-Maschine erfunden hat und dann auf der Grundlage dieses theoretischen Konzepts den Bau des ersten realen programmierbaren Computers in England leitete.

Bevor wir nun theoretisch die Existenz universeller Turing-Maschinen beweisen können, müssen wir ein paar bezeichnungstechnische Annahmen machen. Wir nehmen an, daß fortan für jede

Turing-Maschine $M = (Q, \Sigma, \delta, q)$ $Q \subseteq \{q_0, q_1, q_2, \ldots\}$, $q = q_0$ und
$\Sigma \subseteq \{a_1, a_2, a_3, \ldots\}$ gilt.Das bedeutet keine wesentliche
Einschränkung, nur eine eventuelle Umbezeichnung von Zuständen
und Buchstaben. Wie die Zustände bezeichnet werden, ist ohnehin
gleichgültig. Im übrigen wird so jede Turing-Maschine bis auf
eine Codierung ihres Alphabetes erfaßt. Jede Turing-Maschine
kann dann durch ein Wort über dem Alphabet
$\{q, \mid, a, (,), +, -, 0\}$ wie im folgenden Beispiel codiert
werden.

<u>Beispiel.</u> Es sei $M = (Q, \Sigma, \delta, q_0)$, $Q = \{q_0, q_2\}$, $\Sigma = \{a_1, a_3, a_6\}$, δ
durch die folgende Tafel gegeben:

	a_1	a_3	a_6	$\Box$
q_0	$(a_3, +, q_2)$	$(a_1, 0, q_0)$	$(, -, q_0)$	—
q_2	—	—	—	—

M wird dann codiert durch $c(M)$ gleich

$qq \mid\mid a \mid a \mid\mid\mid a \mid\mid\mid\mid\mid\mid\mid (qa\mid a\mid\mid\mid + q\mid\mid)(qa\mid\mid\mid a\mid 0q)(qa\mid\mid\mid\mid\mid\mid\mid a-q)$

$c(M)$ besteht hier aus

  $qq\mid\mid$, welches $Q = \{q_0, q_2\}$ codiert,

  $a\mid a\mid\mid\mid a\mid\mid\mid\mid\mid\mid\mid$, welches $\Sigma = \{a_1, a_3, a_6\}$ codiert,

  $(qa\mid a\mid\mid\mid + q\mid\mid)$, welches $\delta(q_0, a_1) = (a_3, +, q_2)$ codiert,

  $(qa\mid\mid\mid a\mid 0q)$,   welches $\delta(q_0, a_3) = (a_1, 0, q_0)$ codiert,

  $(qa\mid\mid\mid\mid\mid\mid\mid a-q)$, welches $(q_0, a_6) = (a_0, -, q_0) = (\Box, -, q_0)$ codiert,

$\Box$ wird also durch a_0 vertreten.

Die Code beliebiger Turing-Maschinen sind offensichtlich. Ebenso
sind die Wörter $\in \{a_0, a_1, \ldots, a_n, \ldots\}^*$ codierbar, wir codieren
also etwa jeweils a_n durch $a\mid^n$, a_0 vertrete wiederum das Leerzeichen $\Box$, als Code geschrieben a. Der Code $c(w)$ von w gleich
a_3, a_6 ist dann also beispielsweise $a\mid\mid\mid aa\mid\mid\mid\mid\mid\mid$.

Damit nun alle Codes wiederum in das Einheitsalphabet
$\{a_1, a_2, \ldots\}$ passen, vereinbaren wir noch, daß wir die Buchstaben
$q, \mid, a, (,), +, -, 0$ der Reihe nach als identisch mit den
Buchstaben $a_1, a_2, a_3, a_4, a_5, a_6, a_7, a_8$ ansehen. In diesem
Sinne ist dann für w gleich $a_3 \, a_6$ der Code $c(w)$ gleich

$a_3 \, a_2 \, a_2 \, a_2 \, a_3 \, a_3 \, a_2 \, a_2 \, a_2 \, a_2 \, a_2 \, a_2$.

Einzelheiten der Codierung sind indessen unwichtig; wesentlich ist nur, daß die Codierung eineindeutig in die Wortmenge über einem endlichen Alphabet abbildbar ist und daß sie in beiden Richtungen berechenbar ist. - Die Codierungsfunktion c sei für das folgende festgehalten.

<u>Definition 4.13.</u> Eine deterministische Turing-Maschine $M_0 = (Q_0, \Sigma_0, \delta_0, q_0)$ ist eine (deterministische) <u>universelle Turing-Maschine</u> genau dann, wenn für jede (deterministische) Standard-Turing-Maschine $M = (Q, \Sigma, \delta, q)$ und jedes Wort $w \in \{\Sigma \cup \square\}^*$ gilt:

1) M_0 ist genau dann auf $c(T)\square c(w)$ anwendbar, wenn M auf w anwendbar ist.

2) $c(M)\square c(w) \xrightarrow[M_0]{*} c(w')$ Stop, falls $w \xrightarrow{M} w'$ Stop.

(M₀ führt also M bezüglich c(w) statt w aus und löscht schließlich den Code c(M) des Programmes von M.)

Überzeugen wir uns, daß solche universellen Turing-Maschinen existieren. Wir stellen uns M₀ am zweckmäßigsten als 2-Band-Maschine vor. Auf Band 1 bleibt zunächst das M-Eingabewort stehen, um dann später bearbeitet zu werden. Auf Band 2 wird zunächst das Programm c(M) kopiert, zum Schluß gelöscht. Auf Band 3 wird jeweils nur der Code des aktuellen Zustands von M notiert, zunächst c(q). Es wird jeweils der Code eines Buchstabens auf Band 1 und der Zustand auf Band 3 gelesen und im Band 2 nachgesehen, ob ein zutreffender Befehl dort codiert vorhanden ist. Wenn nein, wird Band 2 und Band 3 gelöscht und dann angehalten; wenn ja, wird der Befehl bezüglich des auf Band 1 codierten Wortes ausgeführt und der auf Band 3 stehende Zustandscode entsprechend geändert, woraufhin der nächste Takt von M simuliert wird. Dieses Verfahren läßt sich offenbar durch eine Turing-Maschine beschreiben. - Analog gibt es auch nichtdeterministische universelle Turing-Maschinen.

4.4. Unberechenbarkeit (was Computer nicht können)

Wir haben bemerkt, daß entscheidbare Sprachen Turing-akzeptierbar sind. Wir kommen nun zur Nicht-Umkehrbarkeit dieses Zusammenhangs und damit zu einem ersten Unberechenbarkeitsresultat.

<u>Satz 4.12.</u> Formulierung 1: Nicht jede Turing-akzeptierbare Sprache (und damit nach Satz 4.11. nicht jede aufzählbare Sprache) ist entscheidbar.

Formulierung 2: Das Halteproblem für Turing-Maschinen (ob eine gegebene Turing-Maschine für ein gegebenes Eingabewort je hält) ist nicht entscheidbar.

<u>Beweis.</u> Wir nehmen das Gegenteil an: es müßte also für jede Turing-Maschine M und jedes Wort w entscheidbar sein, ob M auf w anwendbar ist, daß also in dieser Weise das Halteproblem für Turing-Maschinen entscheidbar ist. Es sei M_0 eine universelle Turing-Maschine. Dann müßte auch $L(M_0)$ als Turing-akzeptierbare Sprache entscheidbar sein, es müßte also eine "Super"-Turing-Maschine geben, die für jede Turing-Maschine M und jedes Wort w entscheidet, ob $c(M) \square c(w)$ zu $L(M_0)$ gehört, bzw. gleichwertig, ob w zu $L(M)$ gehört, ob M das Wort w akzeptiert. Nun sei speziell $w = c(M)$. Die Super-Turing-Maschine würde also insbesondere auch entscheiden, ob M das Wort $c(M)$ akzeptiert, also ob $c(M)$ zu $L(M)$ gehört. Es ist ohne weiteres entscheidbar, ob ein gegebenes Wort w der Code $c(M)$ einer Turing-Maschine ist; somit ist nach Annahme entscheidbar die Sprache

$$L_1 = \{c(M) \mid M \text{ akzeptiert das Wort } c(M)\}.$$

Dann ist natürlich ebenso die komplementäre Sprache

$$L_2 = \{c(M) \mid M \text{ akzeptiert das Wort } c(M) \text{ nicht}\}$$

entscheidbar und somit erst recht Turing-akzeptierbar. Dann muß es aber eine L_2 akzeptierende Turing-Maschine M_2 geben. Wenn nun $c(M_2) \in L_2$, so akzeptiert M_2 das Wort $c(M_2)$ nach Definition von L_2 nicht; dann gilt $c(M_2) \notin L_2$ nach Forderung an M_2. Wenn andererseits $c(M_2) \notin L_2$, dann akzeptiert M_2 nach Definition von L_2 das Wort $c(M_2)$, also $c(M_2) \in L_2$ nach Forderung an M_2. In jedem Falle kommen wir zu einem Widerspruch, der nur aufzuheben ist, wenn wir die Annahme fallenlassen, daß $L(M_0)$ entscheidbar ist. Das Halteproblem ist also nicht entscheidbar.

Der interessierte Leser wird in diesem Beweis das von Cantor für die Überzählbarkeitsbeweise der Mengenlehre verwendete Diagonalverfahren ebenso wiedererkennen wie die klassische Antinomie des Lügners. Das Diagonalverfahren wird insoweit verwendet, als in der Relation

M akzeptiert das Wort w

die Identifizierung der beiden Argumente (bis auf eine Codierung)

    M akzeptiert das Wort c(M)

verwendet und das ganze dann negiert wird. Die Identifizierung
der Argumente kennzeichnet die Diagonale der Relation. Die
negierte Diagonale bezeichnet ein in der Abzählung (etwa der
reellen Zahlen bei Cantor) bzw. Aufzählung (der $(M,c(M))$ nicht
erfaßtes Objekt $(M_2,c(M_2))$. Bei umgekehrter Lesung der Codierung

    $c^{-1}(w)$ akzeptiert das Wort w

behauptet ein Wort bis auf die Codierung seine eigene Akzeptanz
bzw. in

    $c^{-1}(w)$ akzeptiert das Wort w nicht

seine eigene Nicht-Akzeptanz; eine Variante der eigenen Falschheit, entspricht also dem klassischen

    "Der Satz, den ich jetzt ausspreche, ist falsch."

bzw.

    "Ich lüge."

Ähnlich fand Gödel eine zahlentheoretische Aussage, die inhaltlich gedeutet werden konnte als

    "Dieser Satz ist (zwar wahr, aber) nicht beweisbar.",

und bewies so die Nichtaxiomatisierbarkeit der Zahlentheorie,
den berühmten sogenannten Unvollständigkeitssatz.

Die alte Antinomie hat also für die moderne Wissenschaft Anwendungen gefunden, Anwendungen vor allem für die Grenzen einer
algorithmisch vorgehenden Wissenschaft: Wir haben ein algorithmisch nicht entscheidbares Problem gefunden und zugleich die
Unentscheidbarkeit der Logik bewiesen. Für jedes M und w ist ja
"M akzeptiert w" wahr oder falsch, und dies folgt logisch aus
den Definitionen der Turing-Maschinen und der Wörter, aber die
gleiche Aussage ist nicht entscheidbar, also es ist nicht entscheidbar, ob

    "M akzeptiert w"

oder

    "M akzeptiert w nicht"

aus jenen Definitionen mit gewissen Regeln logisch herleitbar
ist; eine der beiden Aussagen ist natürlich wahr, wir haben nur
kein algorithmisches Mittel, zu entscheiden, welche.

Schlimmer noch: Es ist nicht einmal möglich, wie eben noch unterstellt, die Definitionen der Turing-Maschine, der Wörter, des (vor allem) Akzeptierens der Wörter durch die Turing-Maschine förmlich so zu beschreiben (zu "axiomatisieren" durch ein entscheidbares oder wenigstens aufzählbares Axiomensystem formaler Ausdrücke), daß jeweils eine der beiden Aussagen mit übersehbaren (entscheidbaren) Regeln aus den Beschreibungen herleitbar wäre. Dann wären nämlich alle Akzeptanzaussagen und ebenso alle Nicht-Akzeptanzaussagen aufzählbar und somit das Problem doch wieder entscheidbar. Wir haben also dieselbe Situation wie bei der Zahlentheorie (Gödels Unvollständigkeitssatz), und das ist auch nicht unbedingt weiter erstaunlich, denn in die Definition des Akzeptierens (Stehenbleibens in vielen Schritten) geht über das "in endlich vielen" einiges von der Theorie der natürlichen Zahlen ein.

Die philosophische Bedeutung dieser Grenzen mechanischen, algorithmischen Vorgehens ist schwer abzuschätzen; schließlich ist umstritten, ob der Mensch selbst eine Art Turing-Maschine ist und deren Begrenzungen unterliegt. Turing selbst war dieser Ansicht, dagegen spricht folgendes:

Die (praktisch) unendliche Umwelt umfaßt den Menschen als einen Teil von sich und beeinflußt ihn, steht .in Wechselwirkung mit ihm. Der Mensch kann insoweit nicht als statisches System von endlich vielen Anweisungen aufgefaßt werden. Auch das verwendete Alphabet ist nicht leicht als endlich anzusehen, jedenfalls im Vergleich wiederum zur menschlichen Überführungsfunktion. Die vorgefundene "Bandinschrift" ist im Vergleich zum Menschen ebenfalls als unendlich anzusehen.

Für die Auffassung Turings spricht:

Der Mensch ist ein endliches Wesen, das endlich viele Zustände aufweisen kann, immer nur einen endlichen Teil seiner Umwelt übersieht.

Aber:

Er denkt über seine Umwelt abstrahierend nach und schöpft hieraus Erkenntnisse über sich selbst und seine Umwelt, seine Fähigkeiten und seine Grenzen.

Aber zurück zum Thema.

Folgerung aus Satz 4.12.: Das Komplement $\Sigma^* \setminus L$ einer Turing-akzeptierbaren (bzw. aufzählbaren) Sprache L über dem Alphabet braucht nicht Turing-akzeptierbar (bzw. aufzählbar) zu sein.

Satz 4.13. (Unentscheidbare Probleme über Turing-Maschinen).
Folgende Fragen sind sämtlich in den durch Variable angegebenen Parametern unentscheidbar:

a) Hält die Turing-Maschine M bei Eingabe eines Wortes w an (ein Problem in zwei Parametern M und w)?

b) Hält eine Turing-Maschine bei Eingabe eines Wortes w an (ein Problem in einem Parameter w, bei konstanter Turing-Maschine; gilt natürlich nicht für alle Turing-Maschinen)?

c) Hält die Turing-Maschine M bei Eingabe von ε an?

d) Hält die Turing-Maschine M bei Eingabe wenigstens eines Wortes an?

e) Hält die Turing-Maschine M bei Eingabe eines beliebigen Wortes an?

Gleichbedeutend: Bricht ein Algorithmus immer, bei beliebigen Daten, ab?

Es gibt kein Computerprogramm, das für beliebige Computerprogramme entscheidet, ob sie immer terminieren.

f) Ist $L(M_1) = L(M_2)$ für Turing-Maschinen M_1, M_2?

Es gibt kein Computerprogramm, das für ein beliebiges Computerprogramm entscheidet, ob es das Verlangte leistet. Das Verifikationsproblem ist unentscheidbar.

g) Ist $L(M)$ für eine Turing-Maschine M regulär, kontextfrei, unentscheidbar?

Es gibt jeweils keine einheitlichen Verfahren, Algorithmen, Turing-Maschinen, die für alle Parameter die Fragen beantworten.

Beweis.

a) Satz 4.12.

b) Beweis von Satz 4.12. und dortige Turing-Maschine M_0.

c) Es seien M eine Turing-Maschine, w ein Wort. Die Turing-Maschine M_w schreibe zunächst w hin, dann simuliere sie M. Es gilt genau dann $\varepsilon \in L(M_w)$, wenn $w \in L(M)$. Wir nehmen an, daß $\{c(M) \mid \varepsilon \in L(M)\}$ entscheidbar ist. Wir können annehmen, daß die Turing-Maschinen M_w eine entscheidbare Menge von Turing-Maschinen sind (indem wir etwa während des Aufschreibens von w grundsätzlich Zustände verwenden lassen, die bei der Simulation nicht mehr verwendet werden). Dann ist auch $\{(M_w) \mid \varphi \in L(M_w)\}$ entscheidbar, also auch $\{c(M_w) \mid w \in L(M)\}$. Da M_w aus M berechenbar ist und somit auch $c(M_w)$ aus $c(M)$, ist dann auch $\{c(M) \mid w \in L(M)\}$ entscheidbar, im Widerspruch zu a).

d) Wir betrachten nur die entscheidbare Menge derjenigen Turing-Maschinen, die eine beliebige Eingabe zunächst ausradieren und dann in den Anfangszustand zurückgehen. Wenn entscheidbar ist, ob die Turing-Maschine später anhält, ist auch c) entscheidbar.

e) wie d).

f) M_1 arbeite gar nicht, sei also auf alle Wörter über ihrem Alphabet anwendbar. Damit reduziert sich die Frage auf e).

g) Es sei M_0 eine Turing-Maschine, für die $L(M_0)$ nicht entscheidbar ist; zum Beispiel kann M_0 universell sein. M sei eine beliebige Turing-Maschine. M' sei dann eine Zweibandmaschine, die zunächst mit dem leeren Band 2 dasselbe macht wie M mit φ und dann mit dem Band 1 dasselbe wie M_0.

Es sei M" eine Standard-Turing-Maschine, die M' simuliert. M" (wie auch M') hält entweder nie (falls M bei φ nicht hält), oder sie akzeptiert gerade $L(M_0)$. Da Frage c) bezüglich des Parameters M nicht entscheidbar ist, läßt sich auch nicht entscheiden ob $L(M") = \emptyset$ oder $L(M") = L(M_0)$. Die Sprache $\emptyset$ ist regulär und kontextfrei und entscheidbar. $L(M_0)$ ist nichts von alledem. Es ist also nicht entscheidbar, ob $L(M")$ regulär, kontextfrei, entscheidbar ist.

Weitere unentscheidbare Probleme sind:

- Die Gültigkeit eines Ausdruckes in der Prädikatenlogik (wie oben schon angedeutet).

- Die Gültigkeit in der Zahlentheorie (wegen des schon genannten Gödelschen Unvollständigkeitssatzes).

- Die Wortprobleme in der Halbgruppen- und Gruppentheorie: Die Identität von zwei Termen bei gewissen Halbgruppen und Gruppen ist nicht entscheidbar.

- Ist der Durchschnitt zweier gegebener kontextfreier Sprachen
  leer? (Gibt es Programme, die gleichzeitig zu zwei gegebenen
  Programmiersprachen gehören?)
- Die Eindeutigkeit von kontextfreien Sprachen in dem Sinne, daß
  inhaltlich mehrdeutige Sätze wie
        "Er schlug den Jungen mit der Mütze."
  die zwei wesentlich verschiedene Ableitungen in der Grammatik
  besitzen, ausgeschlossen sind:

1)
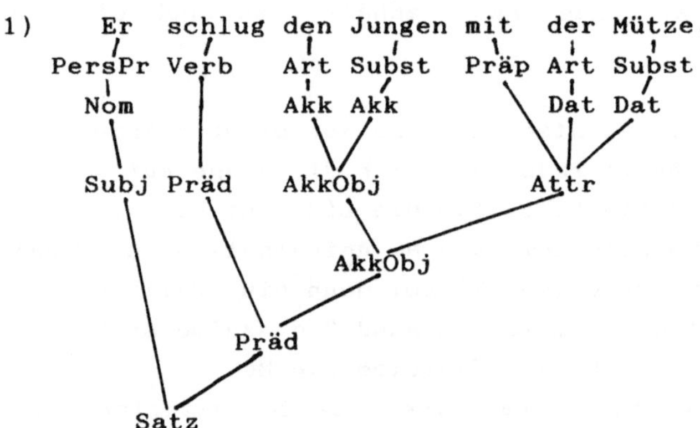

2)
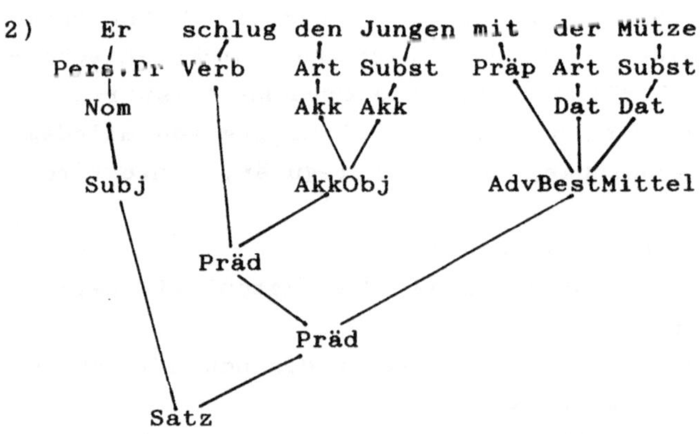

5. Einführung in die Komplexitätstheorie

Wir haben bisher zwischen dem Berechenbaren und dem Nichtberechenbaren unterschieden. Diese Unterscheidung ist für die Praxis viel zu grob. Man denke etwa an das Rundreiseproblem (das Problem des reisenden Handelsvertreters):

Gegeben sind n Orte mit den Entfernungen zwischen je zwei dieser Orte. Gesucht ist die kürzeste Rundreise durch diese n Orte. Für n = 10 ist eine Lösung vom Computer bequem zu ermitteln. Für n = 30 ist dasselbe Problem allerdings von keinem Computer auch der Zukunft zu bewältigen, obgleich die Berechenbarkeit des Problems angesichts nur endlich vieler existierender Wege außer Zweifel steht.

Beim Schachspiel (und einigen anderen Spielen) besitzen zwar beide Seiten je eine optimale Strategie, sie ist aber nur theoretisch, nicht praktisch berechenbar.

Die Komplexitätstheorie bemüht sich um eine feinere Einteilung, indem das Berechenbare nach dem Maß des Aufwandes feiner unterteilt wird. Sie stellt sich also zunächst die Frage: Welcher Aufwand ist notwendig, um ein Problem bzw. eine bestimmte Klasse von Problemen (einheitlich) zu lösen. Der Aufwand ist zu unterteilen in

a) den programmtechnischen Aufwand: Wie lang wird das Programm? Wie kompliziert ist es? Das ist gleichbedeutend zu: Wieviel Speicherplatz benötigt das Programm in einer so und so ausgerüsteten Maschine zu seiner eigenen Unterbringung (noch nicht zur Abarbeitung)? Die Ausrüstung der Maschine ist dabei insoweit von Bedeutung, als dadurch die programmtechnischen Mittel, die Konstrukte der Programmiersprache bestimmt werden. Das ist die <u>statische Programmkomplexität.</u>

b) Wieviel Platz benötigt das Programm unter den gleichen Umständen für seine Abarbeitung in Abhängigkeit von den Eingabedaten? Das ist eine Form der <u>dynamischen Programmkomplexität.</u>

c) Wieviel Zeit benötigt das Programm unter den gleichen Umständen für seine Abarbeitung in Abhängigkeit von den Eingabedaten? Das ist eine andere Form der dynamischen Programmkomplexität.

Der Zeitaspekt gilt dabei als der wichtigste. Freilich hängen Raum- und Zeitkomplexität in gewissem Maße zusammen, wir kommen in 5.4. darauf zurück. - Zu großer Raum- bzw. Zeitbedarf sind es, die theoretisch lösbare Probleme praktisch unlösbar machen. Beim Rundreiseproblem ist der Zeitbedarf von der Größenordnung a^n für eine Konstante a und die Zahl n der Orte. Um Schach zu entscheiden, sind rund 10^{100} Stellungen zu durchsuchen.

In den folgenden Unterabschnitten betrachten wir einige sehr allgemeine Begriffe, um dann ebenso allgemeine Aussagen über jede Art der Komplexität (ohne insbesondere b) und c) unterscheiden zu müssen) machen zu können.

5.1. Programmiersprachen und Numerierungen

Wir sehen vorläufig eine Programmiersprache als eine Menge von Programmen oder Algorithmen oder Beschreibungen von Computern (etwa Turingmaschinen oder Verallgemeinerungen davon) oder berechenbaren Funktionen an. Wir sehen diese Begriffe alle als synonym an, wozu wir wegen der Churchschen These berechtigt sind. Zu jedem Programm gibt es zulässige (syntaktisch korrekte) Eingaben.

Die zulässigen Eingaben brauchen nicht den akzeptierten Wörtern von Turing-Maschinen zu entsprechen, nur den Wörtern über dem Alphabet der jeweiligen Turing-Maschine. Zu jeder zulässigen Eingabe liefert das Programm eventuell entsprechende Ausgaben, eventuell aber auch nicht.

Die Zuordnung

$$\text{(Programm, zulässige Eingabe)} \longrightarrow \text{Ausgabe}$$

ist eine berechenbare partielle Funktion, also nach der Churchschen These eine partiell-rekursive Funktion, denn die Zuordnung wird von einem einheitlichen Verfahren bestimmt, das freilich nicht in jedem Falle terminiert.

Nun können wir, wie schon in Kapitel 4., dem Programm, den zulässigen Eingaben und den Ausgaben eineindeutig berechenbare Zahlen (Gödelzahlen) zuordnen, indem wir dabei nur voraussetzen, daß sie alle Wörter über einem endlichen oder auch abzählbaren Alphabet sind. Wenn wir jeweils eine solche feste Gödelnummern-

Zuordnung festhalten, dürfen wir die Objekte und ihre Gödel-
nummern identifizieren, indem wir uns das Hin- und Herrechnen
zwischen Objekt und Gödelnummer als eine unerhebliche Transformation vorstellen. (Wir sagten eben "Gödelnummern-Zuordnung"
statt der näherliegenden "Gödelnumerierung", denn dieser Begriff
wird gleich etwas anders verwendet.) Nach der Identifizierung
ist dann die Zuordnung

(Programm-Nummer, Nummer der zulässigen Eingabe)$\longrightarrow$
Ausgabennummer

nur noch eine partiell-rekursive Funktion über den natürlichen
Zahlen.

Definition 5.1. Eine Numerierung ist eine zweistellige partiell-
rekursive Funktion über den natürlichen Zahlen.
Wenn φ eine Numerierung ist, schreiben wir statt $\varphi(i,x)$
vorzugsweise $\varphi_i(x)$.
Jede Numerierung φ definiert eine Menge $\{\varphi_i \mid i \in N\}$ von partiell-rekursiven Funktionen. i wird (im Sinne unserer Konvention
über die Gödelnummern-Codes) dabei als ein Programm bzw. die
Nummer eines Programms angesehen, φ_i als die Funktion des Programms, die vom Programm berechnete (Ein-Ausgabe-Funktion), nämlich die berechenbare partielle Funktion

(Nummer der) Eingabe$\longrightarrow$(Nummer der) Ausgabe.

Ganz φ wird als eine aus den Programmen i für die φ_i bestehende
Programmiersprache angesehen. φ heißt **Numerierung** von
$\{\varphi_i \mid i \in N\}$, diese Menge ist (durch φ) **numerierbar**. (Die Funk-
tionsmenge $\{\varphi_i \mid i \in N\}$ ist dann inhaltlich durch eine Programmiersprache beschreibbar.)
Beispiel. Es sei $\varphi(i,x) = i^x$, für alle i, x. φ ist eine
Numerierung der Potenzfunktionen $\varphi^i:x\longrightarrow i^x$.

Definition 5.2. Eine Numerierung φ heißt **universell** genau dann,
wenn φ alle einstelligen partiell-rekursiven Funktionen über den
natürlichen Zahlen definiert, es also zu jeder partiell-rekursiven Funktion f über N ein i mit $\varphi_i = f$ gibt.
Zum Vergleich: Eine universelle Turing-Maschine φ ordnet jedem
Paar (i,j) mit i = Code einer beliebigen Turing-Maschine, j =
Code einer Eingabe den Code einer entsprechenden Ausgabe (falls

existent) zu. Von einer beliebigen berechenbaren Funktion f ausgehend können wir zum Code i einer f berechnenden Turing-Maschine gelangen und somit zur Funktion φ_i, die f (bis auf die Codierung) berechnet.
Aus der Existenz universeller Turing-Maschinen folgt sofort

<u>Satz 5.1.</u> Es gibt universelle Numerierungen.

Es gibt also universelle Programmiersprachen, Programmiersprachen, die jeden beliebigen Algorithmus beschreiben können, die "algorithmisch vollständig" sind (von den nicht von vornherein algorithmisch konzipierten Programmiersprachen gehört übrigens auch PROLOG dazu). Das heißt, zu jedem Algorithmus gibt es einen gleichwertigen innerhalb der Programmiersprache, einen, der die gleiche Funktion beschreibt. Das bedeutet allerdings noch nicht, daß zu jedem Algorithmus effektiv ein gleichwertiger innerhalb der Programmiersprache angegeben werden kann. Das ist erst für Gödelnumerierungen möglich (siehe unten Definition 5.4.).
Wir bemerken, daß die Menge der rekursiven (totalen) Funktionen über N nicht numerierbar ist, der Begriff der berechenbaren totalen Funktion also nicht programmierbar ist. Dies ergibt sich durch ein Diagonalverfahren. Nehmen wir etwa an, φ wäre eine Numerierung dieser Funktionen. Dann sei

$$\psi(n) = 0, \text{ falls } \varphi(n,n) \neq 0,$$
$$\psi(n) = 1, \text{ falls } \varphi(n,n) = 0.$$

ψ ist eine rekursive Funktion über allen natürlichen Zahlen, da φ auf Grund der Voraussetzung überall definiert ist. Es gibt also ein i mit $\psi = \varphi_i$. Dann gilt $\psi(i) = \varphi_i(i) = \varphi(i,i)$, aber andererseits $\psi(i) \neq \varphi(i,i)$ nach Definition von ψ. Aus diesem Widerspruch ergibt sich die Nichtexistenz von φ.
Es stellt sich die Frage, welche Klassen partiell-rekursiver Funktionen numerierbar (programmierbar) sind. Eine zweite Frage ist die, welche Zusammenhänge zwischen verschiedenen Numerierungen derselben Klasse bestehen.
Es seien beispielsweise zwei programmierbare Rechner des gleichen Leistungsumfanges gegeben. Diese entsprechen zwei Numerierungen derselben Klasse. Es fragt sich dann, ob jedes Programm

für den einen Rechner effektiv in ein Programm für den anderen
Rechner übersetzt werden kann, bzw. ob der erste Rechner zusammen mit einem Übersetzungsprogramm den anderen Rechner simulieren kann, bzw. ob es einen Compiler von der einen Programmiersprache in die andere gibt. Das gibt Anlaß zur folgenden
Definition.

Definition 5.3. Es seien φ, ψ Numerierungen derselben Funktio-
nenklasse. φ heißt genau dann reduzierbar auf $\psi (\varphi \leqslant \psi)$, wenn es
eine rekursive Funktion h gibt mit $\varphi_i = \psi_{h(i)}$ für jedes i, also
mit $\varphi(i,x) = \psi(h(i),x)$ für alle i und alle x, für die eine Seite
der Gleichung definiert ist.
h kann dann als Übersetzungsfunktion von φ in ψ angesehen werden: Jedes Programm i bezüglich φ wird effektiv (berechenbar) in
ein Programm h(i) bezüglich ψ mit der gleichen Leistung übersetzt: $\varphi_i = \psi_{h(i)}$.
Solche Übersetzungen gibt es nicht immer:

Satz 5.2 (von Friedberg). Es gibt bezüglich $\leqslant$ unvergleichbare
Numerierungen derselben Funktionsklasse.
Es kann also sein, daß es zwar zu jedem Programm der einen Programmiersprache ein gleichwertiges der anderen Programmiersprache gibt, dieses aber nicht durch ein einheitliches effektives Verfahren angegeben werden kann.
Wir ergänzen unsere Fragestellung: Gibt es universelle Programmiersprachen (Computer) φ in dem Sinne, daß zu jeder weiteren
Programmiersprache ψ ein effektives Verfahren existiert, um
jedes Programm bezüglich ψ in ein Programm bezüglich φ zu über-
setzen? Eine solche Programmiersprache φ wäre bezüglich $\leqslant$
maximal, jede Programmiersprache ψ wäre in φ übersetzbar. –
Unter der Annahme, daß es so etwas gibt (das ist der Fall, Satz
5.3.), geben wir diesen universellen Programmiersprachen eine
Bezeichnung:

Definition 5.4. Eine Numerierung φ heißt genau dann <u>Gödel-
numerierung</u>, wenn
1) φ universell ist und
2) für alle Numerierungen ψ gilt $\psi \leqslant \varphi$.

<u>Satz 5.3.</u> Es gibt Gödelnumerierungen.

<u>Beweis.</u> Es sei genau dann $\varphi(i,x) = y$, wenn die Turing-Maschine M mit $gn(M) = i$ auf die Eingabe w mit $gn(w) = x$ anwendbar ist und als Ergebnis ein Wort w' mit $gn(w') = y$ liefert bezüglich einer Gödelisierungsfunktion gn (zahlentheoretischen Codierung) wie in Kapitel 4. φ ist universell, denn φ realisiert genau die Ein- und Ausgabefunktion einer universellen Turing-Maschine. Es sei nun ψ eine beliebige Numerierung, die Turing-Maschine M realisiere ψ, und es gelte also genau dann $\psi(i,x) = y$, wenn $\vdash^i \square \vdash^x \xrightarrow[M]{*} \vdash^y$. $h(i)$ sei die Gödelnummer $gn(M_i)$ einer Turing-Maschine M_i, die ein beliebiges Wort w in $\vdash^i \square\ w$ überführt und anschließend wie M weiterarbeitet. Die Funktion h ist rekursiv. Es gilt $\varphi_{h(i)}(x) = \varphi(h(i),x) = y$ genau dann, wenn $\vdash^x \xrightarrow[M_i]{*} \vdash^y$, also genau dann, wenn $\vdash^x \xrightarrow[M_i]{*} \vdash^i \square \vdash^x \xrightarrow[M]{*} \vdash^y$, d. h. genau dann, wenn $\psi(i,x) = y$ bzw. $\psi_i(x) = y$, jeweils für alle i und alle x, für die $\varphi_{h(i)}$ oder $\psi_i(x)$ definiert ist; folglich gilt $\psi \leqslant \varphi$.

<u>Satz 5.4.</u> Für zwei Gödelnumerierungen φ,ψ gilt nicht nur $\varphi \leqslant \psi$ und $\psi \leqslant \varphi$, es gibt sogar eine eineindeutige, in beiden Richtungen berechenbare Funktion h mit $\varphi_i = \psi_{h(i)}$ und $\psi_i = \varphi_{h^{-1}(i)}$ für alle i, so daß ψ dann sogar eine umkehrbar berechenbare Permutation von φ darstellt und in diesem Sinne von φ nicht wesentlich verschieden ist. Noch anders ausgedrückt: Die nach dem Beweis zu Satz 5.3. existierende Gödelnumerierung ist bis auf umkehrbar berechenbare Permutationen die einzige Gödelnumerierung. Indessen existieren, so wie es "einfache" und "unübersichtliche" umkehrbar berechenbare Permutationen gibt, auch "einfache" und "schwierige", "leichte" und "komplizierte" Gödelnumerierungen. - Wir verzichten auf den recht komplizierten Beweis des Satzes.

Wir dürfen deshalb ohne Nachteil so verfahren, weil wir uns für das weitere durchaus auf solche Gödelnumerierungen stützen können, die aus einer festen und nach unserem Beweis zu Satz 5.3. existierenden Gödelnumerierung durch umkehrbar berechenbare Permutationen hervorgehen.

<u>Satz 5.5.</u> Es sei φ eine Gödelnumerierung. Für jede Funktion φ_i

gibt es unendlich viele effektiv angebbare j mit $\varphi_i = \varphi_j$. (Für jede Funktion φ_i gibt es also eine aufzählbar unendliche Menge von Programmrealisierungen j ($\varphi_i = \varphi_j$).)

<u>Beweis</u>.

a) über Satz 5.4. Wir definieren eine neue Gödelnumerierung ψ durch $\psi_{2^i 3^j} = \varphi_i$ für alle i, $\psi_k(x) = 0$, falls k nicht die Gestalt $2^i 3^j$ hat, für jedes x. Nun gilt $\varphi_i = \psi_{2^i 3^j} = \varphi_{h(2^i 3^j)}$ für eine nach Satz 5.4. existierende Funktion h und alle j.

b) Wenn wir uns inhaltlich nur darauf stützen, daß die Gödelnumerierung bis auf umkehrbar berechenbare Permutationen gerade die im Beweis zu Satz 5.3. angegebenen sind, dann ist Satz 5.5. offensichtlich. Das Hinzufügen beliebiger fiktiver Zustände zu einer Turing-Maschine bzw. redundanter Zeilen zu einem Programm ändert zwar formal die Berechnung, den Code, aber nicht das Verhalten, die realisierte Funktion.

Die Frage nach einer besten Programmrealisierung für eine gegebene partiell-rekursive Funktion bleibt zunächst offen.

Eine umkehrbar berechenbare Permutation liefert nie eine vollständige Umnumerierung:

<u>Satz 5.6.</u> (Fixpunktsatz). Für beliebige Gödelnumerierungen φ und beliebige rekursive Funktionen h gibt es Zahlen a mit $\varphi_{h(a)} = \varphi_a$.

<u>Beweis.</u> Es sei $\psi(n,x) = \varphi(\varphi(n,n),x)$, falls $\varphi(n,n)$ definiert ist; $\psi(n,x)$ sei nicht definiert, falls $\varphi(n,n)$ nicht definiert ist. Die so definierte Funktion ψ ist partiell-rekursiv. Da φ als Gödelnumerierung vorausgesetzt ist, existiert eine rekursive Funktion g mit $\psi_i = \varphi_{g(i)}$ für jedes i. Da auch die verkettete Funktion hog rekursiv und ψ als Gödelnumerierung universell ist, existiert weiter ein j mit hog $= \varphi_j$, also mit $h(g(x)) = \varphi_j(x)$ für alle x. Die Funktionen h und g sind für alle Argumente definiert, damit auch hog, insbesondere existiert $h(g(j)) = \varphi_j(j)$. Es gilt dann $\varphi_{g(j)} = \psi_j = \varphi_{\varphi(j,j)} = \varphi_{\varphi_j(j)} = \varphi_{h(g(j))}$. Wir setzen a $= g(j)$ und haben ein a wie gefordert. Dieses ist darüber hinaus durch φ und h effektiv bestimmbar, denn g ist durch die Gödelnumerierung ψ effektiv bestimmt und j ebenso.

<u>Folgerung</u>. Je zwei Gödelnumerierungen φ und ψ haben einen gemeinsamen Index, es existiert also ein a mit $\varphi(a) = \psi(a)$. Es gilt nämlich $\psi_i = \varphi_{h(i)}$ für eine rekursive Funktion h und alle i. Nach dem Satz folgt die Existenz eines a mit $\psi_a = \varphi_{h(a)} = \varphi_a$.

<u>Satz 5.7.</u> (von Rice). Es sei P eine nichttriviale Menge von partiell-rekursiven Funktionen über natürlichen Zahlen in dem Sinne, daß es je eine partiell-rekursive Funktion dieser Art gibt, die zu P gehört und die nicht zu P gehört. Dann ist die Menge $M_P = \{i \mid \varphi_i \in P\}$ ihrer Programmbeschreibungen nicht entscheidbar. Das gilt insbesondere für $P = \{\varphi_i\}$, also ist die Gleichung $\varphi_i = \varphi_j$ in den Parametern i und j nicht entscheidbar. (Es ist nicht entscheidbar, ob zwei Programme äquivalent sind, d. h. die gleiche Ein-Ausgabefunktion realisieren.)

<u>Beweis</u>. Es seien $\varphi_u \in P$ und $\varphi_v \notin P$, und es gelte $h(i) = v$, falls $\varphi_i \in P$, aber $h(i) = u$, falls $\varphi_i \notin P$. Wenn M_P entscheidbar wäre, so wäre h rekursiv. Nach Satz 5.6. würde dann ein a mit $\varphi_a = \varphi_{h(a)}$ existieren. Wenn nun $\varphi_a \in P$, so $h(a) = v$, $\varphi_a = \varphi_v \notin P$, woraus sich ein Widerspruch ergibt. Wenn andererseits $\varphi_a \notin P$, dann $h(a) = u$, $\varphi_a = \varphi_{h(a)} = \varphi_u \in P$, was ebenfalls einen Widerspruch ergibt. Die Annahme der Entscheidbarkeit von M_P ist mithin nicht haltbar.
Es läßt sich diese Unentscheidbarkeit in gewissem Grade messen, also vergleichen:

<u>Definition 5.5.</u> Es seien A, B aufzählbare "nichttriviale" Mengen natürlicher Zahlen, und es gelte also $\phi \subset A, B \subset N$. A heißt genau dann <u>reduzierbar auf</u> B, geschrieben $A \le B$, wenn es eine rekursive Funktion h gibt mit $x \in A \longleftrightarrow h(x) \in B$ für jedes $x \in N$.
Wenn also irgendeine Autorität über die Zugehörigkeit zu B entscheidet, wird auf diese Weise mittels der rekursiven Funktion h auch A entschieden.
Dieser Reduzierbarkeitsbegriff ist nur einer von mehreren möglichen und naheliegenden; statt $\le$ wird auch $\le_m$ (m steht für "many") geschrieben; eine entsprechende feinere, von uns nicht verwendete Relation $\le_1$ wird definiert, indem h zusätzlich als eineindeutig vorausgesetzt wird.

<u>Definition 5.6.</u> Unter den Voraussetzungen von Definition 5.5. gelte genau dann $A \equiv B$, wenn $A \leqslant B$ und $B \leqslant A$.

A und B haben den gleichen Grad der Unentscheidbarkeit, bezüglich $\equiv_m$ bzw. $\equiv_1$ gilt Analoges wie eben.

Die entscheidbaren Mengen sind bezüglich $\leqslant$ minimal; es seien nämlich A entscheidbar und B aufzählbar, $b_0 \in B$, $b_1 \notin B$. Wir setzen $h(a) = b_0$ für $a \in A$, $h(a) = b_1$ für $a \in N \setminus A$. h ist rekursiv mit $x \in A \longleftrightarrow h(x) \in B$ für jedes $x \in N$, so daß tatsächlich $A \leqslant B$ gilt.

Es gibt freilich auch maximal unentscheidbare Mengen:

<u>Definition 5.7.</u> Die nichttriviale aufzählbare Menge B ist genau dann <u>vollständig</u>, wenn $A \leqslant B$ für jedes nichttriviale aufzählbare A gilt.

<u>Satz 5.8.</u> Es sei φ eine Gödelnumerierung. Die Menge $D_\varphi = \{x \mid \varphi_x(x)$ ist definiert$\}$ ist vollständig.

Das Problem der Selbstanwendung von Turing-Maschinen ist also maximal unentscheidbar.

<u>Beweis.</u> Es sei A nichttrivial, aufzählbar. Unabhängig von $x \in N$ gelte $\psi_i(x) = i$, falls $i \in A$; $\psi_i(x)$ sei nicht definiert für $i \notin A$. ψ ist partiell-rekursiv: ein Berechnungsverfahren für ψ besteht darin, für ein beliebig gegebenes Paar (i,x) abzuwarten, bis bei einer gegebenen, A aufzählenden Funktion der Wert i erscheint, dann wird $\psi(i,x) = i$ gesetzt, ψ ist also eine Numerierung. Da φ als Gödelnumerierung vorausgesetzt ist, existiert eine rekursive Funktion h mit $\varphi_{h(i)} = \psi_i$ für jedes i. Es gilt genau dann $i \in A$, wenn

$- \psi_i(x)$ definiert ist (unabhängig von x),

$- \varphi_{h(i)}(x)$ definiert ist (unabhängig von x),

$- \varphi_{h(i)}(h(i))$ definiert ist,

$- h(i) \in D_\varphi$ gilt.

Hieraus ergibt sich $A \leqslant D_\varphi$.

5.2. Programm- oder Beschreibungskomplexität

Die Programm- oder Beschreibungskomplexität   (die statische Komplexität eines Programmes) ist eine natürliche Zahl, die nur der äußeren Gestalt eines Programmes zugeordnet ist und nichts mit dem Ablauf des Programmes zu tun hat. Letzteres wird von der dynamischen Komplexität erfaßt. Die Art und Weise, wie die statische Komplexität eines Programmes zu messen ist, ist keineswegs eindeutig bestimmt und wird zweckmäßigerweise nur durch axiomatische Forderungen eingeschränkt:

1) Man muß die Komplexität eines Programms am Programm selbst effektiv ablesen können.

2) An Programmen einer gegebenen Komplexität kann es nur endlich viele geben. Diese sind wiederum effektiv bestimmbar. Ein Beispiel eines Maßes für die statische Komplexität wäre die Länge des Programms, eventuell etwa multipliziert mit der Verschachtelungstiefe.

Definition 5.8. Eine **Programmkomplexität** ist ein Paar (φ, s) aus einer Gödelnumerierung φ und einer rekursiven Funktion s über N mit

    1. die Menge der i mit $s(i) = k$ ist endlich für jedes k,

    2. die Funktion, die jedem k die Anzahl der i mit $s(i) = k$ zuordnet, ist rekursiv.

Inhaltlich soll $s(i)$ die Komplexität des Programms i für die Funktion φ_i bedeuten. Zu jeder partiell-rekursiven Funktion φ_i gibt es unendlich viele Programme j mit $\varphi_j = \varphi_i$ (Satz 5.5.). Es gibt also zu jeder partiell-rekursiven Funktion φ_i beliebig komplizierte Programme, φ_i kann beliebig schlecht programmiert werden. Es gibt aber auch beliebig komplizierte optimale Programme: Es gibt unendlich viele verschiedene partiell-rekursive Funktionen. Für jedes k können jeweils höchstens so viele Funktionen φ_i zu der Klasse $\{\varphi_i \mid s(i) < k\}$ gehören, wie $\{i \mid s(i) < k\}$ Elemente hat, diese Anzahl ist aber für jedes k endlich. Fast alle partiell-rekursiven Funktionen sind mithin nur komplizierter programmierbar als k.

Es stellt sich nun die Frage, wieviel Willkür in einer gegebenen Programmkomplexität steckt. Wie unterscheiden sich also zwei beliebige Programmkomplexitäten voneinander?

Satz 5.9. Es seien (φ, s) und (φ', s') Programmkomplexitäten. Dann gibt es eine rekursive Funktion h mit $s(i) \leqslant h(s'(i))$ und $s'(i) \leqslant h(s(i))$ für alle i.

Jede der beiden Komplexitäten   ist also durch die andere rekursiv beschränkt, insbesondere auch bei $\varphi = \varphi'$. Keine wächst unberechenbar schneller als die andere.

__Beweis.__ Man berechne für jedes k jeweils alle i mit s(i) = k und s'(i) = k. Hierzu berechne man zunächst die Anzahlen der i mit s(i) = k und der i mit s'(i) = k und teste dann die Identitäten s(0) = k, s'(0) = k, s(1) = k, s'(1) = k,..., bis man alle i mit s(i) = k und alle i mit s'(i) = k gefunden hat. Dann setze man $h(k) = \max (\{s(i) \mid s'(i) = k\} \cup \{s'(i) \mid s(i) = k\})$. h ist rekursiv, da das Maximum über einer endlichen Menge rekursiv bestimmbar ist. h erfüllt offenbar die Behauptung.

Wir haben hier nur die Komplexität bezüglich gleicher Programmnummern i verglichen, indessen können φ_i und φ'_i völlig verschiedene Funktionen sein. Wie sieht es mit den einander entsprechenden Programmen zweier Gödelnumerierungen aus?

__Satz 5.10.__ Es seien (φ,s) und (φ',s') Programmkomplexitäten. Es gelte $\varphi_i = \varphi'_{t(i)}$ für eine umkehrbar rekursive Funktion t und alle i (Satz 5.4.). Es gibt dann eine rekursive Funktion h mit $s(i) \leqslant h(s'(t(i)))$ und $s'(i) \leqslant h(s(t^{-1}(i)))$ für alle i.

__Beweis.__ Der Satz folgt unmittelbar aus Satz 5.9.

Die Berufung auf Satz 5.4. ist hier nicht wesentlich. Statt t und t^{-1} können rekursive Funktionen t und t' mit $\varphi_i = \varphi'_{t(i)}$ und $\varphi'_i = \varphi_{t'(i)}$ für jeweils alle i genommen werden, die für Gödelnumerierungen φ und φ' existieren.

Wie sieht es nun für optimale Programme aus?

__Satz 5.11.__ Es seien (φ,s) und (φ',s') Programmkomplexitäten. Es gibt eine rekursive Funktion h mit

$\quad$ $opt(f,\varphi,s) \leqslant h(opt(f,\varphi',s'))$ und

$\quad$ $opt(f,\varphi',s') \leqslant h(opt)f,\varphi,s)$

für die optimalen Programme $opt(f,\varphi,s) = \min(i) \mid \varphi_i = f\}$ und analog $opt(f,\varphi',s')$.

__Bemerkung.__ Wegen Satz 5.7. ist $opt(f,\varphi,s)$ aus f,φ,s nicht berechenbar, siehe Satz 5.12.

<u>Beweis.</u> Es seien t und t' rekursive Funktionen mit $\varphi_i = \varphi'_{t(i)}$ und $\varphi'_i = \varphi'_{t(i)}$ für jeweils jedes i. Ähnlich wie im Beweis zu Satz 5.9. setzen wir

$$h(i) = \max(\{s'(t(j)) \mid s(j) = i\} \cup \{s(t'(j)) \mid s'(j) = i\}).$$

Dann gilt

$$
\begin{aligned}
h(opt(f,\varphi,s)) &= h(\min\{s(i) \mid \varphi_i = f\}) \\
&= h(s(i_1)) \text{ für ein gewisses } i_1 \\
&\geqslant s'(t(i_1)) \\
&\geqslant \min\{s'(i) \mid \varphi'(i) = f\} \\
&= opt(f,\varphi',s').
\end{aligned}
$$

Die zweite Ungleichung ergibt sich analog.

<u>Satz 5.12.</u> $opt(f,\varphi,s)$ ist aus f bzw. aus i mit $\varphi_i = f,\varphi,s$ nicht berechenbar.

<u>Beweis.</u> Es sei P_k die endliche Menge der optimalen Programme mit einer Komplexität $\leqslant$ k, also P_k die Menge der i mit

i $\leqslant$ k und

$$\varphi_j = \varphi_i \implies s(j) \geqslant s(i) \text{ für jedes } j.$$

Es sei k so groß, daß $P_k \neq \emptyset$. P_k ist nach Satz 5.7. nicht entscheidbar.

Ein Berechnungsverfahren

$$\varphi_i \longrightarrow opt(\varphi_i,\varphi,s) \longrightarrow \min(opt(\varphi_i,\varphi,s),k+1)$$

würde aber P_k entscheiden: φ_i würde genau dann zu P_k gehören, wenn das Resultat $\leqslant$ k ist.

5.3. Berechnungskomplexität

Die Berechnungskomplexität   oder dynamische Komplexität, die Komplexität   beim Ablauf eines Programms, wird gemessen durch

- den Zeitbedarf,
- den Raumbedarf,
- die benötigte Technik, ...

jeweils in Abhängigkeit von den Eingabedaten.

Diese Komplexität   eines Problems, einer Funktion ist stark abhängig von

- dem Algorithmus für die Lösung des Problems, dem Programm für die Berechnung der Funktion,

- dem Maschinenmodell, auf dem der Algorithmus, das Programm
  realisiert wird.
- der Bewichtung der verschiedenen oben genannten Parameter.
Wie bei der statischen Komplexität bietet sich ein axiomatischer
Rahmen, der die Forderungen an die dynamische Komplexität eines
Programms beschreibt und der insbesondere die speziellen Kom-
plexitätsmaße
- Zeitbedarf bei verschiedenen Maschinenmodellen,
- Raumbedarf bei verschiedenen Maschinenmodellen und
  verschiedene Kombinationen hiervon umfaßt.

Man fordert dabei:
1) Die Komplexität   eines Algorithmus bei einer Eingabe ist
   genau dann definiert, wenn der Algorithmus für diese Eingabe
   ein Resultat liefert, also terminiert.
2) Unabhängig davon, ob der Algorithmus bei einer gewissen
   Eingabe terminiert, ist für jedes k entscheidbar, ob die
   Komplexität   bei dieser Eingabe gleich k ist.
3) Die Zuordnung der Komplexität   zu den Algorithmen und den
   Eingaben ist berechenbar.
Nehmen wir als Beispiel eine universelle Turing-Maschine M_0.
Wenn eine Turing-Maschine M einen gegebenen Algorithmus realisiert, so kann man beispielsweise als Komplexität   dieses Algorithmus bei der Eingabe w die Taktzahl nehmen, die M_0 bei der
Eingabe von $c(M) \square c(w)$ benötigt, sofern diese endlich ist. Anderenfalls ist die Komplexität   nicht definiert. Die Forderungen 1) bis 3) sind dann erfüllt. Statt der Taktzahl (bei verschiedenen Turing-Maschinen-Modellen) kann ebensogut die Anzahl
der besuchten Speicherstellen stehen, die Zahl der Richtungs-
wechsel des Kopfes und vieles anderes.
Entsprechend definiert man:

<u>Definition 5.9.</u> Ein Blumsches   Komplexitätsmaß (φ, ϕ) ist ein
Paar aus einer Gödelnumierung φ und einer Numerierung ϕ mit
1) $\phi_i(n)$ ist genau dann definiert, wenn $\varphi_i(n)$ definiert ist.
2) Die Gleichung $\phi_i(n) = m$ in den Parametern i, n, m ist entscheidbar. (Die Gleichung gilt bei nicht existierendem $\varphi_i(n)$ und
damit $\phi_i(n)$ jedenfalls als falsch.)

Mit 1) und 2) ist ein schwaches Axiomensystem gegeben, das sehr verschiedene Interpretationen zuläßt, wie eben bemerkt. Es zeigt sich aber, daß es trotzdem genügend leistungsfähig ist. $\phi_i(n)$ soll die Komplexität des Programms i für die Berechnung von $\varphi_i(n)$ sein, zum Beispiel also wieder die Taktzahl einer entsprechenden Turing-Maschine bei der Eingabe des Wortes mit der Nummer n.

Die Komplexität der Funktion φ_i (der Funktion f mit $f = \varphi_i$ statt des Programms i) ist schwieriger zu definieren. Diese Frage hängt mit dem Problem eines dynamisch besten Programms j mit $f = \varphi_j$ zusammen; wir kommen darauf noch zu sprechen.

Wir bemerken: Es gibt keine aus den Argumenten n und den Funktionswerten $\varphi_i(n)$ - ohne Zuhilfenahme von i-berechenbare Schranke für die Komplexität $\varphi_i(n)$. Es gibt also keine rekursive Funktion h mit $\phi_i(n) \leqslant h(n,\varphi_i(n))$ für jedes i und fast alle n (soweit $\phi_i(n)$ und $\varphi_i(n)$ definiert sind). Den Beweis hierfür stellen wir bis nach Satz 5.16. zurück.

Eine andere Formulierung dieser Bemerkung ist: Die Komplexität wächst in Abhängigkeit von den Argumenten n und deren Funktionswerten $\varphi_i(n)$ unberechenbar schnell (schneller als jede rekursive Funktion).

Umgekehrt aber gibt es ein rekursives h mit $\varphi_i(n) \leqslant h(n,\phi_i(n))$ für jedes i und fast alle n (soweit $\varphi_i(n)$ und $\phi_i(n)$ definiert sind).

Es sei nämlich

$$h(n,t) = \begin{cases} 0, \text{ falls } \phi_i(n) = t \text{ für kein } i < n, \\[2mm] \max \{\varphi_i(n) \mid \phi_i(n) = t, i < n\}. \end{cases}$$

Dann gilt die Behauptung für alle n mit n > i. Das "fast" ist also wichtig.

Je zwei Blumsche Komplexitätsmaße sind gegenseitig rekursiv beschränkt (keines wächst unberechenbar schneller als das andere):

<u>Satz 5.13.</u> Es seien (φ,ϕ^1) und (φ,ϕ^2) Blumsche Komplexitätsmaße.

Es gibt eine rekursive Funktion h mit

1) $\phi_i^1(n) \leqslant h(n, \phi_i^2(n))$ und

2) $\phi_i^2(n) \leqslant h(n, \phi_i^1(n))$

für alle i und alle $n \geqslant i$.

Man kann also sagen, daß bei der Wahl eines Blumschen Komplexitätsmaßes nur eine "berechenbare Willkür" herrschen kann.

<u>Beweis.</u> Wir setzen

$$h(n,m) = \begin{cases} \max\{\phi_i^1(n) + \phi_i^2(n) \mid i \leqslant n, \ \phi_i^1(n) = m \text{ oder } \phi_i^2(n) = m\}, \\ 0, \text{ falls die zu maximierende Menge leer ist (für alle} \\ \quad i \leqslant n \text{ keine der beiden Gleichungen} \\ \phi_i^1(n) = m \text{ und } \phi_i^2(n) = m \text{ erfüllt ist}). \end{cases}$$

h leistet das Verlangte.

Analoges gilt für zwei Gödelnumerierungen φ^1, φ^2: Wir haben zunächst $\varphi_i^1 = \varphi_{t(i)}^2$ für eine eineindeutig berechenbare Funktion t und alle i. Man setze dann oben $\phi_{t(i)}^2(n)$ statt $\phi_i^2(n)$, so daß resultiert

$$\phi_i^1(n) \leqslant h(n, \phi_{t(i)}^2(n)) \quad \text{und} \quad \phi_i^2(n) \leqslant h\big(n, \phi_{t^{-1}}^1(n)\big).$$

Die gegenseitige rekursive Beschränktheit bleibt also erhalten. Ebenso wie bei Satz 5.10. kommen wir auf dieses Ergebnis auch mit zwei rekursiven Funktionen t_1 und t_2 statt der eineindeutigen rekursiven Funktionen t und t^{-1}.

<u>Satz 5.14.</u> Es sei (φ, ϕ) ein Blumsches Komplexitätsmaß, f sei partiell-rekursiv und h rekursiv über N. Es gibt dann ein j mit $\varphi_j = f$, $\phi_j(n) > h(n)$ für alle n. Dabei sehen wir die Ungleichung $\phi_j(n) > h(n)$ bei nicht existierendem $\varphi_j(n)$ und damit $\phi_j(n)$ deshalb als erfüllt an, weil $\phi_j(n) = 0, 1, \ldots, h(n)$ als zutreffend angesehen wird.

Jede berechenbare Funktion läßt sich also beliebig kompliziert berechnen, auch dynamisch beliebig schlecht programmieren (vgl. Ausführungen nach Definition 5.8.).

<u>Beweis.</u> Es sei $\psi_i(n) = f(N)$, falls $\varphi_i(n) = 0, 1, \ldots, h(n)$

(insbesondere, falls $\varphi_i(n)$ nicht definiert ist),

$= \varphi_i(n) + 1$ sonst.

ψ_i ist berechenbar, also partiell-rekursiv, weil nur endlich viele Tests für die Fallunterscheidung nötig sind, um die Funktionswerte $\psi_i(n)$ zu bestimmen. ψ ist eine neue Numerierung, also gilt $\psi_i = \varphi_{g(i)}$ bezüglich einer geeigneten rekursiven

Funktion g für alle i, denn φ ist eine Gödelnumerierung. Nach dem Fixpunktsatz 5.6. gibt es ein a mit $\varphi_a = \varphi_{g(a)}$. Dann gilt aber $\varphi_a(n) = \varphi_{g(n)}(a) = \psi_a(n)$ für alle n und im Falle der Existenz dieser Werte $\psi_a(n) \ne \varphi_a(n) + 1$, so daß dann nach Definition nur übrigbleibt $\psi_a(n) = f(n)$; falls jedoch $\varphi_a(n)$ nicht existiert, gilt ohnehin $\psi_a(n) = f(n)$. Damit gilt auch $\phi_a(n) > h(n)$ für jedes n wieder nach Definition von ψ.

Im folgenden sei ein Blumsches Komplexitätsmaß (φ, ϕ) fest vorgegeben.

<u>Definition 5.10.</u> Es sei t eine rekursive Funktion über N. R_t sei dann gleich $\{f \mid f$ ist rekursiv, $\phi_i(n) \leqslant t(n)$ für ein i mit $\varphi_i = f$ und fast alle $n\}$.

(R_t sei in diesem Sinne die Menge der höchstens t-kompliziert zu berechnenden Funktionen.)

<u>Bemerkung.</u> Wir werden später sehen, daß kein R_t alle rekursiven zahlentheoretischen Funktionen umfaßt. Es gibt immer Funktionen, deren Berechnung notwendig komplizierter ist als das beliebig berechenbar vorgegebene Maß t. Es gibt vielmehr zu jedem t ein t' mit $R_t \subset R_{t'}$: Sei nämlich $\varphi_i \notin R_t$, φ_i rekursiv, dann sei $t'(n) = \max(t(n), \phi_i(n))$ für jedes n. Es stellt sich aber nun die Frage, ob sich solche t' in Abhängigkeit von t als Parameter durch ein einheitliches effektives Verfahren berechnen lassen. Gibt es also eine rekursive Funktion h so, daß $R_t \subset R_{t'}$ für alle rekursiven t und t' mit $t'(n) = h(n, t(n))$ für jedes n gilt. Der folgende Satz liefert die Antwort "Nein": Jede rekursive Ressourcenzugabe h bewirkt bei ungünstigem t gar nichts. Der durch h bewirkte Zuwachs hinterläßt bei manchen t also Lücken, insbesondere auch bei beliebig schnell wachsenden. Ein h, das bei einem t eine echte Ressourcenerweiterung $R_t \subset R_{t'}$ bewirkt, bringt bei anderen t nichts.

<u>Satz 5.15.</u> (Gap-Theorem). Seien a bzw. h ein- bzw. zweistellige rekursive Funktionen über N, gelte $h(x,y) \geqslant y$ für alle x, y. Dann gibt es eine einstellige rekursive Funktion t mit
1) $t(n) \geqslant a(n)$ für fast alle n,
2) für n > j gilt: wenn $\phi_j(n) \geqslant t(n)$, so auch $\phi_j(n) \geqslant h(n, t(n))$.

Die Lücke ("Gap") besteht also in der Gleichung $R_t = R_{t'}$ statt der Ungleichung $R_t \subset R_{t'}$ für t' wie oben.

__Beweis__. Wir definieren Zahlen $t_{n+1}^{(n)}, \ldots, t_0^{(n)}$ (die Indizes von oben nach unten!) durch

$$t_{n+1}^{(n)} = a(n)$$

$$\ldots,$$

$$t_i^{(n)} = h(n, t_{i+1}^{(n)} + 1 \text{ für } n \geqslant i \geqslant 0,$$

$$\ldots$$

Es ergibt sich sofort $t_{n+1}^{(n)} < t_n^{(n)} < \ldots < t_0^{(n)}$. Unter den $n+1$ natürlichen Intervallen $[t_i^{(n)}, t_{i-1}^{(n)})$ (linke Grenze eingeschlossen, rechte nicht) gibt es eines, etwa $[t_{i_0}^{(n)}, t_{i_0-1}^{(n)})$ mit $\phi_j(n) \notin [t_{i_0}^{(n)}, t_{i_0-1}^{(n)})$ für $0 \leqslant j < n$, da die Zahl dieser $\phi_j(n)$ nur gleich n ist. Für jedes n sei $t(n) = t_{i_0}^{(n)}$. Es gilt $a(n) = t_{n+1}^{(n)} \leqslant t_{i_0}^{(n)} = t(n)$ für jedes n, so daß 1) erfüllt ist. Wenn nun $n > j$ und $\phi_j(n) \geqslant t(n) = t_{i_0}^{(n)}$, dann gilt wegen $\phi_j(n) \notin [t_{i_0}^{(n)}, t_{i_0-1}^{(n)})$ auch $\phi_j(n) \geqslant t_{i_0-1}^{(n)} = h(n, t_{i_0}^{(n)})+1 > h(n, t(n))$, was unter 2) zu beweisen war.

Nach dieser Frage der Ressourcenerweiterung stellt sich die weitere Frage, inwieweit die Ressourcen ohne Funktionsverlust eingeschränkt werden können. Gibt es insbesondere zu jeder partiell-rekursiven Funktion f ein dynamisch optimales Programm i, also ein i mit $\varphi_i = f$ und derart, daß jedes j mit auch $\varphi_j = f$ dynamisch komplizierter ist, also gilt $\phi_i(n) \leqslant \phi_j(n)$ für fast alle n oder wenigstens für unendlich viele n? Eine Abschwächung wäre die Frage nach einem "einheitlich berechenbar suboptimalen" Programm i:

Gibt es ein rekursives h, so daß für jedes partiell-rekursive f ein i mit $\varphi_i = f$ derart existiert, daß für jedes j mit $\varphi_j = f$ gilt $\phi_i(n) \leqslant h(n, \phi_j(n))$ für unendlich viele n? Die Zuordnung von j zu i braucht dabei nicht berechenbar zu sein.

Indessen ist auch diese schwächste Formulierung unserer Frage negativ zu beantworten:

<u>Satz 5.16.</u> (Speed-up-Theorem). Für jede dreistellige rekursive "Beschränkung" h über N gibt es eine rekursive Funktion f derart, daß für jedes Programm i für f (φ_i = f) gilt:

Es gibt ein j mit φ_j = f, $\phi_i(n) > h(n, \phi_j(n))$ für fast alle n.

Zu jedem Programm i für f existiert also ein fast überall besseres (z. B. schnelleres) Programm j für das gleich f. Jedes Programm für f läßt sich mithin fast überall beschleunigen.

An Stelle des sehr langen und wenig durchsichtigen Beweises wollen wir hier nur eine Ideenskizze vorlegen.

Nach Satz 5.13. beschränken sich alle Blumschen Komplexitätsmaße gegenseitig rekursiv. Es genügt daher, das Problem bezüglich eines Blumschen Komplexitätsmaßes zu betrachten; anderenfalls haben wir die gegebene Beschränkung h mit rekursiven Umrechnungen zu "verschärfen".

Wir setzen $\varphi(i,n)$ = m und $\phi(i,n)$ = k, falls die i-te Turing-Maschine (bezüglich einer festen Aufzählung) die Eingabe mit der Nummer n in ein Wort mit der Nummer m umformt (auch bezüglich einer festen Aufzählung - Gödelnummern-Codierung - aller Wörter über etwa dem Alphabet a_0, a_1, ...), dazu k Schritte benötigt und dann anhält. Ohne Beschränkung der Allgemeinheit gelte $h(n) \geqslant n^2$ für alle n. Es seien r(0) = 2 und r(n+1) = h(r(n)) +1 für alle n.

Sei K_0 = $\emptyset$, f(0) = 0, N_0 = $\emptyset$,

 ...,

$K_{n+1} = \{i \mid i \leqslant n+1,\ i \notin N_n,\ \phi_i(n+1) \leqslant r(n+1-i)\}$,

f(n+1) = 1, falls $K_{n+1} \neq \emptyset$ und $(\varphi_{\min K_{n+1}})(n+1) = 0$,

f(n+1) = 0 sonst,

$N_{n+1} = N_n \cup \{\min K_{n+1}\}$, falls $K_{n+1} \neq \emptyset$,

$N_{n+1} = N_n$ sonst,

f ist total-rekursiv, es gilt also f = φ_{i_0} für ein gewisses i_0.

Falls $\phi_{i_0}(n) < r(n-i_0)$ für unendlich viele n, so gilt

i_0 = min K_m für ein m,

$\varphi_{i_0}(m) = \varphi_{\min K_m}(m) = 0$ mit der Konsequenz f(m) = 1 oder

$\varphi_{i_0}(m) = \varphi_{\min K_m}(m) \neq 0$ mit der Konsequenz f(m) = 0 für dieses m, in beiden Fällen also $\varphi_{i_0} \neq f$ im Widerspruch zur Annahme f = φ_i . Für jedes i_0 mit φ_{i_0} = f gilt also $\phi_i(n) \geqslant r(n-i_0)$ für fast alle n. Es sei jetzt k > i_0, $\varphi_j = \varphi_i$ = f. Wir zeigen nun, daß j hierbei so gewählt werden kann, daß zwar

$\phi_j(n) \geqslant r(n-j)$ für fast alle n gilt (wie eben gezeigt), aber auch $\phi_j(n) \leqslant r(n-k)$ für fast alle n. Hierzu wählen wir j jedenfalls so groß, daß min $K_n \geqslant k$ für alle $n \geqslant j$ mit $K_n \neq \emptyset$. Dann ist die Berechnung von f(n) mit $n \geqslant j$ über die Berechnung aller $\varphi_i(n)$ und $\phi_i(n)$ mit $k \leqslant i \leqslant n$ und $\phi_i(n) \leqslant r(n-i) \leqslant r(n-k)$ möglich. Dazu ist wiederum für $k \leqslant i < n$ die i-te Turing-Maschine bei der Eingabe Nummer n höchstens $r(n-k)$ Takte laufen zu lassen und zu kontrollieren, ob und mit welchem Ergebnis sie anhält. Der Aufwand hierfür ist durch eine Turing-berechenbare Funktion in n, k, $r(n-k)$ gegeben und durch $r(n+p-k)$ für ein geeignetes, von n und k unabhängiges p beschränkt. (Genau in dieser Bestimmung des p liegt die technische Schwierigkeit des Beweises.) Wenn die j-te Turing-Maschine (über j haben wir bisher nur hinlängliche Größe vorausgesetzt) diese Berechnung erledigt, haben wir $\phi_j(n) \leqslant r(n+p-k)$. Da wir über k nur $k > i_0$ vorausgesetzt haben, gilt die gewonnene Ungleichung nicht nur für k, sondern auch für k+p, also gilt tatsächlich auch $\phi_j(n) \leqslant r(n+p-(k+p)) = r(n-k)$, jeweils für fast alle n. Jetzt kann der Beweis abgeschlossen werden: Für $i = i_0$ und damit $\varphi_i = f$ gilt
$\phi_i(n) \geqslant r(n-i) > h(r(n-1-i)) \geqslant h(r(n-k)) \geqslant h(\phi_j(n))$
für fast alle n.

<u>Satz 5.17.</u> Es sei t eine rekursive Funktion über N, und es gibt eine rekursive Funktion f über N, so daß für jedes i mit $\varphi_i = f$ gilt $\phi_i(n) > t(n)$ für fast alle n. (Es gibt also keine einheitliche rekursive Schranke für die Komplexität von rekursiven Funktionen.)
<u>Beweis.</u> Wir setzen $h(x,y) = t(x)$, dann ergibt sich die Aussage aus Satz 5.16.
Wir hatten bereits bemerkt, daß es keine zweistellige rekursive Funktion h mit $\phi_i(n) \leqslant h(n, \varphi_i(n))$ für alle i und fast alle n gibt, aber den Beweis noch zurückgestellt. Wir holen ihn nach; h sei wie eben gegeben, für jedes n sei $t'(n) = h(n,0) + h(n,1)$. Nach Satz 5.16. existiert eine rekursive Funktion f, so daß für $\varphi_i = f$ gilt $\phi_i(n) > t'(n)$ für fast alle n. Wir dürfen dabei annehmen, daß f nur die Werte 0 und 1 annimmt (gerade so haben wir auch den Beweis von Satz 5.16. skizziert). Wir haben

$h(n,\varphi_i(n)) \leqslant h(n,0) + h(n,1) = t'(n) < \phi_i(n)$, was der Annahme $\phi_i(n) \leqslant h(n,\varphi_i(n))$ widerspricht.

<u>Bemerkung.</u> Man spricht im Falle von $\phi_i(n) \leqslant h(n,\varphi_i(n))$ für fast alle n bei passendem i mit $\varphi_i = f$ davon, daß f eine "h-gutartige" Funktion ist, gutartig in dem Sinne, daß die Berechnung der großen Funktionswerte "nicht viel" komplizierter ist, als sie aufzuschreiben, daß also die Berechnung der wachsenden Funktionswerte nicht viel komplizierter ist, als durch das Wachstum selbst notwendig ist.

Die Beschränkung auf h-gutartige Funktionen für ein gegebenes h, der Ausschluß der "bösartigen", dynamisch konpliziert definierten Funktionen also, verändert vieles in der Komplexitätstheorie, zum Beispiel gilt dann das Gap-Theorem Satz 5.15. nicht mehr.

5.4.   Komplexitätsmaße für Turing-Maschinen: Ein Überblick

Für die Zwecke dieses Abschnittes sehen wir als (verallgemeinerte) Turing-Maschine Turing-Maschinen an mit
- eventuell einem Eingabeband mit mindestens einem zugehörigen Lesekopf,
- eventuell einem Ausgabeband mit einem zugehörigen Schreibkopf,
- endlich vielen inneren Zuständen,
- einem potentiell unendlichen äußeren (Arbeits-)Speicher (eventuell zugleich Eingabe- oder Ausgabeband), der aus Feldern (oder Zellen) besteht und auf den endlich viele Schreib- und Leseköpfe Zugang haben; jedes Feld hat höchstens eine bestimmte Zahl von Nachbarfeldern.

Bei jedem Takt einer solchen Turing-Maschine
- rückt jeder Lesekopf höchstens ein Feld nach rechts oder links,
- schreibt der Schreibkopf höchstens einen Buchstaben und rückt in diesem Falle um ein Feld nach rechts,
- ändert jeder Schreib- und Lesekopf einen Buchstaben und rückt dann eventuell auf ein bestimmtes Nachbarfeld (das bei Bedarf erst hinzuzufügen ist),
- wird ein neuer Zustand angenommen.

Was jeweils geschieht, hängt vom alten Zustand und allen gelesenen Buchstaben ab. - Wir haben also alle in Kapitel 3. besprochenen Turing-Maschinen-Erweiterungen gleichzeitig zugelassen, und zwar um durch die Unabhängigkeit von restriktiven Turing-Maschinen-Modellen beziehungsweise die Wahlmöglichkeit von problemangepaßten Turing-Maschinen-Modellen möglichst die Komplexität eines Algorithmus im Gegensatz zur Komplexität einer Implementation dieses Algorithmus auf eine wenig geeigneten Maschine messen zu können.

Die gewöhnlichen einbandrigen Turing-Maschinen insbesondere identifizieren wir vielfach zweckmäßig mit speziellen dreibändrigen Turing-Maschinen, bei denen jeweils die Eingabe auf ein Arbeitsband kopiert wird, auf welchem dann wie auf der einbändrigen Turing-Maschine weiter gerechnet wird; zum Schluß wird die Ausgabe auf das Ausgabeband kopiert. Dies bedeutet gegenüber der einbändrigen Arbeitsweise die zusätzliche Arbeit des zweifachen Kopierens, hat aber seinen theoretischen Sinn: Wir werden den Kopieraufwand, wie überhaupt die Ein- und Ausgabevorgänge, für die Berechnung der Komplexität nicht mit zählen, insbesondere werden wir die Raumkomplexität allein am benutzten Arbeitsspeicher messen.

Andere Maschinen, RAM-Maschinen, Iterative-Array-Maschinen und dergleichen werden in der Komplexitätstheorie seltener betrachtet, die Resultate sind ähnlich.

<u>Definition</u> 5.11. Es seien M eine deterministische Turing-Maschine, w ein Wort über dem Alphabet von M. Wir setzen:

$T_M(w)$ = Anzahl der Rechentakte von M bei Eingabe von w bis zum Halt oder Quasihalt. Falls weder eine Halte- noch eine Quasihaltekonfiguration erreicht wird, ist $T_M(w)$ nicht definiert ("T" soll an "time" erinnern).

$S_M(w)$ = Anzahl der im Arbeitsspeicher (ohne Ein- und Ausgabeband) von M unter den gleichen Bedingungen im Laufe der Zeit beschriebenen Zellen. Wenn $T_M(w)$ nicht definiert ist, dann ist auch $S_M(w)$ nicht definiert ("S" soll an "space" erinnern).

$T_M(n)$ = max $\{T_M(w) \mid$ Länge $(w) = n\}$; $T_M(n)$ ist nicht definiert, falls M bei keinem Wort der Länge n hält oder quasi hält:

$S_M(n)$ wird analog erklärt.

M sei jetzt nichtdeterministisch. $T_M(w)$ sei die minimale Zahl der Rechentakte bei einer akzeptierenden Verarbeitung, also bis zu einem Halt, sofern M das Wort w akzeptiert; dagegen sei $T_M(w)$ die minimale Zahl der Rechentakte bis zu einem Quasihalt, falls ein solcher, aber kein Halt erreichbar ist. $T_M(w)$ sei nicht definiert sonst.

$S_M(w)$, $T_M(n)$, $S_M(n)$ seien analog definiert.

Wir wollen uns von M möglichst unabhängig machen, damit wir die Komplexität eines Problems ohne Bezug auf eine bestimmte Maschine erfassen können; dazu gehört auch die Abstraktion vom konkreten w (das Resultat könnte eine spezielle Maschine auswendig wissen, sie hätte die Eingabe lediglich zu lesen) und die Reduktion auf die funktionale Abhängigkeit von n.

<u>Definition 5.12.</u> Sei $f(n)$ eine Funktion von N in N, das Argument grundsätzlich durch die Variable n vertreten. Eine Funktion g ist $TIME_k(f(n))$-berechenbar genau dann, wenn es eine deterministische Turing-Maschine M mit höchstens k höchstens k-dimensionalen Arbeitsbändern und dort je höchstens k Schreib- und Leseköpfe gibt, die g berechnet und für die gilt:
$T_M(w) \leqslant f(Länge(w))$ für jedes $w \in Db(g)$. Analog wird $SPACE_k$ bezüglich $S_M(w)$ definiert. Auf dem Eingabeband sind dabei für k = 0 ein Lesekopf, sonst k Leseköpfe zulässig. g ist $TIME(f(n))$-berechenbar genau dann, wenn es ein k mit $g \in TIME_k(f(n))$ gibt. Analog ist die $SPACE(f(n))$-Berechenbarkeit zu definieren. Eine Sprache L gehört genau dann zu $DTIME_k(f(n))$, wenn es eine deterministische Turing-Maschine M mit den k Begrenzungen wie eben gibt mit $L(M) = L$, $T_M(n) \leqslant (f(n)$ für alle n.
Falls f berechenbar beschränkt ist, also $f(n) \leqslant f'(n)$ für eine rekursive Funktion f' und alle n, so ist L damit auch entscheidbar: Wir lassen M jeweils höchstens $f'(Länge(w))$ Takte laufen, bis dahin hat M entweder eine Haltekonfiguration erreicht (w wird akzeptiert, gehört zu L) oder nicht (Quasihaltekonfiguration oder auch nicht; dann wird w mit Sicherheit nicht akzeptiert). Eine L entscheidende Maschine hätte also M $f'(Länge(w))$ Takte lang zu simulieren und dann mit Hilfe eines Schrittzählers stationär zu werden.
Analog zu definieren sind DTIME, $DSPACE_k$, DSPACE, $NTIME_k$ (für

nichtdeterministische Turing-Maschinen), NTIME, $NSPACE_k$, NSPACE. Kombinationen sind möglich, wie zum Beispiel DSPACE-TIME ($2n$, n^2), wenn ein- und dieselbe Turing-Maschine die Zugehörigkeit zu DSPACE ($2n$) und zu DTIME (n^2) beweist. Wir hätten mehrere unterschiedliche Parameter für die Zahlen der Köpfe, Bänder, Dimensionen einführen können, das würde den Rahmen dieser kleinen Einführung aber sprengen. Wir haben anhand der Definition hinsichtlich des Verhältnisses Akzeptierbarkeit - Entscheidbarkeit gesehen, daß die Festlegungen über $T_M(w)$ für nichtakzeptierte Wörter w und deterministische Turing-Maschinen M weniger bedeutungsvoll sind: Wenn die Akzeptanz innerhalb der Zeitgrenze f(Länge(w)) erfolgt, ist es unwichtig, ob die Maschine bei einem nicht akzeptierten Wort je in eine Quasihaltekonfiguration gelangt oder nicht, nach
max {$T_M(w')$ | Länge (w') = Länge (w), $w' \in L(M)$} Takten wissen wir in jedem Fall Bescheid. Bei nichtdeterministischen Maschinen müssen wir hierzu alle möglichen Berechnungsverläufe bei Wörtern der gegebenen Länge studieren, das wird durch die Definition von $T_M(w)$ für nichtakzeptierte Wörter w dahingehend abgekürzt, daß ein Weg zu einer Quasihaltekonfiguration in gegebener Zeit nichtdeterministisch erraten wird.
Wir haben die Zugehörigkeit zu den Sprachklassen also an eine deterministische oder nichtdeterministische Entscheidbarkeit dieser Sprachen innerhalb gewisser Schranken geknüpft; es sind aber auch Definitionen gebräuchlich, die nur die Akzeptanz der Aufzählung berücksichtigen. Es wird zum Beispiel definiert:
$L \in$ (NTIME(f(n)) genau dann, wenn $T_M(w) \leqslant$ f(Länge(w)) für eine geeignete Turing-Maschine M mit L(M) = L und jedes akzeptierte
Wort w, die anderen Klassen entsprechend. Hier braucht man keine Quasihaltekonfigurationen. Nicht gleichwertig, aber ebenso gebräuchlich ist es, zum Beispiel zu definieren:
$L \in$ NTIME(f(n)) genau dann, wenn $T_M(w) \leqslant$ f(Länge(w)) für eine geeignete Turing-Maschine M (mit nicht notwendig L(M) = L) und genau die Wörter von L.
Gegenüber der Sprachakzeptierung ist bei der letzten Variante nicht mehr der Gegensatz Halten (evtl. innerhalb einer gewissen Zeitschranke) - Nichthalten (nie), sondern der Gegensatz Halten

innerhalb der Zeitschranke - Nichthalten innerhalb der Zeitschranke (aber eventuell später doch noch Halten) relevant, der im deterministischen Falle bei berechenbarem f zugleich L mit gleichem Aufwand entscheidet, im nichtdeterministischen Falle L zwar auch entscheidet, aber mit größerem Zeitaufwand.
Sehen wir uns einige Beispiele an:

Beispiel 1. Es ei L_1 = {w | w$\in${a,b}*, aa kommt in w nicht vor}. Diese Sprache wird von dem Automaten mit dem Diagramm

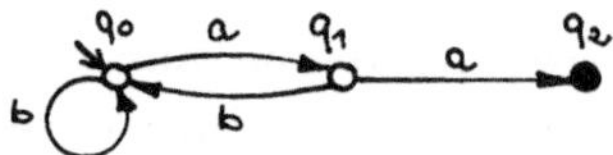

akzeptiert. Dem Automaten entspricht genau die Turing-Maschine mit der Überführungsfunktion:

δ	a	b	⎕
q_0	$(a,+,q_1)$	$(b,+,q_0)$	——
q_1	$(a,+,q_2)$	$(b,+,q_0)$	——
q_2	$(a,0,q_2)$	$(b,0,q_2)$	——

Die Zustände q_0 und q_1 fungieren akzeptierend (als Endzustände), q_2 nicht akzeptierend (Quasihaltezustand). Die Zahl der Schritte bis zu einem Halt bzw. Quasihalt bei Eingabe von w beträgt höchstens Länge (w). Somit gehört L_1 zu DTIME$_0$(n), denn der eine Kopf fungiert lediglich als Lesekopf, das Band als Eingabeband; ein Arbeitsband wird nicht gebraucht. Entsprechend gilt $L_1 \in$ DSPACE(0).
Vielfach verlangt man von Turing-Maschinen, daß sie über einen ausgezeichneten Haltezustand h verfügen, der erst die Akzeptanz eines Wortes ermöglicht. Wir hätten dann - bei Verzicht auf Quasihaltekonfigurationen - wie folgt abzuändern:

δ	a	b	⎕
q_0	$(a,+,q_1)$	$(b,+,q_0)$	$(⎕,0,h)$
q_1	$(a,+,q_2)$	$(b,+,q_0)$	$(⎕,0,h)$
q_2	——	——	——
h	——	——	——

Die Zahl der Schritte bei der Akzeptanz von w erhöht sich damit
auf höchstens Länge(w) +1. Wir haben einen Schritt mehr gegenüber vorhin lediglich auf Grund einer ungünstigeren Akzeptanz-
Definition, einen Schritt mehr, der offenbar nicht in der Sprache L_1 begründet ist. In der   Komplexitätstheorie ist aus
diesem Grunde die Forderung nach einem ausgezeichneten Haltezustand nicht üblich.

Sehen wir uns den Berechnungsaufwand für die charakteristische
Funktion von L_1 an. Diese wird etwa von der folgenden Standard-
Turing-Maschine berechnet:

δ	a	b	◻
q_0	$(◻,+,q_1)$	$(◻,+,q_0)$	$(\underline{ja},0,h)$
q_1	$(◻,+,q_2)$	$(◻,+,q_0)$	$(\underline{ja},0,h)$
q_2	$(◻,+,q_2)$	$(◻,+,q_2)$	$(\underline{nein},0,h)$
h	—	—	—

Wieder ist der Aufwand gleich n+1. Der eine Takt zusätzlich
dient   nur der Ausgabe ($\underline{ja}$ oder $\underline{nein}$), hat aber mit der in-
haltlichen Entscheidung nichts zu tun, die mit der Unter-
scheidung q_2 - nicht q_2 bereits getroffen ist. Noch größer wird
der Aufwand, wenn wir - wie vielfach und auch nicht ohne Grund
üblich - die Funktionsweise einer Turing-Maschine derart ein-
schränken, daß in jedem Takt jeder Kopf entweder liest und
schreibt oder sich bewegt. Offenbar ist dann die benötigte Taktzahl im allgemeinen rund doppelt so groß:

δ	a	b	◻
q_0	$(◻,q_1')$	$(◻,q_0')$	$(\underline{ja},h)$
q_0'	—	—	$(+,q_0)$
q_1	$(◻,q_2')$	$(◻,q_0')$	$(\underline{ja},h)$
q_1'	—	—	$(+,q_1)$
q_2	$(◻,q_2')$	$(◻,q_2')$	$(\underline{nein},h)$
q_2'	—	—	$(+,q_2)$
h	—	—	—

Die Zahl der Schritte ist 2n+1. - Auch hier ist verständlich,
daß dieses Maß der Schrittzählung in der Komplexitätstheorie
weniger üblich ist.

Beispiel 2. Wir betrachten die triviale Sprache $L_2 = 0$. Die charakteristische Funktion ist berechenbar durch die Überführungsfunktion

δ	σ	$\square$
q	$(\sigma,+,q)$	$(\underline{nein},0,h)$

einer Standard-Turing-Maschine und gehört damit jedenfalls zu $TIME_1(n+1)$. Auf einer Turing-Maschine mit getrenntem Ein- und Ausgabeband und ohne Arbeitsband sparen wir uns das Löschen der Eingabe

δ	$\sigma, \square$
q	$(\underline{nein},0,h)$

und tragen ohne Lesen der Eingabe sofort nein in das Ausgabeband ein, so daß die charakteristische Funktion von L_2 $TIME_0(1)$-berechenbar ist. Geringer kann der Aufwand nicht sein. L_2 gehört indes - natürlich - zu $DTIME_0(0)$, denn sie wird durch die leerlaufende Turing-Maschine

δ	σ	$\square$
q	$(\sigma,0,q)$	$(\square,0,q)$

entschieden. Ebenso gehört L_2 natürlich zu $DSPACE_0(0)$.
Beide bisherigen Sprachen L_1 und L_2 gehören zu
$DSPACE_0(0) \cap DTIME_0(n)$. Dies ist typisch für reguläre Sprachen.
Reguläre Sprachen gehören offenbar zu dieser Klasse, da sie von
endlichen deterministischen Automaten akzeptiert werden;
schwieriger ist die Umkehrung einzusehen, da wir für das Eingabeband Zweiweg-Leseköpfe zugelassen haben, die also vor- wie
rückwärts lesen können. Wir gehen darauf nicht weiter ein.
Man beachte, daß das Vorhandensein von zwei Leseköpfen auf dem
Eingabeband auch ohne Arbeitsband die Situation wesentlich
ändert.
Beispiel 3. Wir wissen, daß die Sprache $L_3 = \{a^n b^b \mid n \geqslant 0\}$
nicht regulär ist. Sie ist leicht durch eine Turing-Maschine mit
zwei Leseköpfen ohne Arbeitsband zu akzeptieren, die jeweils
Wortlänge + 1 Takte braucht. Um mit Wortlänge Takten auszukommen, bedarf es eines Tricks:

alter Zustand	Lesen Kopf 1	Lesen Kopf 2	Bewegen Kopf 1	Bewegen Kopf 2	neuer Zustand	
q_0	b	b	0	0	q_1	b am Anfang verhindert
q_0	a	a	+	−	q_2	Akzeptierung
q_1	b	b	0	0	q_1	(Quasihalt, nicht akzeptierend)
q_1	b	□	0	0	q_1	(ebenfalls)
q_1	a	□	0	0	q_1	(ebenfalls)
q_2	a	□	+	+	q_2	Kopf 1 sucht b
q_2	a	a	+	+	q_2	
q_2	b	□	+	0	q_3	b gefunden; nur ein a; prüfen ob noch ein b
q_2	b	a	+	−	q_4	b gefunden; mehrere a; Vergleich
q_2	□	□	0	0	q_2	(Quasihalt)
q_2	□	a	0	0	q_2	(Quasihalt)
q_3	b	□	0	0	q_1	zu viele b werden nicht akzeptiert
q_3	a	□	0	0	q_1	a nach b; nicht akzeptiert
q_3	□	□	—	—	—	akzeptiert!
q_4	b	a	+	−	q_4	Vergleich fortsetzen
q_4	b	□	+	0	q_3	a erschöpft, b auch?
q_4	a	a	0	0	q_4	(Quasihalt) a nach b; nicht akzeptiert
q_4	a	□	0	0	q_4	(Quasihalt) a nach b; nicht akzeptiert
q_4	□	a	0	0	q_4	(Quasihalt) zu viele a; nicht akzeptiert
q_4	□	□	0	0	q_4	(Quasihalt) ein b zu wenig; nicht akzeptiert

Bei einer Markierung der Zustände q_1, q_2 und q_4 als nicht akzeptierend (keine Endzustände) und der Zustände q_0 und q_3 als akzeptierend (Endzustände) hätten wir uns die Quasihaltebefehle sparen können. Kopf 1 rückt zunächst ein Feld nach rechts, Kopf 2 ein Feld nach links, sofern das Wort mit a beginnt. Dann rücken beide Köpfe nach rechts, bis Kopf 1 auf ein b stößt. Kopf 1 rückt dann weiter nach rechts, Kopf 2 aber wieder zurück. So werden die b gegen die a am Anfang verglichen. Das Wort wird akzeptiert, falls Kopf 2 gerade dann wieder das Leerzeichen trifft, wenn Kopf 1 das letzte b erblickt. Dann muß das Wort auch zu Ende sein. Für ein mit $a^n b^n$ beginnendes Wort werden zunächst min $(2n, n+m)$Takte benötigt. Ein weiterer Takt zum Quasihalt wird im Falle $n < m$ gemacht. Die Zahl der Schritte ist bis dahin $2n+1 \leqslant n+m$. Falls zwar $n \geqslant m$, aber noch ein a folgt, wird ebenfalls ein Takt zum Quasihalt gemacht. Um ein Wort $a^n b^n$ zu akzeptieren, sind in der Tat genau $2n$ Schritte erforderlich. Dies zu einer einfachen Illustration dessen, daß genaue Komplexitätsschranken in der Regel nicht einfach zu bestimmen sind.

<u>Beispiel 4</u>. Es sei $L_4 = \{w \in \{a,b,c\}^* \mid w$ hat gleich viele a, b, c$\}$. Wir beschreiben zunächst verbal, wie L_4 durch eine Standard-Turing-Maschine akzeptiert wird. n sei die Eingabewortlänge.

1. Das erste a durch d ersetzen.　　　　　$\leqslant$ n Takte

2. Kopf zurück.　　　　　　　　　　　　　$\leqslant$ n Takte

3. Das erste b durch d ersetzen.　　　　　$\leqslant$ n Takte

4. Kopf zurück.　　　　　　　　　　　　　$\leqslant$ n Takte

5. Das erste c durch d ersetzen.　　　　　$\leqslant$ n Takte

6. Kopf zurück.　　　　　　　　　　　　　$\leqslant$ n Takte

7. Zurück zu Schritt 1., falls noch anwendbar. Aufwand: n/3 mal das Bisherige. Test: n Takte.

Insgesamt sind höchstens $\frac{n}{3}*6n + n = 2n^2 + n$ Takte nötig, $L_4 \in DTIME_1(2n^2 + n)$.

Dieser quadratische Zeitaufwand läßt sich wiederum reduzieren, wenn wir kompliziertere Maschinen nehmen. Bei einer Maschine mit drei Arbeitsbändern mit je einem Schreib- und Lesekopf bietet sich folgende Strategie an:

1. Während des Lesens des Eingabebandes alle a auf Arbeitsband 1, alle b auf Arbeitsband 2 und alle c auf Arbeitsband 3 kopieren (n Takte).

2. Die Köpfe der Arbeitsbänder simultan zurück bewegen, sie müssen zur gleichen Zeit ein Leerfeld erreichen (n/3 Takte).

Insgesamt sind das 4n/3 Takte. - Das Löschen der Arbeitsbänder
gehört an sich mit zur Aufgabe einer Turing-Maschine und ist
hier ohne Erhöhung der Taktzahl möglich, aber für die Komplexitätstheorie ohne Bedeutung.

Indessen gehört L_4 zu $DTIME_3(n)$, man sieht dies durch eine
leichte Variation des letzten Algorithmus, wenn je Arbeitsband
noch ein zweiter Schreib- und Lesekopf zugelassen wird: Alle
zweiten Köpfe rücken simultan auf allen drei Arbeitsbändern
weiter, sobald sie alle drei an der gemeinsamen Position beschrieben sind. So werden die Zahlen der bisher gelesenen a, b,
c verglichen. Genau dann, wenn das Wort akzeptiert wird, sehen
die zweiten Köpfe nach den n Takten des Lesens der Eingabe sämtlich auf ein Leerfeld. - Da L_4 so zu $DTIME_3(n)$ und damit zu
$DTIME(n)$ gehört, gehört L_4 auch zu der gleich zu definierenden
Klasse REALTIME.

<u>Definition 5.13.</u> Wir definieren einige spezielle Komplexitäts-
klassen von Sprachen:

$$REALTIME = DTIME(n) \qquad\qquad Q = NTIME(n)$$
$$LINTIME = \bigcup_\alpha DTIME(\alpha n) \qquad NLINTIME = \bigcup_\alpha NTIME(\alpha n)$$
$$P = \bigcup_\alpha DTIME(n^\alpha) \qquad NP = \bigcup_\alpha NTIME(n^\alpha)$$
$$EXP = \bigcup_\alpha DTIME(\alpha^n) \qquad NEXP = \bigcup_\alpha NTIME(\alpha^n)$$

Die Klasse NLINTIME ist der Vollständigkeit halber dabei, aber
ohne praktische Bedeutung. Als nichttriviale Beziehung zwischen
diesen Klassen sei $LINTIME \subseteq Q$ vermerkt. - Analog ist zum Beispiel eine Funktion f REALTIME-berechenbar, falls die Werte f(w)
aus den Argumenten w TIME(Länge(w))-berechenbar sind.
Ähnliche Klassen werden unten bezüglich des Raumbedarfs eingeführt.

Die Klasse REALTIME umfaßt natürlich die Klasse der regulären
Sprachen, bei den Funktionen sind es solche, die man unter dem
Terminus "Zeichenkettenverarbeitung" erfassen kann. Die deterministischen Klassen bis P gelten als realistisch bezüglich des
Zeitbedarfs, EXP ist offensichtlich nicht mehr realistisch. Man
hüte sich indes, diese Bezeichnung zu wörtlich zu verstehen,
vieles hängt von den Konstanten ab: Nehmen wir etwa an, ein

Computer erledigt 10^6 Schritte pro Sekunde. Eine mit diesem Computer TIME(n^2)-berechenbare Funktion verarbeitet ein Argument der (realistischen) Länge n = 60 in 0,0036 Sekunden, eine TIME(2^n)-berechenbare Funktion dagegen erst in 36300 Jahren. So ist das "normale" Verhältnis. Andererseits aber werden bei einer TIME(n^{10})-berechenbaren Funktion 19140 Jahre benötigt, während im Falle einer TIME(2^{4n})-berechenbaren Funktion 0,000008 Sekunden ausreichen.

Es gibt beliebig große Komplexitäten (siehe 5.3.), aber Klassen jenseits EXP haben keine praktische Bedeutung.
Die Bedeutung von P erhellt aus den verschiedenen Reduktionssätzen der verschiedenen Maschinentypen aufeinander, wovon wir als Beispiel an Satz 3.1. erinnern. Wir hatten seinerseits als mittleren Zeitbedarf für die Simulation eines Taktes der Zweibandmaschine M_2 durch die Standardmaschine M_1 3n Takte ermittelt, wobei n die gerade aktuelle Wortlänge ist. Wenn bei einer Eingabewortlänge n die Maschine M_2 f(n) Takte benötigt, so ist die Wortlänge auf jedem Arbeitsband von M_2 durch f(n) beschränkt, so daß der Zeitbedarf von M_1 durch $3f^2(n)$ beschränkt ist. Bei einer Mehrbandmaschine statt der Zweibandmaschine verändert sich die Konstante 3. Es ergibt sich

Satz 5.18. Bei der Simulation einer Zwei- oder Mehrbandmaschine auf einer Standardmaschine wächst der benötigte Zeitaufwand höchstens polynomial (sogar nur quadratisch).
Analoges gilt für die Reduktion der Kopfzahlen pro Band: eine Maschine mit k Köpfen auf einem Band kann durch eine Maschine mit k Kopien dieses Bandes mit je einem Kopf simuliert werden; um die jeweilige Übereinstimmung aller Bänder zu erreichen, müssen die Köpfe jeweils über das aktuelle Wort hin- und hergeführt werden.
Der Aufwand ist derselbe wie oben.
Dasselbe gilt auch für die Reduktion der Dimensionszahl: Die früher angegebene Reduktion führt dazu, daß bei jedem Takt das aktuelle Wort durchgesehen werden muß, der Aufwand ist durch dessen Länge beschränkt. Das Eintragen der Koordinaten (n,n) erhöht den Aufwand um deren Logarithmen: eine zweidimensional

TIME($f(n)$)-berechenbare Funktion ist nach der Reduktion auf die Standardmaschine mit einem durch $f^2(n)*(\log n)$ beschränkten Aufwand berechenbar.

Wiederum dasselbe gilt für RAM-Maschinen, Iterative-Array-Maschinen und ähnliche Verallgemeinerungen. Die Simulation einer Maschinenart durch eine andere ist jedesmal mit einem höchstens polynomial erhöhten Zeitbedarf verbunden. Wir erhalten als wichtige Erfahrungstatsache:

> P ist die kleinste maschinenunabhängige zeitliche
> Komplexitätsklasse.

Im nichtdeterministischen Fall gilt für NP genau das Gleiche. Innerhalb der Klasse LINTIME besteht ein engerer Zusammenhang: Es gilt DTIME(an) = DTIME(bn), sofern a, $b > 1$ (reell). Man kann nämlich auf den Arbeitsbändern (nur dort, deshalb die Voraussetzung a, $b > 1$) in jedem Takt jeweils mehrere Buchstaben auf einmal schreiben bzw. lesen (ein Feld besteht also auch aus mehreren Teilfeldern für die ursprünglichen Buchstaben) und die Überführungsfunktion entsprechend komplizierter gestalten.

In räumlicher Beziehung haben wir folgende Klassen:

L = DSPACE($\log n$) ist die kleinste Klasse von Bedeutung,

DLINSPACE = $\bigcup_{\alpha}$DSPACE(an) ist ähnlich maschinenunabhängig wie P im Zeitlichen, ist noch "realistisch",

PSPACE = $\bigcup_{\alpha}$DSPACE(n^a) ist nicht mehr "realistisch" wegen PSPACE $\supset$ P. Entsprechend sind NL, NLINSPACE, NPSPACE für nichtdeterministische Turing-Maschinen definiert.

5.5. Das P = NP-Problem

In der Zeit t kann jeder Kopf höchstens t Felder besuchen. Daraus ergibt sich sofort

<u>Satz 5.19.</u> XTIME($f(n)$) $\subseteq$ XSPACE(lin $f(n)$) mit $X \in \{D,N\}$ und $Y($lin $f) = \bigcup_{\alpha} Y(af)$.

Umgekehrt ist im allgemeinen nur eine grobe Abschätzung möglich:

<u>Satz 5.20.</u> XSPACE($f(n)$) = DSPACE-TIME($f(n)$,$2^{\text{lin } f(n)}$ $\subseteq$ XTIME($2^{\text{lin } f(n)}$), mit $X \in \{N,D\}$.

Wegen beider Sätze ist eine möglichst gute Zeitabschätzung die wichtigere, deshalb sind auch die zeitlichen Komplexitätsklassen die wichtigeren.

<u>Beweis</u>. Wir betrachten die Zahl der möglichen Konfigurationen einer Turing-Maschine mit der Zustandsmenge Q und dem Alphabet Σ, die einen Raumbedarf von höchstens $f(n)$ haben. Diese Zahl ist abzuschätzen durch

Zahl der Zustände * Zahl der Bandinhalte im Platz $f(n)$ *

Zahl der Kopfpositionen = $(card(Q)) * (card(\Sigma))^{f(n)} * f(n)$

$$\leq 2^{lin\ f(n)}.$$

Während einer deterministischen Berechnung kann keine Konfiguration zweimal auftreten, bei einer nichtdeterministischen unkürzbaren Berechnung auch nicht, so daß $2^{lin\ f(n)}$ zugleich die Zeitbegrenzung ist.

Aus dem Satz ergeben sich als Raum-Zeit-Zusammenhänge insbesondere $L \subseteq P$ und $NL \subseteq NP$. Oberhalb dessen haben wir nur die Inklusion $LINSPACE \subseteq EXP$, so daß die Klasse der LINSPACE-berechenbaren Probleme nicht als mit realistischem Aufwand berechenbar gelten können.

Die beiden Sätze lassen sich verschärfen:

<u>Satz 5.21</u>. $NTIME(f(n)) \subseteq DSPACE(lin\ f(n))$,

$\qquad NSPACE(f(n)) \subseteq DTIME(2^{lin\ f(n)})$.

<u>Beweis</u>. Wir simulieren eine nichtdeterministische durch eine deterministische Maschine.

1) Für $i = 1, 2, \ldots$ simuliert dazu die deterministische Maschine alle Berechnungen einer Länge i der nichtdeterministischen Maschine. Der Raumbedarf ist dazu nach Satz 5.19. höchstens lin i.

2) Die deterministische Maschine schreibt nacheinander alle nach $i = 1, 2, \ldots$ Schritten möglichen Konfigurationen auf. Ähnlich wie in Satz 5.20. ergibt sich die Zeitschranke $2^{lin\ f(n)}$.

Wir haben als Konsequenz unserer Sätze die Inklusionen $L \subseteq NL \subseteq P \subseteq NP$. Um nun Probleme in diese grobe Hierarchie möglichst genau einzuordnen, führen wir einen Vergleich der Schwierigkeit ein, der über triviale Ungleichungen bei den Begrenzungsfunktionen hinausgeht.

<u>Definition</u> 5.14. Eine partielle Funktion f_1 über Σ_1^* ist genau dann $\leq_K$-schwierig als die Funktion f_2 über Σ_2^*, wenn es eine Übersetzungsfunktion ü von Σ_1^* in Σ_2^* gibt mit ü $\in$ K und $f_1 = f_2 \circ$ ü. (Um f_1 zu berechnen, braucht man nur mit K-begrenztem Aufwand die Argumente von f_1 in solche von f_2 zu überführen und dann die zugehörigen f_2-Werte zu berechnen. f_1 ist also bis auf die Übersetzung ü nicht schwieriger zu berechnen als f_2.) Entsprechend ist eine Sprache $L_1 \subseteq \Sigma_1^*$ genau dann $\leq_K$-schwierig als die Sprache $L_2 \subseteq \Sigma_2^*$, wenn für die charakteristischen Funktionen ch_{L_1} und ch_{L_2} in Σ_1^* und Σ_2^* gilt $ch_{L_1} \leq_K$-schwierig ch_{L_2}. Ein "Problem" P_1 ist genau dann $\leq_K$-schwierig als ein Problem P_2, wenn P_1 und P_2 jeweils gewisse Klassen von Fragen sind und die entsprechende $\leq_K$-Ungleichung für die Frage-Antwort-Funktion gilt. Eine Funktion (Sprache, Problem) f ist genau dann $\leq_K$-vollständig in K' oder K'-$\leq_K$-vollständig, wenn f $\in$ K' und $f' \leq_K$ f für jedes $f' \in$ K' gilt. (f ist dann $\leq_K$-maximal schwierig in K'.) Statt "$\leq_L$-vollständig" schreiben wir "vollständig".

L ist die für die Übersetzungen kleinste praktikable Komplexitätsklasse. $\leq_L$ bedeutet also den bescheidensten Übersetzungsaufwand. Aus diesem Grunde die Vereinbarung über die Vollständigkeit an sich, ohne $\leq_L$-Markierung.

Der Begriff der L-Vollständigkeit ist trivial: Jede Sprache $L' \in$ L mit $\emptyset \subset L \subset \Sigma^*$ ist vollständig in L. Wir können nämlich für $L' \in$ L mit $w_0 \in L'$, $w_1 \in \Sigma^* \setminus L$ setzen

$$ü(w) = w_0, \text{ falls } w \in L',$$
$$= w_1, \text{ falls } w \notin L'.$$

Interessant ist also nur die Vollständigkeit in höheren Klassen; wir geben einige Beispiele an.

<u>Beispiel</u>. Das "Graph Accessability Problem" GAP ist NL-vollständig. Dieses Problem betrifft die Existenz eines Weges von einem gegebenen Knoten zu einem anderen in einem gerichteten Graphen. Wir codieren den Graphen eingabemäßig etwa als 0-1-Matrix (Länge n_2 für die Zahl n der Kanten), wobei eine 1 an der Stelle (i,j) bezeichnet, daß eine Kante von i. zum j. Knoten existiert. Eine nichtdeterministische Turing-Maschine errät den etwa vorhandenen Weg und muß sich hierzu auf dem Arbeitsband Notizen über die gerade passierten Knoten machen (Aufwand räum-

lich $\log n^2 = 2 \log n$). Sie stoppt, wenn sie vom Anfangsknoten aus den Schlußknoten erreicht hat. Das Problem gehört also zur Klasse NL. - Wenn nun irgendeine Sprache L zur Klasse NL gehört, so wird sie durch eine nichtdeterministische Turing-Maschine entschieden, die bei einer Eingabe w der Länge n im Arbeitsspeicher einen Bereich R der Größe log n belegt. Wir betrachten nun den Graphen, dessen Knoten gerade die Konfigurationen sind, die nur die Zellen von R beanspruchen. Die Kanten seien die zulässigen Übergänge zwischen diesen Konfigurationen. Wir dürfen annehmen, daß die Turing-Maschine über eine ausgezeichnete Haltekonfiguration und über eine ausgezeichnete Quasihaltekonfiguration verfügt. (Die räumliche Komplexität wird dadurch nicht verändert.) Das Entscheidungsproblem $w \in L$ ist gleichwertig zu zwei Wegproblemen im so definierten Graphen: Von der Startkonfiguration aus zu den beiden ausgezeichneten Schlußkonfigurationen. Der Übersetzungsaufwand liegt innerhalb L. Die in GAP übersetzte Sprache ist mit dem Raumbedarf log n zu entscheiden, da nur die Eingabe übersetzt werden muß, das Arbeitsspeicherregime mit dem Platzbedarf log n aber bleiben kann, das über die passierten Konfigurationen offensichtlich ausreichend Buch führt.

<u>Beispiel</u>. SAT2 sei das Problem der Erfüllbarkeit konjunktiver Normalformen mit höchstens zwei Literalen je Alternative. Wir ersetzen eingliedrige Alternativen p durch $\overline{w} \lor p$ und p durch $p \lor \overline{w}$ für eine neue Variable w. Wir bilden einen Graphen, dessen Knoten aus den in der konjunktiven Normalform vorkommenden Variablen und ihren Verneinungen besteht. Für jede Alternative $p \lor q$ wird eine Kante von p nach q und eine Kante von q nach p gesetzt. Die konjunktive Normalform ist genau dann nicht erfüllbar, wenn es im zugeordneten Graphen einen Weg von w nach $\overline{w}$ gibt.

Umgekehrt läßt sich jedes GAP-Problem durch eine solche konjunktive Normalform darstellen: Man identifiziere den Anfangspunkt mit w, den Endpunkt mit $\overline{w}$ und jede Kante von p nach q mit einer Alternative $\overline{p} \lor q$ ($p \longrightarrow q$). Es führt genau dann ein Weg vom Anfangs- zum Endpunkt, wenn die Konjunktion dieser Alternativen nicht erfüllbar ist. SAT2 ist daher auch NL-vollständig.

<u>Beispiel</u>. AGAP (And-Or-Graph Accessibility Problem). Ein Und-Oder-Graph ist ein gerichteter Graph, dessen sämtliche Knoten mit ∧ oder ∨ markiert sind. Jeder Endknoten ist "belegt". Ein ∧-Knoten ist belegt, falls alle Nachfolgerknoten belegt sind, während ein ∨-Knoten belegt ist, falls wenigstens ein Nachfolgerknoten belegt ist. Das Problem ist das der Belegung eines beliebigen Knotens. - Dieses Problem ist SPACE(log n)-vollständig für adäquate Turing-Maschinen, sogenannte alternierende Turing-Maschinen. Alternierende Turing-Maschinen sind definiert wie gewöhnliche nichtdeterministische Turing-Maschinen, nur die Akzeptanz ist anders definiert: die Zustände sind mit ∧ oder ∨ markiert; jede Haltekonfiguration (die keine Nachfolgekonfiguration hat) gilt als akzeptierend; eine ∧-Konfiguration gilt genau dann als akzeptierend, wenn jede ihrer Nachfolgerkonfigurationen akzeptierend ist; eine ∨-Konfiguration gilt genau dann als akzeptierend, wenn sie eine akzeptierende Nachfolgekonfiguration besitzt. Das Wort w wird genau dann akzeptiert, wenn die Anfangskonfiguration bezüglich des Eingabewortes w akzeptierend ist. Die Konfigurationen bilden bezüglich ihrer Nachfolgebeziehung und der Markierung der Zustände offensichtlich gerade die ∧-∨-Graphen. Das Problem, ob w akzeptiert wird, ist durch eine deterministische Turing-Maschine nur mit dem Zeitaufwand $2^{\log \text{Länge}(w)}$ zu lösen, denn es ist im ungünstigsten Fall der ganze Und-Oder-Graph der alternierenden Maschine zu durchmustern. Somit ist AGAP P-vollständig.

<u>Beispiel</u>. Ist eine durch eine kontextfreie Grammatik G erzeugte Sprache L(G) leer? Dieses Problem ist AGAP gleichwertig. Wir können nämlich die Regeln

$$\ldots$$
$$A \longrightarrow \ldots B \ldots C \ldots$$
$$A \longrightarrow \ldots D \ldots E \ldots$$

bezüglich der Hilfsbuchstaben A, .., E in einem Und-oder-Graphen mit dem Startsymbol an der Wurzel und Verzweigungen wie illustriert repräsentieren. L(G) ist genau dann nicht leer, wenn das Start-symbol im Graphen belegt ist. Das Problem ist also ebenfalls P-vollständig. Ebenso ist das Problem P-vollständig, ob L(G) un-endlich ist. In diesem Falle ist nur zusätzlich zu prüfen, ob auf einem beliebigen gerichteten Weg der gleiche Hilfsbuchstabe zweimal belegt vorkommt, denn dies ist gleichwertig zu

$$a \xrightarrow{*} uAv \xrightarrow{*} u^n w v^n \text{ für beliebig } n \text{ und gewisse } u, v; \quad uv \neq \varepsilon$$

wäre noch extra zu prüfen.

<u>Beispiel</u>. Das Halteproblem für nichtdeterministische Turing-Maschinen innerhalb einer bestimmten Anzahl von Schritten (Hält die Turing-Maschine M bei Eingabe von w innerhalb von k Schritten an?) ist NP-vollständig. Ein beliebiges Problem $\in$ NP stellt sich offensichtlich als Halteproblem einer speziellen nichtdeterministischen Turing-Maschine bei Eingabe passender Wörter (und damit als Halteproblem einer universellen nicht-deterministischen Turing-Maschine) innerhalb polynomial vieler Schritte dar.

<u>Beispiel</u>. Das Problem SAT der Erfüllbarkeit beliebiger kon-junktiver Normalformen der Aussagenlogik ist NP-vollständig. - Das Problem gehört zu NP, man braucht nur eine erfüllende Be-legung zu erraten und den Wert nachzurechnen. Es sei ein be-liebiges NP-Problem gegeben. Bei einer Eingabe w der Länge n ergebe sich in p(n) Schritten für ein gewisses Polynom p die Lösung, falls eine solche existiert. Jeder einzelne Schritt be-stimmt ein Gleichungssystem zwischen Komponenten der jeweiligen Ausgangskonfiguration, der Zielkonfiguration und dem Übergang dazwischen. Dieses Gleichungssystem, damit auch das Gleichungs-system für alle p(n) Schritte, ist als konjunktive Normalform von elementaren Gleichungen beschreibbar, deren Länge ist wie-derum von der Größenordnung p(n), da auch nur p(n) Felder be-nötigt werden. Das Halteproblem wird durch Lösung des ganzen Gleichungssystems gelöst. Der Übersetzungsaufwand für die Niederschrift der Gleichungen besteht räumlich in der Kontrolle der Zähler für die einzelnen Parameter des Gleichungssystems (das Übersetzungsergebnis braucht zwar mehr Platz, zählt aber als Ausgabe der Übersetzungsmaschine zu deren Komplexität nicht dazu), bleibt also innerhalb L. Erfahrungsgemäß kommt man für die Frage der Erfüllbarkeit einer konjunktiven Normalform mit n

Variablen nicht um die Auswertung einer Wertetafel mit 2^n Zeilen herum, also um einen exponentiellen Aufwand. Es ist indessen nicht bewiesen, daß diese exponentielle Schranke nicht durch eine polynomiale ersetzt werden kann (siehe P-NP-Problematik unten).

Beispiel. (KNAPSACK). Gegeben sei ein lineares Gleichungssystem Ax = b,gesucht sind Binärlösungen x ($x \in \{0,1\}^*$). Die Methode des Durchprobierens zeigt, daß der Aufwand durch EXP beschränkt ist. Das Problem gehört sogar insofern zu NP, als eine nichtdeterministische Turing-Maschine in polynomialer Zeit eine etwaige Binärlösung erraten kann. Die Prüfung, daß es eine solche ist, ist in deterministisch polynomialer Zeit möglich: $\{(A,x,b) \mid Ax = b, x \in \{0,1\}^*\} \in P$. Ungeklärt ist indes wiederum, ob die x auch schon mit polynomialem zeitlichem Aufwand gefunden werden können, ob also das Problem zu P gehört. Indessen hat sich herausgestellt, daß auch KNAPSACK NP-vollständig ist, mit der Konsequenz, daß die Annahme KNAPSACK $\in$ P nach sich zieht, daß jedes NP-Problem in polynomialer Zeit gelöst werden kann, also NP $\subseteq$ P und damit NP = P.

Nun ist allerdings die Frage NP = P oder NP $\neq$ P das berühmteste ungelöste Problem der Komplexitätstheorie (neben vielen anderen, zum Beispiel L = NL oder L $\neq$ NL). Eine andere Formulierung des Problems ist die folgende:

Ist es möglich, eine beliebige (oder eine feste universelle) nichtdeterministische Turing-Maschine zu einer deterministischen Turing-Maschine gleicher Leistungsfähigkeit so umzubauen, daß die benötigte Rechenzeit dafür höchstens polynomial wächst?

Wenn ja, gilt NP = P; wenn der Umbau dagegen nicht möglich ist, gilt NP $\neq$ P. Allerdings ist die Frage dieser Umbaumöglichkeit völlig ungeklärt. Unser früherer Beweis war mit einem exponentiellen Zeitwachstum verbunden.

Beispiel. Das Rundreiseproblem, wie es zu Beginn von Kapitel 5. vorgestellt wurde, ist in folgendem Sinne ein NP-Problem: Die Sprache $\{(A,b) \mid A$ ist eine (natürlichzahlige) Entfernungsmatrix, die kürzeste Rundreise durch A ist nicht kürzer als b$\}$ gehört zu NP und ist sogar NP-vollständig.

Die kürzeste Rundreise kann nämlich nichtdeterministisch erraten werden und braucht dann nur noch in der Länge mit b verglichen zu werden.

Allerdings ist die Zugehörigkeit von

$\{(A,b) \mid A$ ist eine Entfernungsmatrix, die kürzeste Rundreise durch A ist gleich $b\}$

zu NP nicht zu zeigen, es sei denn, P = NP (dann nämlich braucht nur mit polynomialem Aufwand obiges Problem für eine Teilfolge aus b, [b/2], 2b, [b/4],...,4b, ... zu lösen und so mit polynomialem Aufwand das richtige b zu ermitteln).

Somit ist das Rundreiseproblem unter der Voraussetzung P = NP polynomialzeitlich lösbar, aber als Funktion sonst nicht durch eine NP-Sprache beschreibbar. Anders als bei KNAPSACK kann ja aus der objektiv richtig geratenen Ausgabe einer nichtdeterministischen Turing-Maschine nicht geschlossen werden, daß das Problem gelöst ist, es kann nicht deterministisch (auch nicht nichtdeterministisch) mit polynomialem Aufwand nachgewiesen werden, daß wirklich der kürzeste Weg gefunden worden ist.

Typisch für die Zugehörigkeit einer Sprache $L \subset \Sigma^*$ zu P ist, daß es ein einheitliches deterministisches Verfahren gibt, das für jedes Wort $w \in \Sigma^*$ in polynomialer Zeit entscheidet, ob $w \in L$ oder $w \notin L$. $L \notin P$ bedeutet also die Existenz eines Entscheidungsverfahrens mit polynomialer Aufwandsbegrenzung.

Typisch dagegen für die Zugehörigkeit von L zu NP ist, daß es nur ein einheitliches Verfahren gibt, das für jedes $w \in L$ in polynomialer Zeit die Zugehörigkeit $w \in L$ nachweist. $L \in NP$ bedeutet damit, daß es ein Aufzählungsverfahren gibt, bei dem jedes einzelne Element mit polynomialem Aufwand aufgezählt wird, das aber im ganzen von exponentieller Komplexität ist (es sei denn, P = NP).

Mit dem Gegensatz P gegen NP (analog für andere Paare) wird also der Gegensatz entscheidbar - aufzählbar von der Begrenzung des in endlicher Zeit Realisierbaren auf die Begrenzung des **in poly**-nomialer Zeit Realisierbaren heruntergesetzt.

Noch ein Beispiel für die praktische Tragweite des Unterschieds zwischen P und NP.

<u>Beispiel</u>. Die Menge der Tripel (n_1, n_2, m) natürlicher Zahlen mit $n_1 * n_2 = m$ gehört zu P. Der Nachweis, daß eine Zahl zusammengesetzt ist, ist also (in einfachster Weise) mit polynomialem Zeitaufwand möglich. Die Frage indessen, ob eine Zahl

zusammengesetzt ist, gehört zu NP (man errate eine etwaige Zerlegung), wie übrigens auch die entgegengesetzte Frage, ob eine Zahl Primzahl ist. (Das ist schwieriger einzusehen, wir gehen nicht darauf ein.) So verwundert es nicht, daß Fermat 1640 vermutete, daß die Zahl 4 294 967 297 eine Primzahl ist. Die Nachprüfung is offensichtlich mühsam, es sei denn, man errät die etwa vorhandenen Teiler.

So gelang erst Euler 1732 der Nachweis, daß 4 294 967 297 = 6 700 417 * 641. Das Problem lag im Finden der Faktoren, nicht im Ausmultiplizieren.

Viele interessante Sprachen sind NP-vollständig, Hunderte aus der Spieltheorie, der Operationsforschung, der Zahlentheorie, der Logik, auch der Informatik und anderen Gebieten. So ziemlich alle Sprachen von praktischer Bedeutung gehören zu NP. Zwar gibt es nach Satz 5.17. beliebig komplizierte Sprachen, insbesondere ist auch EXP $\setminus$ NP nicht leer, aber sie haben nur eine theoretisch-mathematische Bedeutung, insbesondere im Zusammenhang mit Entscheidungsproblemen abstrakter mathematischer Theorien, keine praktische Bedeutung. Am ehesten kann man der Sprache der wahren Aussagen über reellen Zahlen in Addition, Multiplikation, Gleichheit und den logischen Verknüpfungen eine praktische Bedeutung zuschreiben. In dieser Sprache ist zum Beispiel das Dreikörperproblem der Astronomie beschreibbar. Die Sprache ist entscheidbar (damit auch dieses Problem), aber nur mit dem Aufwand EXSPACE, also noch jenseits von EXP.

Somit ist auch in der Informatik bei der Schwierigkeit von Problemen der Gegensatz immer wieder P (real lösbar) oder NP (nicht real lösbar), sofern ein Problem überhaupt algorithmisch lösbar ist.

Anhang: Einführung in die Logik

In umfangreichen Darstellungen der Theoretischen Informatik ist es durchaus üblich, die Grundlagen der Aussagen- und Prädikatenlogik mit einzubeziehen. Für die Betrachtungen vieler Probleme ist dies aber durchaus entbehrlich, so daß wir uns entschlossen haben, im Interesse einer flüssigen und komprimierten Darstellung auf diese Gebiete im Text zu verzichten; andererseits ist es aber im Sinne einer gewissen Vollständigkeit günstig, Grundlagen aus der Logik im Bereich der theoretischen Probleme zur Verfügung zu haben, woraus sich dieser Anhang ergibt.

Im ersten Teil des Anhanges stellen wir außerdem drei wichtige Beweismethoden vor, die bei der Untersuchung von Sprachen und Berechenbarkeitsfragen so typischen Charakter haben, daß sie noch einmal gesondert behandelt werden sollen. Im Text wirken Beweise dieser Art häufig störend, da sie relativ umfangreich und zum Teil technisch kompliziert sind, zum Verständnis der Ideen aber nicht allzu viel beitragen.

Anhang 1. Induktion, Diagonalverfahren

In ihrer einfachsten Form ist die Induktion aus der Arithmetik bekannt. Es gilt das folgende

Prinzip der vollständigen Induktion.

1. Die Eigenschaft P gelte für die Zahl 0.
2. Gilt die Eigenschaft P für ein $n>0$, so soll sie auch für $n+1$ gelten.
Sind diese beiden Voraussetzungen erfüllt, so gilt die Eigenschaft P für jede natürliche Zahl n.
Gelegentlich ist es notwendig, anstelle des Anfangspunktes $n=0$ einen anderen Wert $n_0 > 0$ zu wählen. Dann gilt die Eigenschaft für alle $n > n_0$.
In dieser Form wird das Induktionsprinzip schon in der Schule hinlänglich geübt.

Jetzt soll ein ähnliches Prinzip für Mengen und Aufzählungen von Mengen entwickelt werden. Dazu kehrt man noch einmal zu einem Alphabet Σ = {$s_1,\ldots,s_n$}, den Wörtern $w \in \Sigma^*$ und einer Aufzählung der Wörter zurück, die bereits früher benutzt wurde:

Σ_0 = {φ} : das leere Wort ist das einzige Wort der Länge 0;

Σ_1 : für jedes Symbol $s_i \in \Sigma$, i=1,...,n, läßt sich ein (mit s_i identifizierbares Wort) der Länge 1 bilden; diese Menge läßt sich so konstruieren, daß man an jedes Element der Menge Σ_0 ein Symbol $s_i \in \Sigma$ anhängt;

Σ_2 : alle Wörter der Länge 2; an jedes Element von Σ_1 wird ein Symbol $s_i \in \Sigma$ angehängt; stets sind alle Kombinationen zu realisieren;

$$\cdot$$
$$\cdot$$
$$\cdot$$

Σ_{i+1} : alle Wörter der Länge i+1, die man erhält durch "alle möglichen Verlängerungen" von Wörtern der Länge i um ein Symbol, also durch eine Operation über der Menge Σ_i .

Damit existiert ein <u>induktives Verfahren</u> zur Erzeugung aller Elemente von $\Sigma^* = \bigcup_i \Sigma_i$. Innerhalb einer Menge Σ_i könnten die Elemente beispielsweise wieder lexikographisch angeordnet wer-den.

Wir erinnern uns etwa an Σ = {$|$} und erhalten die ebenfalls be-reits verwendete Kodierung der natürlichen Zahl n durch $\underbrace{| \, | \, \ldots \, |}_{\text{n-mal}}$.

Hier ist Σ_i = {$\underbrace{| \, | \ldots | \, |}_{\text{i Striche}}$}. Für derartige induktiv erzeugte

Mengensysteme definiert man das folgende erweiterte

<u>Induktionsprinzip</u>

1. Eine Eigenschaft P gelte für alle Elemente einer Menge X_0 .

2. Wenn die Eigenschaft P für jedes Element von X_i gilt, soll sie auch für alle Elemente von X_{i+1} erfüllt sein.

Dann gilt die Eigenschaft P für jedes Element, das sich in ir-gendeiner Menge X_k befindet, also beispielsweise jedes Element, das sich im Verlaufe eines solchen induktiven Prozesses erzeugen läßt.

Auf obige Wortbildung bezogen, ist auch die folgende Formulierung des Induktionsprinzips möglich:

1. Eine Eigenschaft P gelte für das leere Wort (alle Wörter der Länge o).

2. Gilt P für alle Wörter der Länge i, so soll P auch für alle Wörter der Länge i+1 gelten.

Sind diese beiden Voraussetzungen erfüllt, so gilt P für jedes beliebige Wort (da jedes Wort irgendeine Wortlänge n besitzt).

Diese "Induktion über die Wortlänge" wurde häufig verwendet, man sollte sich diese Methode gut einprägen und an verschiedensten Stellen genau analysieren. Als Beispiel sei noch ein Satz betrachtet, der für kontextfreie Grammatiken in Chomsky-Normalform die Länge einer Ableitung festlegt.

Satz. Es seien G eine Grammatik in Chomsky-Normalform, T die Menge der Terminalsymbole, V eine Variable. Ist ein Wort $u \in T^*$ aus V ableitbar, so gibt es eine Ableitung der Länge 2 $|u|$.

Beweis. In einer Chomsky-Normalform hat jede Regel die Form $V \longrightarrow XY$ oder $V \longrightarrow a$, wobei $a \in T$ ist und X bzw. Y weitere Variable sind.

1. $|u| = 1$; soll $u \in T^*$ gelten, so muß $u = a$ für ein $a \in T$ sein. Folglich muß eine Regel $V \longrightarrow a$ vorhanden sein, und wir haben eine Ableitung der Länge 2.

2. Es sei jetzt u aus V ableitbar, $|u| > 1$, und für jedes Wort v mit $|v| < |u|$ existiere eine Ableitung der Länge 2 $|v|$.

Da die Länge von u mindestens gleich zwei ist, muß wenigstens eine Regel $V \longrightarrow XY \xrightarrow{*} u$ verwendet worden sein; damit existieren Teilwörter v und w mit $X \xrightarrow{*} v$, $Y \xrightarrow{*} w$, $u = vw$, $|v| < |u|$, $|w| < |u|$. Die Länge der Ableitungen von v bzw. w beträgt 2 $|v|$ bzw. $|w|$ (nach Induktionsvoraussetzung).

Leitet man nun aus X zuerst v (unter Mitführung von Y) und dann aus Y das Wort w ab, so erhält man insgesamt eine Ableitung

$$V \longrightarrow XY \longrightarrow v_2 Y \longrightarrow \ldots \longrightarrow vY \longrightarrow vw_2 \longrightarrow \ldots \longrightarrow vw = u,$$

$$\text{Länge 2 } |v| \qquad \text{Länge 2 } |w|$$

die eine Gesamtlänge von $2|v| + 2|w| = 2|u|$ besitzt. Damit gilt der Satz für Wörter beliebiger Länge.

Analog dazu formuliert man für Grammatiken Induktionsbeweise über die Länge der Ableitung. Die Vorgehensweise ist genau die gleiche und wird häufig verwendet, um nachzuweisen, daß sich bestimmte Eigenschaften im Verlaufe einer Ableitung nicht ändern.

Wenden wir uns nun den Fragen der Abzählbarkeit zu. Diese Eigenschaft hat für Sprachen deshalb eine besondere Bedeutung, weil ein Alphabet stets eine endliche nichtleere Menge war; Σ^*, die Menge aller Wörter über dem Alphabet Σ, ist dann stets abzählbar, und jede Sprache $L \subseteq \Sigma^*$ ist dann endlich oder abzählbar. Dabei ist die Abzählbarkeit einer Menge dann gegeben, wenn eine eineindeutige Abbildung auf die Menge der natürlichen Zahlen existiert: es gibt dann ein 0., 1., 2., 3., ... Element der Menge, und jedes Element der Menge taucht in dieser <u>Abzählung</u> genau einmal irgendwo auf.

Häufig gelingt eine Anordnung der Elemente einer abzählbaren Menge und deren Abzählung durch das auf G. Cantor zurückgehende Diagonalverfahren, das wir am Beispiel der Menge $NxN \setminus \{o\} = \{(x,y) \mid x \in N, y \in N \setminus \{o\}\}$ darstellen wollen (dabei steht $NxN \setminus \{o\}$ für die Menge aller rationalen Zahlen p/q, $q \neq o$); wir ordnen diese Menge in folgender Tabelle an:

	1	2	3	4	5	6	7	8	
o	$\frac{0}{1}$	$\frac{0}{2}$	$\frac{0}{3}$	$\frac{0}{4}$	$\frac{0}{5}$	$\frac{0}{6}$	$\frac{0}{7}$	$\frac{0}{8}$	...
1	$\frac{1}{1}$	$\frac{1}{2}$	$\frac{1}{3}$	$\frac{1}{4}$	$\frac{1}{5}$	$\frac{1}{6}$	$\frac{1}{7}$	$\frac{1}{8}$	...
2	$\frac{2}{1}$	$\frac{2}{2}$	$\frac{2}{3}$	$\frac{2}{4}$	$\frac{2}{5}$	$\frac{2}{6}$	$\frac{2}{7}$	$\frac{2}{8}$	...
3	$\frac{3}{1}$	$\frac{3}{2}$	$\frac{3}{3}$	$\frac{3}{4}$	$\frac{3}{5}$	$\frac{3}{6}$	$\frac{3}{7}$	$\frac{3}{8}$	...
$\vdots$	$\vdots$	$\vdots$	$\vdots$	$\vdots$	$\vdots$	$\vdots$	$\vdots$	$\vdots$	

Jetzt beginnen wir mit der ersten Diagonalen, in der das einzige Element $\frac{0}{1}$ steht; in der zweiten Diagonalen stehen die Elemente $\frac{p}{q}$ mit $p + q = 2$, und wir durchlaufen diese Diagonale in der Richtung $\frac{0}{2} \longrightarrow \frac{1}{1}$; die nächste Diagonale ($p+q=3$) wird in der Reihenfolge $\frac{2}{1} \longrightarrow \frac{1}{2} \longrightarrow \frac{0}{3}$ durchlaufen, es folgt $\frac{0}{4} \longrightarrow \frac{1}{3} \longrightarrow \frac{2}{2}$

$\longrightarrow \underset{1}{3}$ usw. Damit wird auch anschaulich die Bezeichnung "Diagonalverfahren" klar. Jedes Element, das irgendwo in der Tabelle steht, kommt schließlich in der Abzählung irgendwo vor.

Ein zweites Diagonalverfahren, das ebenfalls auf G. Cantor zurückgeht, wurde von ihm verwendet, um die Nichtabzählbarkeit der Menge der reellen Zahlen nachzuweisen. Auch diese Idee wurde an vielen Stellen benutzt und soll noch einmal von ihrem Wesen her veranschaulicht werden.

<u>Satz</u>. Die Menge aller Binärfolgen ist nicht abzählbar.

<u>Beweis</u>. Wäre diese Menge abzählbar, so würde man ihre Elemente durchnumerieren und in einer Tabelle anordnen können:

0. Folge: $a_0^0 \quad a_1^0 \quad a_2^0 \quad a_3^0 \ldots$

1. Folge: $a_0^1 \quad a_1^1 \quad a_2^1 \quad a_3^1 \ldots$

2. Folge: $a_0^2 \quad a_1^2 \quad a_2^2 \quad a_3^2 \ldots$

3. Folge: $a_0^3 \quad a_1^3 \quad a_2^3 \quad a_3^3 \ldots$

$\quad \vdots$

Jetzt bildet man eine neue Folge

$$a_0 \quad a_1 \quad a_2 \quad a_3 \quad \ldots$$

mit der Eigenschaft, daß

$a_0 \neq a_0^0,\ a_1 \neq a_1^1,\ a_2 \neq a_2^2,\ a_3 \neq a_3^3, \ldots$ gilt; das i. Element in der neuen Folge unterscheidet sich vom i. Element der i. Folge.

Damit hat man ein Element konstruiert, das seiner Beschaffenheit nach in der Menge vorkommt, entgegen der Voraussetzung aber nicht in der Abzählung vorhanden ist. Da sich dieser Widerspruch nicht beheben läßt, kann also die ursprüngliche Menge doch nicht abzählbar sein.

(Beachtet man, daß diese Binärfolgen eineindeutig einer Teilmenge der reellen Zahlen zugeordnet werden können, so ergibt sich aus dieser Konstruktion die Überabzählbarkeit der reellen Zahlen.)

Der Name "Diagonalverfahren" wird durch die Ungleichheit längs der Hauptdiagonalen a_0^0, a_1^1, a_2^2, a_3^3,... gerechtfertigt.

Bei der Untersuchung von Fragen der Berechenbarkeit, in der Theorie der rekursiven Funktionen, wurde dieses Verfahren häufig für Mengen von Funktionen f mit $f(n) \in N$ für $n \in N$ verwendet; zählt man eine derartige Menge von Funktionen auf, so entsteht das folgende Schema:

	0	1	2	3	4	...
f_0	$f_0(o)$	$f_0(1)$	$f_0(2)$	$f_0(3)$	$f_0(4)$	...
f_1	$f_1(o)$	$f_1(1)$	$f_1(2)$	$f_1(3)$	$f_1(4)$	...
f_2	$f_2(o)$	$f_2(1)$	$f_2(2)$	$f_2(3)$	$f_2(4)$	...
f_3	$f_3(o)$	$f_3(1)$	$f_3(2)$	$f_3(3)$	$f_3(4)$	...
.	.	.	.	.	.	
.	.	.	.	.	.	
.	.	.	.	.	.	

Die Funktion g mit $g(n) = f_n(n)+1$ unterscheidet sich von jeder der aufgezählten Funktionen f_i an der Stelle i, also in der Hauptdiagonalen.

Aufbauend auf dieser Idee wurde beispielsweise bewiesen, daß es nichtberechenbare arithmetische Funktionen gibt. Hat man sich diese Ideen einmal genau eingeprägt, wird man sie an vielen Stellen ohne Mühe wiedererkennen.

Aussagenlogik

Der Zugang zu Mitteln und Methoden der Aussagenlogik wird in der Informatik mindestens unter zwei Blickrichtungen zu wählen sein. Zum ersten hat man das Ziel, im Sinne der Aufgaben der klassischen Logik das logische Schließen zu formalisieren, also über die Wahrheit bzw. Falschheit von Aussagenverbindungen zu entscheiden und darauf entsprechende Theorien aufzubauen, etwa im Sinne der Ideen, die von G. Boole ihren Ausgang nahmen. Andererseits ist es in der Technischen Informatik quasi Alltag, sich logischer Funktionen einfach in der Form zu bedienen, daß Funk-

tionen von B^n in B, B = {0,1}, ein bequemes, den technischen Ge-
gebenheiten sehr gut Rechnung tragendes Arbeitsmittel sind.

Im folgenden sollen beide Standpunkte soweit dargestellt werden,
daß man, aufbauend auf den nachfolgenden Einführungen, in beiden
Gebieten arbeiten kann.

Als erstes soll die Sprache der Aussagenlogik definiert werden.

<u>Definition A1.</u> Gegeben sei das Alphabet A = {x_1, x_2,..., x_n,(,),
¬,∧,∨,✦,~,⟶}.

1. Alle <u>Variable</u> x_1, ..., x_n sind <u>Formeln</u>.
2. Ist F eine Formel, dann auch (¬ F).
3. Mit zwei Formeln F und G sind auch (F∧G), (F∨G), (F~G),
   (F✦G), (F⟶G) Formeln.
4. Jede Formel entsteht, wenn man die Regeln 2. und 3. endlich
   oft anwendet, wobei die Variablen der entsprechende
   Ausgangspunkt sind.

Damit sind über der Menge A* bestimmte Konstruktionen ausgezeichnet; es ist also die Sprache L_A der Aussagenlogik definiert.

<u>Anmerkung</u>. Obwohl man, um die Endlichkeit des Alphabetes A zu
gewährleisten, nur endlich viele Variable x_1,...,x_n zuläßt, bedeutet das keine Einschränkung, da man n stets genügend groß
wählen kann.

<u>Beispiel.</u> Durch Zurückführung auf den Startpunkt und eine ent-
sprechende Anwendung der 2. und 3. Regel zeigt man, daß die folgenden Formeln zu L_A gehören:

$$(((x_1 \longrightarrow x_2) \vee x_3) \wedge (x_2 \sim x_3)),$$
$$(((\neg x_1) \vee x_1) \sim (x_2 \vee (\neg x_3))),$$
$$((x_1 \longrightarrow x_2) \wedge (x_2 \longrightarrow x_1)),...$$

Selbstverständlich sind im speziellen Kontext auch andere
Variablenbezeichnungen, etwa p,q,x,y,..., zulässig. Um die
Formeln zu kürzen, sollen die äußeren Klammern wegbleiben.
Desweiteren ist es üblich, das Zeichen ∧ gelegentlich wegzu-
lassen: (a ∧ b) wird dann einfach zu (ab) oder auch zu ab; ∧ soll

zwei Variable stärker binden als alle anderen Zeichen:
ab‑c ist als (a ∧ b)‑c zu lesen, analog entspräche ab ∨ cd der
Formel (a ∧ b) ∨ (c ∧ d).
Eine Interpretation dieser Formeln geschieht, indem man jeder
auftretenden Variablen einen Wahrheitswert zuweist, der aus der
Menge B = {true, false} stammt. Tritt eine Variable in einer
Formel mehrfach auf, weist man ihr natürlich an allen Stellen
den gleichen Wahrheitswert zu.
<u>Anmerkung</u>. Ohne weiteres wird man für die Elemente von B auch
andere Bezeichnungen akzeptieren:

true:	t	w	1	H	L	L	...
false:	f	f	0	L	H	0	...

Entscheidend ist natürlich, daß jede Variable nur genau zwei
Werte annehmen kann. Auf Grund der Einfachheit und Anschaulichkeit wollen wir die Schreibweise B = {0,1} bevorzugen. Durch
entsprechende Definition von Operationstabellen kann man jetzt
jeder Formel einen bestimmten Wert zuweisen, der sich aus den
Wahrheitswerten der einzelnen Variablen herleiten läßt.
Folgende Definitionen und Bezeichnungen für die einzelnen Operationen sollen verwendet werden:

1. <u>Negation</u>.

x_1	$\neg\, x_1$
0	1
1	0

"<u>nicht</u> x_1"

2. <u>Konjunktion</u>.

x_1	x_2	$x_1 \wedge x_2$
0	0	0
0	1	0
1	0	0
1	1	1

" x_1 <u>und</u> x_2 "

3. <u>Disjunktion</u>.

x_1	x_2	$x_1 \vee x_2$
0	0	0
0	1	1
1	0	1
1	1	1

"x_1 <u>oder</u> x_2 "

4. <u>Implikation</u>.

x_1	x_2	$x_1 \longrightarrow x_2$
0	0	1
0	1	1
1	0	0
1	1	1

"<u>wenn</u> x_1, <u>dann</u> x_2"

5. <u>Antivalenz</u>.

x_1	x_2	$x_1 \not\sim x_2$
0	0	0
0	1	1
1	0	1
1	1	0

"<u>entweder</u> x_1 <u>oder</u> x_2"

6. <u>Äquivalenz</u>.

x_1	x_2	$x_1 \sim x_2$
0	0	1
0	1	0
1	0	0
1	1	1

"x_1 <u>genau dann</u>, <u>wenn</u> x_2"

Damit ist es nun möglich, beispielsweise für die oben angegebenen Formeln und beliebige Belegungen der Variablen mit Werten den der Formel zuzuordnenden Wert auszurechnen:

$((x_1 \longrightarrow x_2) \vee x_3) \wedge (x_2 \sim x_3)$ nimmt für $x_1 = 0$, $x_2 = 0$, $x_3 = 0$ den Wert

$((0 \longrightarrow 0) \vee 0) \wedge (0 \sim 0) = ((1) \vee 0) \wedge (1) = 1 \wedge 1 = 1$ an;

der gleiche Wert ergibt sich aus $(((\neg x_1) \vee x_1) \sim (x_2 \vee (\neg x_3)))$ für die gleiche Belegung:

$(((\neg 0) \vee 0) \sim (0 \vee (\neg 0)))) = (1 \vee 0) \sim (0 \vee 1) = 1 \sim 1 = 1 \dots$

Die neben den Operationstabellen stehenden sprachlichen Formulierungen widerspiegeln die Beziehungen zum Ursprung der Aussagenlogik:

Gegeben ist eine Aussage; für diese Aussage gibt es zwei Möglichkeiten: sie kann <u>wahr</u> oder <u>falsch</u> sein, die auftretenden Variablen $x_1, \dots, x_n$ repräsentieren also die Wahrheit bzw. Falschheit bestimmter Aussagen. Die definierten Operationen legen nun fest, wie die Wahrheit bzw. Falschheit einer zusammengesetzten Aussage beschaffen ist, wenn die Wahrheit bzw. Falschheit der Bestandteile gegeben ist.

Eine Aussage "x_1 <u>und</u> x_2" ist also genau dann wahr, wenn beide Teilaussagen wahr sind und sonst nicht. Analog dazu ist "x_1 <u>oder</u> x_2" nur falsch, wenn beide Teilaussagen falsch sind. Die Antivalenz drückt aus, daß x_1 und x_2 unterschiedliche Werte besitzen, während durch die Äuivalenz gerade die Gleichheit der beiden Wahrheitswerte gefordert wird. Die Negation entspricht der Tatsache, daß die Verneinung einer Aussage deren Wahrheitswert ins Gegenteil verkehrt.

Von besonderer Bedeutung für das logische Schließen ist die Implikation. Die Beziehung "wenn x_1, dann x_2" drückt aus, daß immer dann, wenn x_1 wahr ist, auch x_2 wahr sein muß. In diesem Sinne nennt man x_1 auch <u>Prämisse</u> (Voraussetzung). x_2 ist die <u>Konklusion</u> (Schlußfolgerung). Hierfür gibt es viele Beispiele, vor allem natürlich in der Mathematik; man stellt also eine Implikation zur Verfügung, und jedesmal, wenn die Gültigkeit der Prämisse erfüllt ist, muß auch die Konklusion gelten. So gelingt es, aus der Gültigkeit "einfacher" Grundaussagen (hierfür wählt man häufig die Bezeichnung "<u>Axiome</u>") ständig neue Aussagen zu gewinnen, deren Gültigkeit dann vollständig von den Prämissen abhängt.

Dies verdeutlicht man durch eine <u>Schlußregel</u>, die altehrwürdig als Modus Ponens bezeichnet wird:

$$\frac{x_1,\ x_1 \longrightarrow x_2}{x_2}$$

"Wenn x_1 gilt und aus x_1 die Gültigkeit von x_2 folgt, dann muß auch x_2 gelten."

Damit ist die Definition der dritten und der vierten Zeile der Implikationstabelle vollständig verständlich. Etwas mehr Mühe machen die ersten beiden Zeilen, die also bei falschen Prämissen angewendet werden müssen.

Anschaulich - interpretativ bedeutet das, daß für eine falsche Prämisse über die Wahrheit der Konklusion nichts ausgesagt werden kann - sowohl $x_2 = 0$ als auch $x_2 = 1$ ist möglich. Auskunft darüber, welcher Wert für x_2 tatsächlich zutrifft, kann aus dieser Implikation für $x_1 = 0$ jedenfalls nicht gewonnen werden. Diese Begründung mag möglicherweise etwas langatmig sein, den-

noch gibt es gute Gründe, die Implikation auf diese Weise zu
definieren:
Die Implikation $x \wedge y \longrightarrow y$ (bzw. $x \wedge y \longrightarrow x$) sollte auf jeden
Fall gelten; wenn zwei Aussagen, für sich genommen, erfüllt
sind, so sollte eine Aussage allein für sich auch noch wahr
sein; $x = 0$, $y = 1$ ergibt $0 \wedge 1 \longrightarrow 1$, also $0 \longrightarrow 1$; $x = 1$; $y =$
0 führt zu $0 \longrightarrow 0$, also muß sowohl $0 \longrightarrow 1$ als auch $0 \longrightarrow 0$
den Wert 1 liefern.

Den Zusammenhang mit der funktionalen Denkweise stellt man über
den folgenden Satz her.

<u>Satz A1.</u> Jede Formel über dem Alphabet A definiert eine n-
stellige Wahrheitsfunktion, d. h. eine eindeutige Abbildung von
$B^n = B \times ... \times B$ in B.
Der Beweis für diesen Sachverhalt ist anschaulich-konstruktiv zu
realisieren. Da B genau 2 Elemente enthält, besitzt B^n 2^n Elemente; für die Variablen x_1, ..., x_n sind genau 2^n verschiedene
Belegungen möglich; man setzt jetzt sukzessive jede dieser Belegungen in die Formel ein und berechnet den zugehörigen Wert, der
in jedem Falle eindeutig bestimmt ist. Das Ergebnis dieser Vorgehensweise stellt man häufig in Wahrheitswerttabellen zusammen.

x_1	x_2	x_3	$((x_1 \longrightarrow x_2) \vee x_3) \wedge (x_2 \sim x_3)$	$\overline{x_1}\,\overline{x_2}\,\overline{x_3} \vee x_2 x_3$
0	0	0	1	1
0	0	1	0	0
0	1	0	0	0
0	1	1	1	1
1	0	0	0	0
1	0	1	0	0
1	1	0	0	0
1	1	1	1	1

Daß der Zusammenhang zwischen Formel und Funktion in dieser
Richtung nicht eindeutig ist, bemerkt man natürlich, wenn man
sich die letzte Spalte auf der rechten Seite der Tabelle an-
schaut. Sie enthält eine "ganz andere" Formel, aber genau die

gleichen eingetragenen Werte. Das bedeutet, daß diese beiden
Formeln die gleiche Funktion darstellen.
Dies führt zur folgenden

__Definition A2__. Sind F und G zwei Formeln über dem Alphabet A, so
gilt $F \underset{f}{\sim} G$ genau dann, wenn sie die gleiche Funktion f darstellen.
Man stellt ohne Schwierigkeiten fest, daß diese so definierte
Relation eine Äquivalenzrelation ist. Man kann dann in diesem
Sinne Formeln und durch sie dargestellte Funktionen miteinander
identifizieren:
1. Jede logische Funktion $f(x_1, \ldots, x_n)$ wird durch alle
   Formeln einer Äquivalenzklasse dargestellt.
2. Man sieht zwei Formeln als gleich an, wenn sie die gleiche
   Funktion darstellen.
Es gilt also beispielsweise (man überzeuge sich durch Ausrech-
nen):

$$x \wedge y = \neg(x \longrightarrow (\neg y)),$$
$$x \vee y = (\neg x) \longrightarrow y,$$
$$x \sim y = (x \longrightarrow y) \wedge (y \longrightarrow x),$$
$$x \nleftrightarrow y = \neg((x \longrightarrow y) \quad (y \longrightarrow x)).$$

Mit diesem Beispiel haben wir gleichzeitig festgestellt, daß die
eingeführten Operationen nicht voneinander unabhängig sind.
Anders gesagt, wir haben gerade gezeigt, daß sich $\wedge$, $\vee$, $\sim$, $\nleftrightarrow$ mit
Hilfe von $\neg$ und $\longrightarrow$ ausdrücken lassen.
Es existiert noch eine Schwierigkeit im Verhältnis von Funktionen, auf die hier eingegangen werden soll. Dazu betrachten
wir die Formeln
$$f_1 = x \sim z \quad \text{und} \quad f_2 = xyz \vee x\bar{y}z \vee \bar{x}y\bar{z} \vee \bar{x}\bar{y}\bar{z},$$
wobei die Schreibweise $\bar{x}$ als Abkürzung für $(\neg x)$
"eingeschmuggelt" sein soll. In beiden Formeln seien alle möglichen Belegungen von x, y und z eingesetzt:

x	y	z	f_1	f_2
0	0	0	1	1
0	0	1	0	0
0	1	0	1	1
0	1	1	0	0
1	0	0	0	0
1	0	1	1	1
1	1	0	0	0
1	1	1	1	1

Wieder erhält man die gleiche Funktion, obwohl in der Formel für f_1 die Variable y überhaupt nicht vorkommt. Man muß also bei Formeln gelegentlich noch anmerken, von welchen Variablen die Funktion tatsächlich abhängen soll.

Die nachstehende Tabelle

x	z	y	f_1
0	0	0	1
0	1	0	0
1	0	0	0
1	1	0	1
0	0	1	1
0	1	1	0
1	0	1	0
1	1	1	1

zeigt, wie man aus einer Funktion $f_1(x,z) = x \sim z$ eine Funktion $f_1(x,y,z)$ erhält; man stellt die Funktionstabelle für $f_1 = x \sim z$ auf und "verdoppelt" diese Tabelle, indem man einmal y = 0 und einmal y = 1 hinzufügt. Variable dieser Art bezeichnet man gelegentlich als <u>unwesentliche</u> Variable.

In praxi genügt jedoch ein wenig Sorgfalt, um diesen Unterschied zu bewältigen - an vielen Stellen kann er auch ohne nachteilige Folgen außer Acht gelassen werden.

Die bereits angegebenen Beziehungen der Art xvy = $(\neg x) \longrightarrow y$

können dazu benutzt werden, um Formeln in vielfacher Weise
umzuformen. Die nachfolgende Tabelle stellt die wichtigsten
"Rechenregeln" zusammen. Dabei werden die Relationen $\leq$ und $<$
über B in folgender Weise definiert:

$\leq$ = {(0,0), (0,1), (1,1)},

$<$ = {(0,1)},

oder auch anders geschrieben:

$0 \leq 0$, $0 \leq 1$, $1 \leq 1$ und $0 < 1$.

Wichtig ist dabei auch, daß alle Beziehungen der Tabelle gültig
bleiben, wenn anstelle der Variablen Formeln stehen; die
Relation $\leq$ wäre dann so zu interpretieren, daß

$f(x_1,\ldots,x_n) \leq g(x_1,\ldots,x_n)$

genau dann gilt, wenn die Ungleichung für jede einzelne Belegung
erfüllt ist.

Unter den unterschiedlichen Funktionen (Operationen) kann man
bestimmte charakteristische Beziehungen feststellen, die zum Begriff des __vollständigen Funktionensystems__ führen.

__Satz A2__. Jede n-stellige logische Funktion läßt sich durch eine
Formel darstellen, die allein die Operationen $\neg, \wedge, \vee$ enthält.
Anders formuliert: Die Funktionen $\neg, \wedge, \vee$ bilden ein vollständiges
Funktionssystem.

__Beweis.__ Man verwendet die Voraussetzung, daß man zu jeder Formel
eine entsprechende Funktionstabelle eindeutig konstruieren kann.
Nun stellt man fest: ist $c = (c_1,\ldots,c_n)$ eine bestimmte Belegung
der Variablen $x_1,\ldots,x_n$, so nimmt die Konjunktion $(x_1 \sim c_1)$
$(x_2 \sim c_2)\ldots(x_n \sim c_n)$ genau für diese Belegung den Wert 1, für
jede andere Belegung den Wert 0 an. Mit dieser Eigenschaft kann
man die Konstruktion abschließen: für jeden Wert 1 in der Spalte
der Funktionswerte bildet man die zugehörige __Elementarkon-__
__junktion__ und verknüpft alle diese Konjunktionen mit $\vee$ (dis-
junktiv). Es entsteht die disjunktive Normalform. Die Äquiva-
lenzen in den Konjunktionen verschwinden natürlich wegen $x \sim 0 =$
$\overline{x}$, $x \sim 1 = x$.

__Beispiel.__
$f = (x_1 \sim x_2) \ \overline{x_3} \ \vee \ ((x_1 \longrightarrow x_2) \vee x_3)$ mit folgender Funktionstabelle:

x_1	x_2	x_3	f	Elementarkonjunktion
0	0	0	1	$\overline{x_1}\ \overline{x_2}\ \overline{x_3}$
0	0	1	1	$\overline{x_1}\ \overline{x_2}\ x_3$
0	1	0	1	$\overline{x_1}\ x_2\ \overline{x_3}$
0	1	1	1	$\overline{x_1}\ x_2\ x_3$
1	0	0	0	$x_1\ \overline{x_2}\ \overline{x_3}$
1	0	1	1	$x_1\ \overline{x_2}\ x_3$
1	1	0	1	$x_1\ x_2\ \overline{x_3}$
1	1	1	1	$x_1\ x_2\ x_3$

Damit erhält man für $f(x_1, x_2, x_3)$ die folgende Darstellung:

$$f(x_1, x_2, x_3) = \overline{x_1}\ \overline{x_2}\ \overline{x_3} \lor \overline{x_1}\ \overline{x_2}\ x_3 \lor \overline{x_1}\ x_2\ \overline{x_3} \lor \overline{x_1}\ x_2\ x_3 \lor$$
$$x_1\ \overline{x_2}\ x_3 \lor x_1\ x_2\ \overline{x_3} \lor x_1\ x_2\ x_3.$$

Daß diese Formel nicht die einfachste ist, zeigt die äquivalente Formel $f(x_1, x_2, x_3) = \overline{x_1} \lor x_2 \lor x_3$. Die Aufgabe, bestimmte Formeln zu optimieren (zu vereinfachen, zu minimieren), erfordert im allgemeinen spezielle, gut ausgebaute und zum Teil schwierige Algorithmen und Methoden und überschreitet die Möglichkeiten dieser Einführung.

<u>Anmerkung.</u> Die spezielle Funktion $f(x_1, x_2,\ldots,x_n) = 0$, die nur den Wert 0 annimmt, läßt sich etwa durch $f = x_i \land \overline{x_i}$ darstellen (x_i beliebig). Weitere vollständige Funktionssysteme erhält man, indem die verwendeten Funktionen umgewandelt werden.

<u>Satz A3.</u> Die folgenden Funktionssysteme sind vollständig:

1. $(\land, \neg)$;
2. $(\lor, \neg)$
3. $(\longrightarrow, \neg)$;
4. $(\land, \nleftrightarrow, 1)$;
5. $(\lor, \sim, 0)$;
6. $(\downarrow)$ mit $x \downarrow y = \overline{x \lor y}$
   (Peircescher Pfeil, NOR);
7. $(|)$ mit $x | y = \overline{x \land y}$
   (Shefferscher Strich, NAND):

<u>Beweis.</u> Ausgangspunkt ist eine Darstellung von f in disjunktiver Normalform; dort findet man also die Operationen $\land$, $\lor$, $\neg$ vor;

durch Transformation zeigt man jetzt die Gültigkeit der einzelnen Behauptungen:

1. $xvy = \overline{\overline{x} \wedge \overline{y}}$; hat man also in der disjunktiven Normalform
   Konjunktionen K_1 und K_2, so kann man $K_1 \vee K_2$ ersetzen durch
   $\overline{\overline{K_1} \wedge \overline{K_2}}$;

2. $x \wedge y = \overline{\overline{x} \vee \overline{y}}$; umgekehrt kann man mit Hilfe dieser Formel jede
   einzelne Elementarkonjunktion mit Hilfe von $\vee$ und $\neg$
   ausdrücken;

3. gilt wegen $xvy = \overline{x} \longrightarrow y$, $x \wedge y = \overline{(x \longrightarrow \overline{y})}$;

4. folgt, indem man die Regel $xvy = x \not+ y \not+ xy$ anwendet, um alle
   Disjunktionen zu beseitigen.

Die Negation kann man durch $\overline{x} = x \not+ 1$ beseitigen. Die Definition
der Formel ist dann so zu modifizieren, daß die Konstanten 0
bzw. 1 beim Aufbau der Formeln mit zugelassen sind.

5. Ergibt sich analog:
   $$x \wedge y = x \sim y \sim (x \vee y), \quad \overline{x} = x \sim 0.$$

6. Per definitionem ist $x \downarrow y = \overline{xvy}$; $x \downarrow x = \overline{xvx} = \overline{x}$ ergibt die
   Negation; $(x \downarrow x) \downarrow (y \downarrow y) = \overline{\overline{x} \downarrow \overline{y}} = \overline{\overline{\overline{x} \vee \overline{y}}} = x \wedge y$; $(x \downarrow y) \downarrow$
   $(x \downarrow y) = \overline{(\overline{xvy}) \vee (\overline{xvy})} = \overline{\overline{xvy}} = xvy$.

7. Mittels der Definition $x \mid y = \overline{x \wedge y}$ erhält man der Reihe nach:
   $$x \mid x = \overline{x \wedge x} = \overline{x};$$
   $$(x \mid x) \mid (y \mid y) = \overline{\overline{x} \wedge \overline{y}} = xvy;$$
   $$(x \mid y) \mid (x \mid y) = \overline{(x \wedge y) \wedge (x \wedge y)} = \overline{\overline{x \wedge y}} = x \wedge y.$$

Dabei kann man noch zeigen, daß NAND und NOR die beiden einzigen
Funktionen sind, die für sich allein bereits ausreichen, um alle
anderen Funktionen zu realisieren. Diese Eigenschaft ist besonders in der Digitaltechnik von Bedeutung.

An dieser Stelle wollen wir noch einmal zur disjunktiven Normalform zurückkehren und diese Betrachtungen zu folgendem Satz erweitern.

Satz A4. Jede logische Funktion $f(x_1,\ldots,x_n)$ ist eindeutig darstellbar durch je

a) eine disjunktive Normalform,
b) eine konjunktive Normalform,
c) eine Antivalenz-Normalform,
d) eine Äquivalenz-Normalform,
e) ein Antivalenz-Polynom,
f) ein Äquivalenz-Polynom.

<u>Beweis.</u> Statt eines ausführlichen Beweises soll dieser Sachverhalt konstruktiv an einem Beispiel dargestellt werden. Gegeben sei die Funktion $f(x_1,x_2,x_3) = \overline{x_1}\ \overline{x_2}\ x_3\ v\ x_2\ \overline{x_3}$, die folgende Funktionstabelle ergibt:

x_1	x_2	x_3	f
0	0	0	0
0	0	1	1
0	1	0	1
0	1	1	0
1	0	0	0
1	0	1	0
1	1	0	1
1	1	1	0

a) <u>Disjunktive Normalform</u>:

   $f(x_1,x_2,x_3) = \overline{x_1}\ \overline{x_2}\ x_3\ v\ \overline{x_1}\ x_2\ \overline{x_3}\ v\ x_1\ x_2\ \overline{x_3}$.

   Die oben vorgestellte Konstruktion garantiert für alle Funktionen mit wenigstens einer 1 die Eindeutigkeit; die Funktion $f = 0$ ist in diesem Zusammenhang uninteressant.

b) <u>Konjunktive Normalform</u>:

   Zur Konstruktion kann man hier zwei Zugänge wählen; der erste besteht darin, daß man zu jeder Belegung $c = (c_1, c_2, c_3)$ Elementardisjunktionen $(x_1 + c_1)\ v\ (x_2 + c_2)\ v\ (x_3 + c_3)$ bildet und diese Disjunktionen für jeden Funktionswert 0 konjunktiv miteinander verknüpft; jede solche Disjunktion nimmt genau für eine Belegung (c_1, c_2, c_3) den Wert 0 an und erzeugt damit genau einmal diesen Funktionswert. Damit erhält man:

   $$f(x_1, x_2, x_3) = (x_1\ v\ x_2\ v\ x_3)(x_1\ v\ \overline{x_2}\ v\ \overline{x_3})(\overline{x_1}\ v\ x_2\ v\ x_3)$$
   $$(\overline{x_1}\ v\ x_2\ v\ \overline{x_3})(\overline{x_1}\ v\ \overline{x_2}\ v\ \overline{x_3})$$

   Der zweite Zugang gelingt über das "Ausmultiplizieren" mit Hilfe der Distributiv-Gesetze:

   $a\ v\ bc = (avb)(avc)$,

   $a \wedge (bvc) = (a \wedge b) v (a \wedge c)$.

Diese Rechnungen sind aber im allgemeinen sehr langwierig und bedürfen einer ziemlichen Sorgfalt; es ist für praktische Probleme sinnvoll, sich geeignete Algorithmen und Programme zu verschaffen.

Die Herstellung der restlichen Normalformen läßt sich auf die konjunktive und die disjunktive Normalform zurückführen. Wir bemerken dazu zunächst, daß jede Elementarkonjunktion bzw. -disjunktion alle Variable enthält und daß beliebige zwei dieser Konjunktionen bzw. Disjunktionen zueinander <u>orthogonal</u> sind:

$$K_i \wedge K_j = 0, \quad D_i \vee D_j = 1 \quad \text{für } i \neq j.$$

Zwei unterschiedliche Konjunktionen unterscheiden sich wenigstens in einer Variablen, und schon für diese Variable x_i ist $x_i \wedge \overline{x_i} = 0$, $x_i \vee \overline{x_i} = 1$, was insgesamt die genannte Eigenschaft zur Folge hat.

Weiterhin gilt:

$$x \vee y = x \dotplus y \dotplus xy, \qquad\qquad x \wedge y = x \sim y \sim (x \vee y),$$
$$x \dotplus 0 = x \qquad\qquad\qquad\qquad x \sim 1 = x.$$

Also kann man auf Grund der Ortogonalität in der disjunktiven Normalform alle $\vee$ durch $\dotplus$, in der konjunktiven Normalform alle $\wedge$ durch $\sim$ ersetzen. Für unser Beispiel erhält man somit die

c) <u>Antivalenz-Normalform</u>:

$$f(x_1, x_2, x_3) = \overline{x_1}\,\overline{x_2}\,x_3 \dotplus \overline{x_1}\,x_2\,\overline{x_3} \dotplus x_1\,x_2\,\overline{x_3}$$

und die

d) <u>Äquivalenz-Normalform</u>:

$$f(x_1,x_2,x_3) = (x_1 \vee x_2 \vee x_3) \sim (x_1 \vee \overline{x_2} \vee \overline{x_3}) \sim (\overline{x_1} \vee x_2 \vee x_3) \sim$$
$$(\overline{x_1} \vee x_2 \vee \overline{x_3}) \sim (\overline{x_1} \vee \overline{x_2} \vee \overline{x_3}).$$

Nun kann man noch die Negation beseitigen, indem man die Regeln

$$\overline{x} = x \dotplus 1 \qquad\qquad \text{bzw. } \overline{x} = x \sim 0$$

anwendet und die Klammern ausmultipliziert:

$$f(x_1,x_2,x_3) = \overline{x_1}\,\overline{x_2}\,x_3 \dotplus \overline{x_1}\,x_2\,\overline{x_3} \dotplus x_1\,x_2\,\overline{x_3} =$$
$$(1 \dotplus x_1)(1 \dotplus x_2)x_3 \dotplus (1 \dotplus x_1)x_2(1 \dotplus x_3) \dotplus x_1 x_2 (1 \dotplus x_3) =$$
$$x_3 \dotplus x_1 x_3 \dotplus x_2 x_3 \dotplus x_1 x_2 x_3 \dotplus x_2 \dotplus x_1 x_2 \dotplus x_2 x_3 \dotplus x_1 x_2 x_3 \dotplus x_1 x_2 \dotplus x_1 x_2 x_3 =$$
$$x_2 \dotplus x_3 \dotplus x_1 x_3 \dotplus x_1 x_2 x_3, \quad \text{also}$$
$$f(x_1,x_2,x_3) = x_2 \dotplus x_3 \dotplus x_1 x_3 \dotplus x_1 x_2 x_3.$$

Diese Form bezeichnet man als

e) <u>Antivalenz-(Shegalkin-)Polynom</u>.

Analog erhält man aus der Äquivalenz-Normalform das

f) <u>Äquivalenz-Polynom</u>.

$$f(x_1, x_2, x_3) = 0 \sim (x_1 \vee x_2) \sim x_3 \sim (x_2 \vee x_3) \sim (x_1 \vee x_2 \vee x_3).$$

Damit sollen diese Überlegungen abgeschlossen werden. Für alge-
braisch bewanderte Leser sei noch darauf hingewiesen, daß sich
hinter diesen Umformungen folgende Strukturen verbergen:
a) $(B, \wedge, v, ^-, 0)$ und $(B, v, \wedge, ^-, 1)$ bilden je einen <u>Booleschen
   Verband</u>.
b) $(B, \wedge, \text{+}, 0)$ und $(B, v, \sim, 1)$ bilden je einen <u>Booleschen
   Ring</u>.
Häufig bezeichnet man Boolesche Verbände auch schlechthin als
<u>Boolesche Algebren</u>.
Eine besondere Rolle spielen in der Logik die Funktion, die nur
den Wert 1 besitzt, sowie die diese Funktion darstellenden Formeln. Unabhängig von der Wahrheit bzw. Falschheit der Bestandteile ergibt sich am Ende immer der Wert 1, es handelt sich also
um eine immer gültige Formel, ein <u>logisches Gesetz</u>. Diese Zusammenhänge sollen jetzt ausführlicher dargestellt werden.

<u>Definition A3</u>.
1. Eine Belegung der Variablen, die in einer Formel vorkommen,
   wird als <u>Interpretation</u> der Formel bezeichnet. Für eine
   bestimmte Interpretation nimmt eine Formel den Wert "wahr"
   oder den Wert "falsch" an; sie ist für diese Interpretation
   gültig oder nicht gültig.
2. Eine Formel F, die für jede Interpretation gültig ist, heißt
   <u>Tautologie</u>. Eine solche Formel ist <u>logisch gültig (allgemeingültig)</u>. Man bezeichnet diese Gültigkeit durch $\models$ F.
3. Eine Formel F heißt <u>erfüllbar</u>, wenn es wenigstens eine
   Interpretation gibt, die die Formel erfüllt (die den Wert
   "wahr" liefert).
4. Eine Formel F heißt <u>Kontradiktion</u> (<u>Widerspruch</u>), wenn $\neg$F
   eine Tautologie ist.

Eine allgemeingültige Formel F nimmt nur den Wert "wahr" an, $\neg$F
liefert also für alle Interpretationen den Wert "falsch"; sie
ist <u>unerfüllbar</u>.
Die Frage, ob F eine Tautologie oder eine Kontradiktion ist,
läßt sich "leicht" entscheiden. Man konstruiert durch Einsetzen
aller Belegungen die Funktionstabelle und überprüft, ob alle
Funktionswerte gleich 0 oder alle gleich 1 sind.

Man prüft auf diese Weise beispielsweise ohne Schwierigkeiten, daß

$a \lor (\lnot a)$, $\lnot(a(a \land (\lnot a)))$, $(a \land b) \longrightarrow a, (a \land (a \longrightarrow b)) \longrightarrow b$

Tautologien sind.

Überprüft man ihre Bedeutung, so stellt man wichtige Eigenschaften fest:

1. $a \lor (\lnot a)$ ist das <u>Gesetz vom ausgeschlossenen Dritten</u>: es gilt eine Aussage a oder deren Negation.

2. Das Gesetz vom <u>ausgeschlossenen Widerspruch</u> wird durch $\lnot(a \land (\lnot a))$ ausgedrückt: es kann nicht sein, daß eine Aussage und deren Negation gleichzeitig gelten.

3. Mit der Formel $(a \land (a \longrightarrow b)) \longrightarrow b$ und ihrer Allgemeingültigkeit wird eine Schlußregel, der Modus Ponens, gerechtfertigt. Wenn eine Aussage a erfüllt ist und die Implikation $a \longrightarrow b$ gilt, dann muß auch die Aussage b erfüllt sein.

Anstelle der einzelnen Variablen können in diesen Formeln auch ganze Tautologien eingesetzt werden (die Variable a mit dem Wert 1 steht quasi als Abkürzung, als Metavariable, für eine Tautologie, die auch stets den Wert 1 hat).

<u>Satz A5.</u>

1. Sind F und $F \longrightarrow G$ allgemeingültig, so ist auch G allgemeingültig.

2. Ist F eine Tautologie mit den Variablen $x_1, \ldots, x_n$, so kann man anstelle der Variablen beliebige Formeln $G_1, \ldots G_n$ einsetzen; das Ergebnis ist wieder eine Tautologie.

3. Sind F und G äquivalente Formeln (die also die gleiche Funktion $f(x_1, \ldots, x_n)$ beschreiben), so ist die Formel $F \sim G$ eine Tautologie.

Der Beweis dieses Satzes ergibt sich unmittelbar aus den entsprechenden Definitionen.

Damit sind alle Vorbereitungen getroffen, um das <u>logische Schließen</u> und den <u>Aufbau von Theorien</u> exakt zu fassen.

Anschaulich braucht man der Reihe nach folgende Begriffe:

1. die Ausdrucksmittel der Theorie; diese ergeben sich für die Aussagenlogik aus dem Alphabet A und den Vorschriften zur Konstruktion von Formeln; diese Formeln allein sind dann im weiteren von Interesse;

2. eine Möglichkeit, Schlüsse zu ziehen (<u>Inferenz</u>- oder <u>Schluß-regeln</u>); diese Schlußregeln gestatten es, die Gültigkeit von Aussagen weiter auszubreiten. Man hat etwa die Gültigkeit von a und a$\longrightarrow$b und erhält die Gültigkeit von b;

3. einen Startpunkt für die Anwendung der Schlußregeln, also "ein erstes a" und "ein erstes a$\longrightarrow$b", mit dem man den Inferenzprozeß beginnen kann; derartige Formeln heißen <u>Axiome</u> der Theorie.

Damit kommen wir zu

<u>Definition A4</u>. Eine Theorie $\mathcal{T}$ ist gegeben durch

a) eine abzählbare Menge von Symbolen; endliche Folgen dieser Symbole bilden die <u>Ausdrücke</u> der Theorie;

b) eine Teilmenge $\mathcal{F}$ der Ausdrücke, die als <u>Formeln</u> der Theorie bezeichnet werden; im Falle der Aussagenlogik kann man diese Formeln induktiv aus bestimmten Symbolen konstruieren;

c) eine Teilmenge der Formeln, die als Menge der <u>Axiome</u> der Theorie $\mathcal{T}$ bezeichnet wird;

d) eine endliche Menge von Relationen R_1, R_2, ..., R_k über der Menge der Formeln; jede Relation R_i ist für ein j eine Teilmenge von $\mathcal{F}^j$ und gibt an, ob eine Formel F und beliebige j-1 Formeln F_1, ..., F_{j-1} in der Relation R_i stehen;

e) ist dies der Fall, so ist die Formel F eine <u>unmittelbare Folgerung</u> aus den Formeln F_1, ..., F_{j-1} gemäß Regel R_i; man sagt auch, daß die Formel A aus der Menge $\{F_1, ..., F_{j-1}\}$ <u>direkt ableitbar</u> ist;

f) eine <u>Ableitung</u> ist eine Folge von Formeln G_1, ..., G_n, wobei jedes G_i, $1 \leqslant i \leqslant n$, entweder ein Axiom oder eine unmittelbare Folgerung aus einer beliebigen Teilmenge von $\{G_1, ..., G_{i-1}\}$ ist; G_n ist dann ein <u>Satz</u> (ein <u>Theorem</u>) der Theorie $\mathcal{T}$, die Folge G_1, ..., G_n ist eine Ableitung des Theorems in $\mathcal{T}$.

Im allgemeinen ist es natürlich nicht so ohne Weiteres ersichtlich, ob eine Formel F ein Theorem einer Theorie ist; die Suche nach einer Ableitung kann sich durchaus langwierig und schwierig gestalten.

Definition A5.

a) Eine Theorie heißt <u>entscheidbar</u>, wenn ein Algorithmus
   existiert, mit dessen Hilfe festgestellt werden kann, ob eine
   Formel ein Theorem der Theorie ist; anderenfalls heißt die
   Theorie <u>unentscheidbar</u>.

b) Gegeben sei eine Menge $\mathcal{F}_1$ von Formeln und eine Formel F;
   diese Formel F ist in der Theorie $\mathcal{T}$ aus $\mathcal{F}_1$ ableitbar
   (Schreibweise: $\mathcal{F}_1 \vdash_{\mathcal{T}} F$), wenn eine endliche Folge von Formeln
   F_1, ..., F_n existiert, so daß $F_n = F$ ist und jedes F_i, $1 \leqslant i$
   $\leqslant n$,   entweder ein Axiom, eine Formel in $\mathcal{F}_1$ oder eine unmittelbare Folgerung aus einer Teilmenge von $\{F_1, ..., F_{i-1}\}$
   ist. Die Folge F_1, ..., F_n ist ein <u>Beweis</u> für F aus $\mathcal{F}_1$ in $\mathcal{T}$.

Die Formeln von $\mathcal{F}_1$ sind dann <u>Voraussetzungen</u> für F.

Hier ist also die Situation so, daß man die Gültigkeit von F auf
die Gültigkeit der Formeln von $\mathcal{F}_1$ zurückgeführt hat. Um deren
Gültigkeit muß man sich nun wieder neu kümmern; dies geschieht
solange, bis man bei den Axiomen angelangt ist. Umgekehrt "star-
tet" man bei den Axiomen und konstruiert mit Hilfe der Regeln
neue Theoreme, die man ihrerseits wieder zum Ausgangspunkt neuer
Beweise machen kann.

Es sei $\mathcal{T}$ fortan festgehalten.

Sind alle Voraussetzungen einer Formel F Axiome, so schreibt man
einfach $\vdash F$; dies dient dann als Abkürzung für den Sachverhalt "F
ist ein Theorem".

Mit den folgenden Begriffen soll der Aufbau von Theorien abgeschlossen werden.

Definition A6.

a) Eine Interpretation ordnet jedem Symbol eine bestimmte
   Bedeutung zu, so daß jede Formel bei dieser Zuordnung den
   Wert "wahr" oder "falsch" annimmt. (Diese Definition ist an
   dieser Stelle intuitiv; man ordnet allen Symbolen einen
   konkreten Gegenstandsbereich und dort definierte Relationen,
   Funktionen, ... zu, so daß die Formeln eine bestimmte
   Bedeutung erhalten. Gelingt dies auf unterschiedliche Weise,
   so hat man eine Theorie mit verschiedenen Interpretationen.)

b) Eine Interpretation ist ein <u>Modell</u> für eine Formelmenge $\mathcal{F}$,
   wenn alle Formeln der Menge den Wert "wahr" annehmen. Eine

Interpretation ist ein <u>Modell der Theorie</u> $\mathcal{T}$, wenn alle Theoreme von $\mathcal{T}$ den Wert "wahr" annehmen.

c) Die Theorie ist <u>vollständig</u>, wenn jede bei allen Interpretationen wahre Formel auch in der Theorie ableitbar ist.

Damit sind wir schon über die Aussagenlogik hinausgegangen. Bevor wir dorthin zurückkehren, sollen noch einige wichtige allgemeine Zusammenhänge formuliert werden.

<u>Satz A6.</u> Für Formelmengen $\mathcal{F}_1$, $\mathcal{F}_2$ und Formeln F und G gilt:

1. Ist $\mathcal{F}_1 \subseteq \mathcal{F}_2$ und $\mathcal{F}_1 \vdash F$, dann $\mathcal{F}_2 \vdash F$. Durch Erweiterung einer Formelmenge geht nichts an Ableitbarkeit verloren.

2. $\mathcal{F}_1 \vdash F$ gilt genau dann, wenn eine endliche Teilmenge $\mathcal{F}$ von $\mathcal{F}_1$ mit $\mathcal{F} \vdash F$ existiert.

3. Ist $\mathcal{F}_1 \vdash A$ und $\mathcal{F}_2 \vdash B$ für beliebiges $B \in \mathcal{F}_1$, so gilt $\mathcal{F}_2 \vdash A$.

Dieser Satz veranschaulicht noch einmal die Relativität von Hypothesen: Alle Formeln von $\mathcal{F}_1$ sind aus $\mathcal{F}_2$ ableitbar; dann sind auch alle Forderungen aus $\mathcal{F}_1$ bereits aus $\mathcal{F}_2$ ableitbar.

$$\mathcal{F}_2 \quad \vdash \quad \mathcal{F}_1 \quad \vdash \quad A$$

ist ersetzbar durch

$$\mathcal{F}_2 \quad \vdash \quad A \, .$$

Für unsere Untersuchungen der Aussagenlogik müssen also noch Schlußregeln und Axiome festgelegt werden.

<u>Definition A7.</u>

a) Als einzige Inferenzregel wird der Modus Ponens verwendet:

$$\{F, \ F \longrightarrow G\} \vdash G \, .$$

b) Alle Formeln der Gestalt

$$(A1) \qquad F \longrightarrow (G \longrightarrow F)$$
$$(A2) \ (F \longrightarrow (G \longrightarrow H)) \longrightarrow ((F \longrightarrow G) \longrightarrow (F \longrightarrow H))$$
$$(A3) \ (\neg G \longrightarrow \neg F) \longrightarrow ((\neg G \longrightarrow F) \longrightarrow G)$$

sind Axiome (für beliebige Formeln F, G, H).

Hier handelt es sich um sogenannte Axiomen- bzw. Schlußschemata. F, G, H sind beliebige Formeln, deren Einsetzung zu einem speziellen Axiom oder einer speziellen Schlußregel führt. Die übrigen Verknüpfungen ∧, ∨, ∼, ⊬ seien nach Satz A3 auf ⟶, ¬ zurückgeführt.

Zur Veranschaulichung dessen, wie man mit Axiomenschemata und Schlußregeln umgeht, seien einige "selbstverständliche" Sätze und deren Beweise angegeben.

Satz A7. Für Formeln F, G, H gilt:

a) ⊢ F ⟶ F;

b) {F ⟶ G, G ⟶ H} ⊢ G ⟶ H;

c) (¬ F ⟶ ¬ G) ⟶ (G ⟶ F);

d) (¬¬ F) ⟶ F;

e) F ⟶ (¬¬ F);

f) (G ⟶ F) ⟶ (¬ F ⟶ ¬ G).

Bevor der Beweis für Satz A7 am Beispiel demonstriert wird, soll noch das folgende wichtige Deduktionstheorem formuliert werden.

Satz A8. Es sei $\mathfrak{F}$ eine Menge von Formeln, F, G seien spezielle Formeln, und es gelte $\mathfrak{F} \cup \{F\} \vdash G$. Dann gilt: $\mathfrak{F} \vdash F \longrightarrow G$. Dieser (hier nicht zu beweisende) Satz ist sehr anschaulich und hat weitreichende Konsequenzen. Läßt sich umgekehrt aus einer Formelmenge $\mathfrak{F}$ eine Implikation F ⟶ G ableiten, so gilt G immer dann, wenn man F zur Hypothesenmenge mit hinzunimmt.

Beweis von Satz A7.

Für F = H = A, G = (A ⟶ A) ergibt (A2):

$$(A \longrightarrow ((A \longrightarrow A) \longrightarrow A)) \longrightarrow ((A \longrightarrow (A \longrightarrow A)) \longrightarrow (A \longrightarrow A)).$$

Aus (A1) folgt mit F = A, G = (A ⟶ A)

$$(A \longrightarrow ((A \longrightarrow A) \longrightarrow A));$$

im dritten Schritt wird der Modus Ponens angewandt und liefert

$$((A \longrightarrow (A \longrightarrow A)) \longrightarrow (A \longrightarrow A)).$$

Nochmals wird (A1) bemüht (F=G=A):

$$(A \longrightarrow (A \longrightarrow A)) \text{ ist erfüllt,}$$

woraus mit dem Modus Ponens schließlich (A ⟶ A) folgt.

Auf die gleiche Art und Weise ergeben sich alle übrigen Behauptungen von Satz 7.

Man sieht, daß das Finden derartiger Beweise keine einfache Sache ist und zum Teil lange Schlußketten notwendig sind. Der

Leser verschaffte sich auch genügend Anschauung zu solchen Sachverhalten, wie sie in Satz A7 ausgedrückt sind:

$F \longrightarrow (\neg\,\neg\,F)$ und $(\neg\,\neg\,F) \longrightarrow F$ lassen sich zusammenfassen zu $F \sim \neg\,\neg\,F$; dies bedeutet, daß eine doppelte Negation den ursprünglichen Wert ergibt.

$((F \longrightarrow G) \wedge (G \longrightarrow H)) \longrightarrow (F \longrightarrow H)$ drückt die Transitivität der Implikation aus.

Schließlich bildet die Beziehung

$(G \longrightarrow F) = (\neg\,F \longrightarrow \neg\,G)$

die Grundlage für indirekte Beweise: man setzt G voraus und nimmt an, daß F nicht gilt; hieraus leitet man ab, daß G nicht gilt im Widerspruch zur Vorausetzung; also muß F gelten.

Wir beenden diese kurze Einführung in die Aussagenlogik mit folgendem

<u>Satz A9.</u>

a) Jedes Theorem der Aussagenlogik ist eine Tautologie.

b) Jede Tautologie ist ein Theorem der Aussagenlogik.

Der Beweis für a) beruht auf der Tatsache, daß jedes Axiom eine Tautologie ist; wendet man den Modus Ponens auf Tautologien an, so erhält man wieder Tautologien.

Die Umkehrung zu zeigen ist aufwendig, wir verzichten hier darauf.

Obwohl die Axiomensysteme der Aussagenlogik (es gibt noch eine Reihe weiterer äquivalenter Systeme) und der Modus Ponens der wichtige und ausschließliche theoretische Hintergrund sind, ist es bei der heutigen Leistungsfähigkeit von Computern fast selbstverständlich, daß man die Eigenschaft einer Formel, Tautologie zu sein, auch durch Ausrechnen auf der Grundlage leistungsfähiger Algorithmen und Programme nachweist. Die Beherrschbarkeit der Aufgabe für einige Dutzend Variable macht diese Methode der Suche nach Ableitungen in hohem Maße überlegen.

Da in der Prädikatenlogik das Resolutionsverfahren eine bedeutende Rolle spielt, soll trotz der Möglichkeit der vollständigen Durchmusterung in der Aussagenlogik bereits jetzt eine Einführung in diese Ideenwelt vorgenommen werden.

Dabei soll die Vorgehensweise wieder konstruktiv an einem Beispiel demonstriert werden.

1. Ausgangspunkt sei eine beliebige ausssagenlogische Formel. Das Ziel besteht darin, die Allgemeingültigkeit bzw. Nichterfüllbarkeit dieser Formel nachzuweisen. Die Konstanten 0 und 1 (false und true) seien dabei explizit mit zugelassen. Sie können beispielsweise entstehen, wenn man beim Umformen einer Formel auf Variablenkombinationen der Art $x \wedge \bar{x}$ oder $x \vee \bar{x}$ stößt.

2. Elimination von $\longrightarrow, \sim, \not\sim$.

   Dies geschieht durch Anwendung der Regeln

   $$(x \longrightarrow y) = \bar{x} \vee y;$$
   $$(x \sim y) = (x \wedge y) \vee (\bar{x} \wedge \bar{y});$$
   $$(x \not\sim y) = (\bar{x} \wedge y) \vee (x \wedge \bar{y}).$$

   Damit erhält man Formeln, die nur noch $\wedge$, $\vee$ und $\neg$ enthalten.

3. Negationszeichen vor Klammern lassen sich durch Anwendung der Regeln von de Morgan "nach innen" verschieben, bis man nur noch negierte Variable vorfindet:

   $$\overline{(x \wedge y)} = \bar{x} \vee \bar{y};$$
   $$\overline{(x \vee y)} = \bar{x} \wedge \bar{y}.$$

4. In allen Zwischenstufen verwendet man folgende Vereinfachungen an allen Stellen, wo dies möglich ist:

   $$\bar{\bar{x}} = x; \qquad \bar{1} = 0; \qquad \bar{0} = 1;$$
   $$x \vee 0 = x; \qquad x \vee 1 = 1;$$
   $$x \wedge 0 = 0; \qquad x \vee 0 = x;$$
   $$x \wedge x = x; \qquad x \vee x = x;$$
   $$x \wedge \bar{x} = 0; \qquad x \vee \bar{x} = 1;$$

   vorher $x \vee y = y \vee x$; $x \wedge y = y \wedge x$ sofern zweckmäßig.

5. Anwendung der Distributivgesetze

   $$x \wedge (y \vee z) = (x \wedge y) \vee (x \wedge z);$$
   $$x \vee (y \wedge z) = (x \vee y) \wedge (x \vee z).$$

   <u>Beispiel.</u> Die Umformung der Formel

   $$(x \longrightarrow y) \longrightarrow (\bar{z} \longrightarrow (x \longrightarrow y))$$

   ergibt der Reihe nach

   $$\overline{(x \longrightarrow y)} \vee (\bar{z} \longrightarrow (x \longrightarrow y))$$
   $$\overline{(\bar{x} \vee y)} \vee (\bar{\bar{z}} \vee (x \longrightarrow y))$$
   $$\overline{(\bar{x} \vee y)} \vee (z \vee \bar{x} \vee y)$$
   $$(\bar{\bar{x}} \wedge \bar{y}) \vee (\bar{x} \vee y \vee z)$$
   $$(x \wedge \bar{y}) \vee (\bar{x} \vee y \vee z)$$
   $$(\bar{x} \vee y \vee z \vee x) \wedge (\bar{x} \vee y \vee z \vee \bar{y}) \quad \text{bzw.} \quad x \vee y \vee z \vee (x\bar{y})$$

   $$===================$$

Die linke Formel zeigt in beiden Klammern das Auftreten derselben Variablen negiert und unnegiert; damit werden beide
Klammern zu 1; als Gesamtwert ergibt sich dann der Wert 1; also
ist diese Formel bereits hier als allgemeingültig erkannt.

Im allgemeinen erhält man im Ergebnis dieser Umformungen (in
Abhängigkeit vom verwendeten Distributivgesetz) konjunktive bzw.
disjunktive Formen, die sich von den entsprechenden Normalformen
nur dadurch unterscheiden, daß nicht jede Klammer (d. h. jede
Konjunktion oder Disjunktion) alle Variable enthalten muß.

Als Beispiel sei die Funktion

$$f(x,\ y,\ u,\ w) = \overline{x}\overline{y} \lor \overline{x}w \lor \overline{y}\overline{w} \qquad \text{(disjunktive Form)}$$
$$= (\overline{x} \lor \overline{y}) \land (\overline{x} \lor \overline{w}) \land (\overline{y} \lor w) \quad \text{(konjunktive Form)}$$

angeführt.

Jede Klammer enthält jede Variable höchstens einmal. Die Konstanten 0 und 1 treten in diesen Formeln nicht mehr auf.

Es war bereits zu erkennen, daß sich bei den Umformungen die
Allgemeingültigkeit bzw. die Nichterfüllbarkeit bereits ergeben
kann.

Der Einfachheit halber betrachten wir im folgenden nur die konjunktive Form und deren Erfüllbarkeit. Das Problem besteht jetzt
"einfach" darin, daß es notwendig ist, eine Belegung zu finden,
die alle Disjunktionen erfüllt.

Man muß also -im naiven Ansatz- jede Belegung der Variablen in
alle Disjunktionen einsetzen. Derartige Algorithmen sind natürlich sehr aufwendig (obwohl auch (s. o.) stark verfeinerbar);
das nachfolgend dargestellte Resolutionsverfahren macht diese
Algorithmen handhabbar.

Im weiteren werden folgende Bezeichnungen und Begriffe verwendet:

1. Jede negierte oder nichtnegierte Variable ist ein Literal.
2. Jede Disjunktion ist eine Klausel und wird durch die Menge
   der auftretenden Literale dargestellt.
3. Jede konjunktive Form ist wird als Menge von Klauseln
   dargestellt.

Formulieren wir noch einmal das Problem:

Für eine gegebene konjunktive Form möchte man "möglichst
schnell" wissen, ob sie unerfüllbar ist; sie muß dann immer den
Wert 0 annehmen. Dies ergibt sich durch Suche, und diese Suche
ist möglichst effektiv zu gestalten.

Im obigen Beispiel gilt:

$K_1 = \{\overline{x},\overline{y}\}$, $K_2 = \{\overline{x},\overline{w}\}$, $K_3 = \{\overline{y},w\}$;

$f = \{K_1, K_2, K_3\}$.

Enthalten zwei Klauseln (K_i und K_j) eine Variable x einmal negiert, einmal nicht negiert, so bildet man die Resolvente

$(K_i \smallsetminus \{x\}) \cup (K_j \smallsetminus \{\overline{x}\})$.

Die Resolvente von $K_2 = \{\overline{x},\overline{w}\}$ und $K_3 = \{\overline{y},w\}$ bzgl. w wäre beispielsweise $R_{2,3} = \{\overline{x},\overline{y}\}$.

Dies ist eine effektive Verallgemeinerung des Modus Ponens: stellt man $a \wedge (a \longrightarrow b) = a \wedge (\overline{a} \vee b)$ in Klauselform dar, so erhält man für $\{a\}$, $\{\overline{a},b\}$ die Resolvente $\{b\}$. Dies bringt gerade zum Ausdruck, daß $(a \wedge (\overline{a} \vee b)) \longrightarrow b$ eine Tautologie ist. Angewandt auf das obige Beispiel erhält man die Tautologie

$((\overline{x} \vee \overline{w}) \wedge (\overline{y} \vee w)) \longrightarrow (\overline{x} \vee \overline{y})$.

Zur Veranschaulichung sei die entsprechende Funktionstabelle angegeben.

x	y	w	$\overline{x} \vee \overline{w}$	$\overline{y} \vee w$	$(\overline{x} \vee \overline{w}) \wedge (\overline{y} \vee w)$	$\overline{x} \vee \overline{y}$
0	0	0	1	1	1	1
0	0	1	1	1	1	1
0	1	0	1	0	0	1
0	1	1	1	1	1	1
1	0	0	1	1	1	1
1	0	1	0	1	0	1
1	1	0	1	0	0	0
1	1	1	0	1	0	0

Da in den beiden letzten Spalten nirgendwo die Kombination 1 0 auftaucht, liefert die Implikation stets den Wert 1; also handelt es sich um eine Tautologie. Oder anders:

$(\overline{x} \vee \overline{w}) \wedge (\overline{y} \vee w)$ ist in der 1., 2., 4. und 5. Zeile erfüllt; dort ist aber auch $\overline{x} \vee \overline{y}$ erfüllt.

Häufig hat man mehr als eine Möglichkeit, Resolventen zu bilden, da natürlich mehrere Variable sowohl negiert als auch nicht negiert vorkommen können.

Da also die Resolvente aus den entsprechenden Klauseln folgt, kann man insgesamt folgenden Algorithmus ableiten:

1. Man beginnt mit der Klauselmenge K^0 und bildet alle möglichen Resolventen.
2. K^1 entsteht, indem man diese Resolventen zu K^0 hinzufügt.
3. Mit K^1, K^2, ... verfährt man analog.
4. Eine Formel ist genau dann nicht erfüllbar, wenn es gelingt, auf diese Weise die <u>leere Klausel</u> zu erzeugen, die den Wert 0 verkörpert.

Die leere Klausel entsteht, wenn man die Resolvente zwischen $\{x_i\}$ und $\{\overline{x_i}\}$ bildet. Zwischen Allgemeingültigkeit und Unerfüllbarkeit kann man leicht wechseln:

Hat man gezeigt, daß eine Formel f unerfüllbar ist, so ist $\overline{f}$ allgemeingültig (und umgekehrt).

Als Beispiel sei die Klauselmenge
$$\{(x \lor y), (\overline{y} \lor z), (\overline{x} \lor z), \overline{z}\}$$
gegeben, die die Funktion
$$f = (x \lor y)(\overline{y} \lor z)(\overline{x} \lor z)\,\overline{z}$$
darstellt. Durch Ausmultiplizieren erhält man der Reihe nach
$$f = (x\overline{y} \lor y\overline{y} \lor xz \lor yz)(\overline{x} \lor z)\,\overline{z}$$
$$= (x\overline{y} \lor xz \lor yz)(\overline{x}\overline{z} \lor z\overline{z})$$
$$= (x\overline{y} \lor xz \lor yz)\,\overline{x}\overline{z} = 0.$$
Also ist f unerfüllbar. Ein Resolutionsbeweis geschieht in folgenden Schritten:

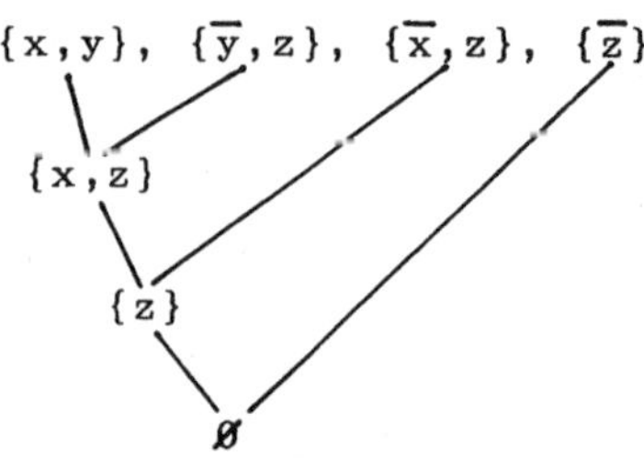

Diese Beweisidee wurde nun zu einer Vielzahl von Algorithmen verfeinert, die das Ziel haben, möglichst schnell die leere Klausel zu erzeugen. Da weder die Auswahl der Klauseln noch die Auswahl der Variablen eindeutig bestimmt sein müssen und die Resolventen zur Klauselmenge hinzugenommen werden, kann diese Menge sehr groß werden, und es sind sehr viele Suchschritte notwendig, um alle Möglichkeiten zu verfolgen.

Mit diesen Darstellungen soll auch der Übergang zur Prädikatenlogik vollzogen werden, genauer gesagt, der Übergang zur __Prädikatenlogik der 1. Stufe.__
Die Ausdrucksmittel der Aussagenlogik werden in zwei Richtungen erweitert. Zum einen werden __Quantoren__ eingeführt, die man sich anschaulich in folgender Weise vorstellen kann:

Der Term $(x < 3)$ ist in dieser Form weder wahr noch falsch, wenn über x nichts ausgesagt wird. Ist etwa $x = 2$, so entsteht die wahre Aussage $2 < 3$, während $x = 3$, $x = 4$, ... jeweils zu einer falschen Aussage führt.
Der Allquantor $(\forall x)$ $(x < 3)$ drückt aus, daß gelten soll: für alle x ist $x < 3$, diese Aussage wird man, wenn nicht weitere Bedingungen für x angegeben werden, für falsch ansehen, während der Existenzquantor $(\exists x)$ $(x < 3)$ doch eine wahre Aussage liefert. Auf alle Fälle macht es Sinn, diese beiden Quantoren zu verwenden. Eine zweite Erweiterung ist dadurch gegeben, daß man nicht nur Variable verwendet, sondern auch __Funktionen__ und __Operationen.__
Damit kommt man zu folgender

__Definition A8.__
Die Sprache der Prädikatenlogik der 1. Stufe wird gebildet über dem Alphabet A, das folgende Symbole enthält:
a) Technische Zeichen: $(,)$, $[,]$, Komma, ...;
b) Konstanten: a_1, a_2, ..., a_n;
c) Variable: x_1, x_2, ..., x_m;
d) Prädikatensymbole: P_k^n, n, k natürliche Zahlen;
e) Funktionssymbole: f_k^n, n, k natürliche Zahlen;
f) die logischen Operatoren $\neg$, $\wedge$, $\vee$, $\longrightarrow$, $\sim$, $\nleftrightarrow$, $\forall$, $\exists$.
Bei den Prädikat- und Funktionssymbolen bezeichnet n die Stelligkeit des Prädikates bzw. der Funktion;
$P(x_1, x_2)$, $f(x_1, x_2)$ besitzen die Stelligkeit 2, $Q(x_1, x_2, x_3)$ ist ein dreistelliges Prädikat usw.
Um dieses Alphabet mit Sinn zu erfüllen, führt man den Begriff des __Terms__ ein:
1. Konstanten und Variable sind Terme.
2. Ist f^n ein Funktionssymbol der Stelligkeit n und sind t_1, ..., t_n Terme, so ist $f(t_1, ..., t_n)$ wieder ein Term.

Wir haben hier wiederum einen induktiven Aufbau der Terme vor uns: Ausgangspunkt für die Termbildung sind Konstanten und Variable, das Einsetzen von Termen in Funktionen führt zu neuen Termen. Häufig verbindet man hiermit die Anschauung, daß konkrete Objekte gegeben sind und über die Funktionen wieder bestimmte Objekte des zu untersuchenden Bereiches definiert werden.

Analog sind <u>Atome</u> für die Prädikate zu verwenden:

1. Jede Aussage ist ein Atom.

2. Ist P^n ein Prädikatensymbol der Stelligkeit n und sind t_1, ..., t_n Terme, so ist $P(t_1, ..., t_n)$ ein Atom.

Hiermit verbindet man die Anschauung, daß Aussagen über Terme formuliert werden, die dann zu gegebener Zeit mit "wahr" oder "falsch" bewertet werden.

Schließlich definiert man auch die <u>Formeln</u> der Prädikatenlogik induktiv:

1. Alle Atome sind Formeln.

2. Sind F, G, H Formeln, so auch $(\neg F)$, $(G \wedge H)$, $(G \vee H)$, $(G \sim H)$, $(G \not\sim H)$ und $G \longrightarrow H$.

3. Ist G eine Formel und X eine Variable, so sind $(\forall X)$ G und $(\exists X)$ G Formeln.

Einige Beispiele für Formeln:

a) $(\forall x)$ $(H(x) \longrightarrow G(x))$

   Für jedes (zu betrachtende) x gilt: aus H(x) folgt G(x). Die Prädikate G und H müssen für alle x den Wert 0 oder 1 liefern, und für alle entstehenden Wertekombinationen muß die Implikation den Wert 1 liefern.

b) $(\forall x)(\exists y)$ P(x,y)

   Für jedes x existiert ein y, so daß P(x,y) erfüllt ist (etwa in der Arithmetik: $(\forall x)$ $(\exists y)$ (x < y), x,y natürliche Zahlen).

c) Diese Formel ist sehr wohl zu unterscheiden von der Formel

   $(\exists y)$ $(\forall x)$ P(x,y)

   mit der Lesart:

   es gibt ein y, so daß für jedes x die Relation P(x,y) erfüllt ist.

Während bei b) zu jedem x ein (anderes) y existieren kann, ist bei c) ein einziges y notwendig, das für alle x die Relation P(x,y) erfüllt.

Es ist für den weniger geübten Leser notwendig, sich bei dieser
formalen Schreibweise um das notwendige Verständnis und die entsprechende Anschaulichkeit zu bemühen.

In diesem Sinne sollte es auch verständlich sein, daß für eine
Funktion $f(x_1,x_2)$ die Schreibweise $(\forall x_1)$ $(\forall x_2)$ $f(x_1,\ x_2)$
keinen Sinn hat, weil diese Funktion f zu zwei Elementen x_1, x_2
irgendein Element x_3 bestimmt; damit ist nichts vorhanden, was
mit der Sprechweise $(\forall x_1)$ $(\forall x_2)$ ... Sinn ergäbe.

Zu bemerken ist auch, daß erst dann, wenn alle Variablen gebunden sind, über den Wahrheitswert einer Formel entschieden
werden kann: $(\forall x$ $(\forall y)$ $(x + y = z)$ läßt z völlig frei, und somit kann hier über Wahrheit bzw. Falschheit noch nicht befunden
werden.

Ist jedoch für x, y, z der Bereich der natürlichen Zahlen festgelegt, so ergibt die Formel

$$(\forall x)\ (\forall y)\ (\forall z)\ (x + y = z)$$

sehr wohl den Wert "wahr", weil der Sinn einfach darin besteht,
daß die Addition natürlicher Zahlen uneingeschränkt ausführbar
ist.

Während sich die Bedeutung (die Semantik) der Aussagenlogik bzw.
der aussagenlogischen Formeln einfach ergab, indem den Variablen
Wahrheitswerte zugeordnet wurden (die ihrerseits durch beliebige
wahre bzw. falsche Aussagen repräsentiert werden konnten), ist
die Interpretation prädikatenlogischer Formeln komplizierter.

Dies geschieht in fünf Schritten:

1. Festlegung eines nichtleeren Individuen- oder Gegenstandsbe-
   reiches D.
2. Jeder Konstanten der Formel F wird ein Element von D
   zugeordnet.
3. Jeder Aussage wird ein Wert aus $\{0,1\}$ zugeordnet.
4. Jedem Prädikat P^n wird eine n-stellige Relation in der Menge
   $Dx...xD = D^n$ zugeordnet.
5. Jeder Funktion f^n wird eine n-stellige Funktion über der
   Menge D^n zugeordnet, d. h. eine Abbildung $f:D^n \longrightarrow D$.

Hat man also eine bestimmte Formelmenge, so muß man "alles", was
man in den Formeln vorfindet, über der Menge D mit Sinn erfüllen. Läßt sich dies erreichen, so kann man die Formelmenge
über D interpretieren, oder man kann sogar über D ein Modell für

diese Formelmenge finden. Insbesondere muß jede Formel bei einer Interpretation den Wert wahr oder falsch annehmen. Bei einem Modell der Formelmenge muß jede Formel dieser Menge den Wert wahr annehmen. Dabei kann es durchaus sein, daß man für eine bestimmte Formelmenge kein Modell, ein Modell oder auch mehrere findet.

Um nun den Aufbau einer Theorie abzuschließen, müssen noch Schlußregeln angegeben werden:

1. Der Modus Ponens wird ungeändert verwendet.

2. Zum Umgang mit den Quantoren verwenden wir die folgende Generalisierungsregel: gilt $G(x)$, so gilt $(\forall x)\, G(x)$.

Diese zweite Regel drückt ja gerade das Wesen des Allquantors aus. Soll ein Sachverhalt für jedes mögliche x gelten, muß er eben für jedes einzelne Objekt $a \in D$ gelten.

Damit ist man in der Lage, entsprechende Theorien zu definieren, indem man den Gegenstandsbereich sowie die entsprechenden Funktionen und Relationen geeignet wählt und entsprechende Axiome festlegt.

<u>Beispiel</u>.

Wir betrachten die folgenden Formeln und zeigen, wie sich der Wahrheitswert der Formeln bei bestimmten Interpretationen verhält:

   a) $(\forall x)\, P(x)$;

   b) $(\forall x)\, (\exists y)\, Q(x,y)$;

   c) $(\forall x)\, (R(x) \longrightarrow T(f(x),a))$.

Man findet der Reihe nach ein einstelliges Prädikat P, ein zweistelliges Prädikat Q, ein einstelliges Prädikat R, ein zweistelliges Prädikat T, eine einstellige Funktion f und eine Konstante a. Formel a) wird interpretiert über $D = \{1,2\}$, es sei $P(1) = f$, $P(2) = w$; dann erhält die Formel a) den Wert f, weil eben nicht für alle Elemente von D das Prädikat P erfüllt ist. Hat man etwa $P(1) = w$, $P(2) = w$ festgestellt, so würde a) gelten. Für b) verwenden wir als Ausgangspunkt $D = \{1,3\}$ und $Q(1,1) = f$, $Q(1,3) = w$, $Q(3,1) = f$, $Q(3,3) = f$. Die Formel besagt anschaulich, daß man zu jedem x ein y finden kann, so daß $Q(x,y)$ gilt. Für $x = 1$ ist $y = 3$ und $Q(1,3) = w$, für $x = 3$ läßt sich aber kein geeignetes y finden, so daß diese Formel bei dieser Interpretation falsch ist.

Für c) wählen wir schließlich D = {4,5}, a = 4; f(4) = 5,
f(5) = 4; R(4) = w, R(5) = f; T(4,4) = w, T(4,5) = f,
T(5,4) = w, T(5,5) = w. x = 4 ergibt folgende Formel:

$$R(4) \longrightarrow T(f(4),4), \text{ also } w \longrightarrow w.$$

also ist der Wert der Formel gleich w für x = 4. Für x = 5
ergibt sich analog

$$R(5) \longrightarrow T(f(5),4), \text{ also } f \longrightarrow w,$$

also w.

Damit sind alle Elemente von D betrachtet, und c) ist bei dieser
Interpretation erfüllt. Man sieht, daß die Interpretation prädikatenlogischer Formeln wesentlich komplizierter als bei aussagenlogischen Formeln ist. Insbesondere kann auch die Existenz
freier Variabler Schwierigkeiten machen. Sind alle auftretenden
Variablen (durch $\forall$ bzw. $\exists$) gebunden, so liefert eine Interpretation der Formel den Wert w oder f. Bleiben dagegen Variable
frei, so kann deren Ersetzung durch Elemente von D auch noch zu
verschiedenen Wahrheitswerten führen.

<u>Definition A9</u>. Eine Formel F ist <u>wahr</u> für eine gegebene Inter-
pretation I, wenn sie für beliebige Belegungen der freien
Variablen wahr ist. Sie ist <u>falsch</u> für I, falls sie für alle Belegungen der freien Variablen falsch ist.
Eine Formel F ist <u>logisch wahr</u> (<u>allgemeingültig</u>), wenn sie für
jede Interpretation wahr ist. Sie ist <u>erfüllbar</u>, wenn es eine
Interpretation gibt, mit der sich F erfüllen läßt. F ist <u>uner-
füllbar</u>, falls für F jede Interpretation falsch ist.
G <u>folgt logisch</u> aus F, wenn jede Interpretation, die F wahr
macht, auch für G den Wert liefert. G <u>folgt logisch</u> aus der
Menge {F₁, ..., Fₙ}, wenn jede Interpretation, die alle Formeln
F₁, ..., Fₙ erfüllt, auch G erfüllt.
Schließlich sind F und G <u>logisch äquivalent</u>, wenn sowohl F aus G
als auch G aus F folgt.
Man kann sich in dieser scheinbaren Begriffsvielfalt orientieren, wenn man beachtet, daß in Erweiterung der früheren Begriffsbildungen die Wahrheit und Falschheit bzgl. bestimmter und
bzgl. jeder Interpretation betrachtet werden muß.
Um nun den Startpunkt für die Anwendung der logischen Schlußregeln zu geben, werden noch Axiome benötigt. Hier wollen wir

zunächst ein Axiomensystem angeben, das nur die Prädikatenlogik der 1. Stufe allein zum Ziel hat:

1. $F \longrightarrow (G \longrightarrow F)$;
2. $(F \longrightarrow (G \longrightarrow H)) \longrightarrow ((F \longrightarrow G) \longrightarrow (F \longrightarrow H))$;
3. $(\neg F \longrightarrow \neg G) \longrightarrow ((\neg F \longrightarrow G) \longrightarrow F)$;
4. $(\forall x) F(x) \longrightarrow F(t)$, t Term, der für x frei ist (Termeinsetzung);
5. $(\forall x)(F \longrightarrow G(x)) \longrightarrow (F \longrightarrow (\forall x)G(x))$, falls x nicht frei in F vorkommt.

Diese Axiome sind nun gerade wiederum so beschaffen, daß die Menge der Theoreme, die man mit Hilfe der Schlußregeln aus den Axiomen gewinnt, die allgemeingültigen Formeln sind. $(\exists x)F(x)$ wird als durch $\neg(\forall x) \neg F(x)$ definiert angesehen.

Es sei hier noch angemerkt, daß diese logischen Axiome durch weitere Axiome eines bestimmten Gebietes ergänzt werden können; so sei etwa < ein zweistelliges Prädikat mit folgenden Eigenschaften:

1. $(\forall x_i)(\overline{x_i < x_i})$ (Irreflexität)
2. $(\forall x_i)(\forall x_j)(x_i < x_j) \longrightarrow (\overline{x_j < x_i})$ (Asymmetrie)
3. $(\forall x_i)(\forall x_j)(\forall x_k)(x_i < x_j) \wedge (x_j < x_k) \longrightarrow$

$$(x_i < x_k) \quad \text{(Transitivität)}.$$

Dann beschreiben diese drei Axiome die Struktur einer halbgeordneten Menge; es handelt sich dann um eine spezielle Theorie der 1. Stufe. Das erste Axiom folgt übrigens logisch aus dem zweiten.

Für viele Dinge ist es auch notwendig, vor allem aus Effektivitätsgründen, eine bestimmte Relativität der Axiomatik zu betonen.

Man kann beispielsweise mit den Peano-Axiomen für die natürliche Zahlen beginnen und die Theorie bis zum Aufbau der reellen Zahlen vorantreiben. Bestimmte Theoreme dieser Theorie können dann zu einem Axiomensystem für reelle Zahlen gemacht werden, und alle Sätze der neuen Theorie lassen sich dann auf diesen neuen Axiomen aufbauen. Diese "Abkürzung" ist an vielen Stellen günstig zu verwenden.

<u>Beispiel</u>. Die beiden Formeln

$(\forall x)(P(x) \vee \overline{P(x)})$ und

$((\forall x) P(x)) \wedge ((\exists y) \overline{P(y)})$

zeigen die Existenz allgemeingültiger und widersprüchlicher Formeln. Für eine konkrete Relation P und ein Objekt a wird P(a) zu
einer Aussage, und P(a) v $\overline{P(a)}$ ist eine Tautologie.
Die Teilformel $(\forall x)P(x)$ formuliert gerade, daß das Prädikat P
für jedes Element a eines Objektbereiches erfüllt ist; damit
kann es kein (anderes) Objekt geben, für das P nicht erfüllt ist
usw.

Grundlegend (und ohne Beweis angegeben) ist

Satz A10 (Vollständigkeitssatz, K. Gödel, 1930).
1. Im Prädikatenkalkül der 1. Stufe ist jedes Theorem allgemeingültig.
2. Jede allgemeingültige Formel der Prädikatenlogik der 1. Stufe
   ist ein Theorem.

In der Aussagenlogik konnte man über die Allgemeingültigkeit
bzw. Widersprüchlichkeit einer Formel stets mit dem gleichen
Verfahren in endlich vielen Schritten entscheiden. Diese Theorie
heißt deshalb entscheidbar.
Damit muß man die Schaffung von Algorithmen zur Feststellung der
Allgemeingültigkeit prädikatenlogischer Formeln spezialisieren.
Es läßt sich zeigen, daß man Algorithmen konstruieren kann, die
in einer endlichen Anzahl von Schritten zum Ende kommen, wenn
sie auf eine allgemeingültige Formel angewendet werden; ist die
Formel nicht allgemeingültig, so hält der Algorithmus nicht notwendig an. (Die allgemeingültigen Formeln sind aufzählbar oder
semientscheidbar.)

Auf Robison (1965) zurückgehend, wurde das Resolutionsverfahren
als algorithmische Grundlage für das Theorembeweisen ausge-
arbeitet, und, aufbauend auf diesen Ergebnissen, ist die logische Programmierung entstanden. Darstellungen dieser Entwicklungen bedürfen eines breiteren Rahmens.

Für Anfänger in der Theoretischen Informatik wichtig ist vor
allem, daß man sich der Ausdrucksmittel der Prädikatenlogik
sachgemäß bedienen und stets eine gewisse Anschauung damit ver-
binden kann.

Beziehungen zu weiteren wichtigen Teilgebieten der Informatik wie Formale Spezifikation, Programmverifikation u.v.a.m. lassen sich dann leichter herstellen und bilden die Grundlage dafür, daß die logischen Methoden ein handhabbares Arbeitsmittel werden.

Literatur

[1]   Gellert, W.; Küstner, H.; Hellwich, M.; Kästner, H.:
      Kleine Enzyklopädie Mathematik. 13. Auflage.
      Leipzig: Bibliographisches Institut 1986.

[2]   Posthoff, Ch.; Bochmann, D.; Haubold, K.: Diskrete
      Mathematik. Leipzig: Teubner-Verlag 1984.

[3]   Klaua, D.: Allgemeine Mengenlehre. Berlin: Akademie-
      Verlag 1964.

[4]   Gluschkow, W.M.; Zeithin, G.J.; Justschenko, J.L.:
      Algebra, Sprachen, Programmierung. Berlin:
      Akademie-Verlag 1980.

[5]   Lewis, H.R.; Papadimitriou, C.M.: Elements of the Theory of
      Computation. Englewood Cliffs, N.J.:
      Prentice Hall, Inc. 1980.

[6]   Brauer, W.: Automatentheorie. Stuttgart: B. G. Teubner
      1984.

[7]   Davis, M.D.; Weyuker, E. J.: Computability, Complexity and
      Languages. New York: Academic Press Inc. 1983.

[8]   Cohen, D.I.A.: Indroduction to Computer Theory. New York:
      John Wiley & Sons 1986.

[9]   Engeler, E.; Läuchli, P.; Peikert, R.: Berechnungstheorie
      für Informatiker. Stuttgart: Teubner 1988.

[10] Herschel, R.: Einführung in die Theorie der Automaten,
      Sprachen und Algorithmen. München: Oldenbourg
      1974.

[11] Hopcroft, J.E.; Ullmann, J.D.: Einführung in die Automaten-
      theorie, formale Sprachen und Komplexitäts-
      theorie. Bonn: Addison-Wesley 1990.

[12] Mandrioli, D.; Ghezzi, C.: Theoretical Foundations of
      Computer Science. New York: John Wiley & Sons
      1987.

[13] Reischuk, K.R.: Einführung in die Komplexitätstheorie.
      Stuttgart: B.G. Teubner 1990.

[14] Stetter, F.: Grundbegriffe der Theoretischen Informatik.
      Berlin: Springer-Verlag 1988.

[15] Wagner, K., Wechsung, G.: Computational Complexity.
      Berlin: Deutscher Verlag der Wissenschaften
      1986.

[16] Weihrauch, K.: Computability. Berlin: Springer-Verlag 1987.

Register